디지털 신호 처리

박호종 · 심동규 · 유지상 공저

생능출판

머리말

디지털 신호 처리를 위한 교재는 매우 많다. 디지털 신호 처리의 중요성이 커지고 그 응용 범위가 넓어질수록 관련 서적도 더 많이 출판되고 있다. 이 책의 참고 문헌에서 언급한 원서들도 이미 교재로 많이 사용되고 있고, 국내에서 집필된 교재들도 많이 있다. 하지만 디지털 신호 처리를 여러 해 강의하면서도 항상 한 학기용으로 학부 3학년 또는 4학년 학생들에게 사용할 적당한 교재를 찾기가 쉽지는 않았다. 유명한 원서들은 모두 그 내용이 너무 방대하여 한 학기 강의로는 그 내용을 절반도 가르치기가 쉽지 않았고, 그렇다고 분량이 적은 책을 교재로 선택하면 중요한 내용을 강의하지 못하는 문제가 있어, 매 학기 교재 선택에 많은 어려움이 있었던 것이 사실이다.

이에 저자들은 학부 3학년이나 4학년 학생들의 한 학기용으로 적합한 교재의 필요성을 느꼈고, 다소 불안한 마음으로 이 책을 집필하기 시작하였다. 왜냐하면 이미 워낙 좋은 교재들이 많이 나와 있고, 과연 한 학기 분량으로 내용을 축소하다 보면 중요한 것을 놓칠 수도 있다는 걱정이 앞섰기 때문이다. 이러한 걱정과 우려를 없애기 위해 집필하는 내내 여러 번 모임을 가지고 포함되어야 할 내용과 그렇지 않은 내용을 점검하였다. 보통 유명한 원서를 보면 앞부분은 시스템 해석에 대한 내용을 주로 다루고 후반부에서 시스템 설계 또는 합성에 대한 내용과 더불어 다양한 신호 처리 기법들을 소개하고 있다. 그러나 한 학기 강의하는 동안 대부분의 경우 전반부의 시스템 해석 부분에 대한 내용만 강의하는 경우가 많다. 이러한 점을 고려하여 학부 3학년이나 4학년 학생들이 한 학기 동안 디지털 신호 처리 과정에서 꼭 배워야 한다고 생각한 내용을 이 책에 담으려고 노력하였다.

이 책은 1장에서 디지털 신호와 시스템에 대한 기본 개념을 설명하고 있다. 시스템 설계 부분에 대한 내용을 한 학기 강의에서는 깊이 있게 다룰 수 없다는 결론을 내렸기 때문에 디지털 시스템의 해석 방법에 주력을 하며 2장을 모두 여기에 할당하였다. 3장에서는 시스템 설계 시 필요한 수학적 툴인 z-변환을 다루고 있으며, 4장과 5장에서 신호의 주파수 해석과 합성에 대한 내용을 중점적으로 다루었다. 시스템 구조와 설계 방법을 깊이 있게 다룰 수는 없었지만 기본이 되는 지식들을 6장과 7장에서 소개하고 있다. 마지막으로 앞에서 배운 내용을 가

3

지고 디지털 음성 처리와 영상 처리에 적용하는 예와 방법을 8장에 소개함으로써 배운 내용을 실제로 적용할 수 있는 기회를 독자들에게 제공하고자 하였다.

이 한 권의 책이 디지털 신호 처리 전반에 대한 내용을 모두 포함하고 있지는 않지만, 그래도 디지털 음성 신호 처리와 영상 신호 처리 등의 응용에 필요한 기본적인 내용들을 대부분 담으려고 노력하였다. 물론 이 책에서 빠진 부분들은 앞서 언급한 다른 교재들을 참고 문헌으로 한다면 충분히 보완이 될 수 있을 것이다. 또한 가능하면 많은 그림과 예제를 통해 수학적으로 어려운 내용들을 쉽게 설명하려고 노력하였다. 하지만 대부분의 전자 공학 분야가 그렇듯이 신호 처리 방법 대부분이 수학적인 툴에 기반하고 있기 때문에 어느 정도 한계는 있으리라 생각된다. 여러 모로 부족한 점은 앞으로 독자 여러분의 의견을 계속 모아 수정하고 보완하고자 한다.

이 책을 집필하는 데 도움을 준 유지환, 이동석, 임은주, 주웅걸, 남정학, 조현호 님들에게 진심으로 감사드리고, 또한 우리의 노력이 한 권의 책으로 출판되도록 도와주신 생능출판사 관계자 여러분께 진심으로 감사드린다.

2009년 6월
저자

차 례

신호 및 시스템의 주파수 해석

9

디지털 신호 처리란?

01

디지털 신호 처리란?

　최근 우리 주변에서 디지털이란 말을 아주 흔하게 접할 수 있다. 디지털 방송, 디지털 콘텐츠, 디지털 미디어 등 최근에 등장한 단어에 특히 디지털이란 용어가 많이 포함되어 있다. 물론 디지털 이전에는 아날로그라는 단어가 그 자리를 차지하고 있었지만 최근에는 오히려 아날로그라는 단어가 낯설게 느껴지는 정도이다. 요즈음 세대를 디지털 세대라고도 하는 이유도 여기에 있는 듯하다. 디지털 신호 처리란 컴퓨터나 디지털 하드웨어에서 신호를 처리하는 것을 말하며 디지털 컴퓨터 기술과 디지털 하드웨어 기술의 발전과 더불어 최근 30년간 급속한 발전을 하였다.

　디지털 신호를 이해하려면 먼저 신호의 개념을 이해하여야 한다. 신호란 수학에서 정의되는 일반적인 함수로 생각할 수 있다. 하지만 수학에서 정의되는 함수가 신호가 되려면 그 함수가 어떤 물리적인 의미를 반드시 가지고 있어야 한다. 자연계에서 발생하는 대부분의 신호는 아날로그 신호이다. 즉 시간에 따라 연속적인 물리량을 가지는 신호이다. 디지털 기술이 발전하기 이전에는 모든 것을 아날로그로 처리할 수밖에 없었으며 지금도 경우에 따라서는 아날로그 신호 처리가 더 유용한 경우도 있다. 그러나 디지털 컴퓨터의 성능이 좋아지고, 접근이 용이한 상황에서 디지털 신호 처리가 그 응용 분야를 계속 넓히고 있는 것이 사실이다.

❶.1 신호와 시스템 및 신호 처리

　신호(signal)의 정의부터 알아보자. 신호란 수학에서의 일반적인 함수로 정의될 수 있다. 즉 수학에서 흔히 보던 변수 t에 대한 함수 $x(t)$가 신호로 정의될 수 있다. 하지만 함수 $x(t)$가 신호가 되려면 이 함수에 어떤 물리적인 의미가 반드시 부여되어야 한다. 즉 시간에 따라 변하는 온도나 압력의 변화, 또는 시간에 따라 변하는 어느 회로의 출력 전압 또는 전류 등 물리적인 의미가 부여된다면 함수는 모두 신호가 될 수 있다.

쉽게 설명하자면 신호란 시간, 공간 또는 다른 어떤 형태의 독립 변수에 따라 변하는 물리적인 양으로 정의된다. 가장 쉬운 예는 마이크에 대고 말을 할 때 관측되는 음성 신호(speech signal)이다. 이때 음성 신호는 시간에 따라 변하는 전류나 전압의 크기로 정의된다. 이 경우 시간이 함수의 독립 변수가 되고 이때의 물리량인 전류나 전압이 바로 함수의 값이 되는 것이다. 함수의 개념을 잘 이해하고 있으면 신호 처리도 쉽게 이해할 수 있는 이유가 바로 이때문이다. 대부분의 전자 공학 분야가 그렇듯 신호 처리 분야의 기술적 내용들을 이해하려면 상당 부분 수학적 배경이 필요하다. 공학도가 되기 위해서는 먼저 자연에서 발생하는 물리적 현상을 분석해야 하고 그러기 위해서는 그 물리적인 현상을 수학적으로 모델링하는 것이 필요하다.

신호를 간단한 함수로 표현해 보자.

$$x_1(t) = 5t + 3 \tag{1.1}$$

$$x_2(t) = 3t + 3t^2 \tag{1.2}$$

이 신호들은 독립 변수 t(시간이라고 해도 무관함)의 값에 따라 신호의 값이 결정된다. 이와 같이 신호를 함수의 형태로 표현할 수 있다면 신호 처리는 수학 문제 풀이로 귀결되고 의외로 쉽게 처리할 수 있다. 그러나 자연에서 발생하는 대부분의 신호들은 복잡한 형태를 가지므로 수학적으로 모델링하는 것이 어려운 경우가 더 많다. 따라서 기본 신호를 정의하고 복잡한 신호를 기본 신호로 간략화하여 모델링하는 경우가 대부분이다.

이제 시스템(system)을 정의해 보자. 시스템은 신호를 받아서 어떤 동작 또는 작용을 하는 물리적인 도구 또는 장치로 정의할 수 있다. 예를 들어, 잡음이 포함된 음성 신호에서 잡음을 제거하고 원래의 음성 신호만을 걸러내는 필터도 시스템으로 생각할 수 있다. 이때 필터는 잡음이 포함된 음성 신호를 입력으로 받아서 잡음에 해당되는 신호 성분을 제거하는 동작을 하고 그 결과를 출력으로 생성한다. 결국 그림 1.1의 박스 안에서 이런 동작들이 행해지고 그 결과가 출력된다. 이때 이 박스를 시스템으로 정의할 수 있다.

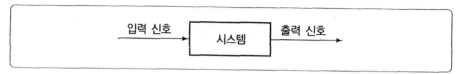

| 그림 1.1 | 시스템의 역할

신호가 박스(시스템)를 통과하게 되면 신호가 처리된다고 말한다. 박스에서 행해지는 동작의 특성에 따라 시스템의 종류가 결정되는데 예를 들어 동작의 특성이 선형이면 선형 시스템 (linear system)이 되고 시불변이면 시불변 시스템 (time-invariant system)이 된다. 이러한 동작을 통틀어 신호 처리(signal processing)라고 정의한다. 이때 박스는 일반적인 물리적 도구뿐 아니라 신호에 일련의 동작을 수행하는 컴퓨터의 소프트웨어 프로그램, 또는 디지털 하드웨어도 포함한다. 이 경우 입력되는 신호는 디지털 신호가 되고 시스템 또한 디지털 시스템으로 정의되며, 수행되는 일련의 동작은 디지털 신호 처리(digital signal processing)가 된다.

디지털 신호에 대한 정확한 정의는 나중에 하겠지만 일단 아날로그 신호를 시간 축상에서 일정한 간격으로 샘플링하여 나열한 수들의 집합 즉 수열(sequence)이라고 생각해도 무방하다. 수열로 표현되는 샘플링된 신호를 이산 신호 (discrete-time signal)라고 정의한다. 디지털 신호와 이산 신호는 엄밀하게 구분하면 다르다. 이산 신호는 단순히 연속 신호를 일정한 시간 간격으로 샘플링하여 얻은 신호의 값, 즉 여전히 연속적인(실수나 복소수) 값을 가지지만 디지털 신호는 양자화 과정과 부호화 과정들을 거쳐 얻게 되는 0, 1의 이진 값으로 표현되는 신호이기 때문이다. 이 책에서는 편리상 주로 이산 신호를 가지고 설명한다. 그림 1.2에 이산 신호를 입력으로 받아 처리하는 이산 시스템(discrete-time system)의 예를 보였다. 이산 시스템의 입력과 출력 신호는 모두 이산 신호가 되어야 한다.

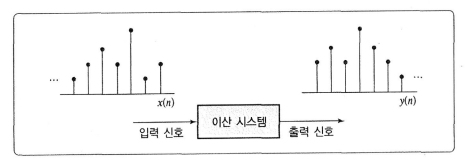

| 그림 1.2 |　이산 시스템의 예

1.1.1 이산 신호 처리를 위한 시스템의 기본 요소

앞서 언급한 바와 같이 자연계에서 존재하는 대부분의 신호는 아날로그 형태를 하고 있다. 아날로그 신호(analog signal)는 연속 신호(continuous-time signal)라고 부르기도 한다. 자연 상태에서 사람이 보고, 듣고, 느끼는 신호는 모두 아날로그 형태를 하고 있다. 따라서 신호 처리를 디지털적으로 하더라도 사람이 최종 사용자라면 반드시 시스템의 최종 출력이 아날로그 형태를 하고 있어야 다시 보고, 듣고, 느낄 수 있다. 아날로그 신호는 독립 변수가 연속적인 양을 가지는 함수로 표현된다. 아날로그 신호를 처리하기 위해서는 그림 1.3과 같이 입력과 출력이 모두 아날로그인 시스템이 필요하다.

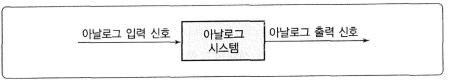

| 그림 1.3 |　아날로그(연속) 시스템

디지털 신호는 자연적으로 존재하는 신호가 아니라 아날로그 신호로부터 인위적인 작업을 통해 만들어진다. 인위적인 작업에 대한 구체적인 내용은 뒤에서 샘플링 이론을 설명하면서 단계별로 자세하게 설명할 것이다. 신호를 디지털적으로 처리하는 것은 결국 그림 1.3의 아날로그 시스템을 그림 1.4와 같은 형태의 시스템으로 대체해야만 가능하다.

| 그림 1.4 | 디지털 처리를 위한 아날로그 신호의 변환

그림 1.4에서 보는 바와 같이 아날로그 신호를 디지털적으로 처리하려면 아날로그 신호와 디지털 신호 간의 변환을 위한 인터페이스가 필요하다. 이 중 하나가 아날로그-디지털 변환기(analog-to-digital converter, ADC, A/D 변환기)이다. 물론 A/D 변환기의 출력은 디지털 신호가 되며 디지털 시스템의 입력이 된다. 여기서 디지털 시스템은 디지털 하드웨어뿐 아니라 디지털 컴퓨터에서 동작하는 모든 소프트웨어도 포함한다. 디지털 시스템의 출력은 당연히 디지털 신호가 된다. 그러나 인간이 보고, 듣고, 느끼게 하기 위해서는 디지털적으로 처리된 결과를 다시 아날로그 형태로 복원하여야 하며 A/D 변환기의 반대 과정을 수행하는 D/A 변환기(digital-to-analog converter)가 그 역할을 한다.

그렇다면 기존의 아날로그 시스템에 굳이 이러한 인터페이스를 추가하여 신호를 디지털적으로 처리해 주는 이유가 무엇일까? 여기에는 여러 가지 이유가 있다. 첫째는 디지털 신호는 컴퓨터에서 처리가 가능하고 이러한 처리를 수행하는 컴퓨터 프로그램은 손쉽게 수정이 가능하다는 것이다. 이에 반하여 아날로그 시스템의 수정은 대부분의 경우에 하드웨어를 다시 설계해야 하는 번거로움이 있다. 둘째, 디지털 신호는 다양한 저장 매체(테이프나 디스크 등)에 쉽게 저장할 수 있다. 따라서 이동이 용이하고, 처리도 간단하다. 또한 다양한 수학 연산 등을 프로그램으로 구현하기가 쉬워 더 정교하고 복잡한 시스템도 쉽게 구현할 수 있다는 장점이 있다. 또 하나의 이유는 디지털 신호 처리용 시스템의 하드웨어 구현이 아날로그 경우보다 훨씬 적은 노력과 비용으로 가능하다는 것이다. 이 밖에도 신호를 디지털적으로 처리할 경우의 장점은 매우 많다. 이러한 이유로 디지털 시스템이 음성 신호 처리, 영상 신호 처리 등 여러 분야에 빠른 속도로 응용된 것이다.

❶.2 신호의 종류

1.2.1 연속 신호와 이산 신호

연속 신호(continuous-time signal) 또는 아날로그 신호(analog signal)는 모든 연속적인 시간(여기서는 시간을 의미하는 변수를 t로 사용하기로 함)에 대하여 정의된다. 예를 들면 연속적인 값을 갖는 독립 변수 t에 대한 함수 $x(t)$가 있다고 하자. 이 함수가 시간에 따라 변하는 음성의 전기적 에너지를 표현한다고 하면, 이것은 신호로 정의된다. 이때 독립변수 t가 연속적인 값, 즉 실수 값을 갖기 때문에 이 신호는 연속 신호로 정의된다. 반면에 이산 신호(discrete-time signal)는 어떤 특정한 시각에서만 정의되는 신호이다. 이때 신호가 정의되는 시간은 샘플링 과정에서 정해지며 일반적으로 규칙적이고 일정하기 때문에 이산 신호는 함수 $x(n)$으로 표현할 수 있다. 여기서 n은 정수 변수를 의미하며 샘플링 주기와 관련이 있다. 그림 1.5에 연속 신호와 이산 신호의 예를 보였다.

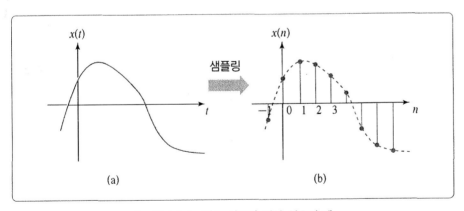

| 그림 1.5 | 　연속 신호와 이산 신호의 예

1.2.2 결정적 신호와 불규칙 신호

시스템의 입력으로 들어오는 신호를 처리하고 분석하려면 반드시 신호를 수학적으로 모델링하는 과정이 필요하다. 어떤 신호가 수학식으로 명확하게 표현되거나 신호의 값을 완전히 알 수 있다면 이 신호는 결정적 신호(deterministic

signal)라고 정의한다. 다시 말해서 신호의 과거, 현재 그리고 미래의 값을 완전히 예측할 수 있다면 이 신호는 결정적 신호가 된다. 그러나 일반적으로는 대부분의 신호들을 수학적으로 표현하는 것이 불가능하거나 가능하더라도 매우 복잡한 형태가 되며 이러한 경우는 신호의 값을 예측할 수 없게 된다. 통신 시스템에서 발생하는 대부분의 잡음이 바로 이러한 경우에 해당된다. 시간에 따라 신호의 값을 예측할 수 없는 경우 신호가 불규칙(random)하다고 말한다. 이러한 경우는 확률적으로 신호의 값을 예측하여야 하며, 이에 대한 자세한 내용은 불규칙 신호 및 시스템 관련 교재에서 찾아볼 수 있다. 그림 1.6에 결정적 신호와 불규칙 신호의 예를 보였다.

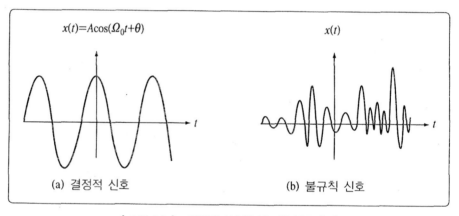

| 그림 1.6 | 결정적 신호와 불규칙 신호의 예

❶.3 디지털 신호의 생성 방법

1.3.1. 개요

자연적으로 존재하는 대부분의 신호는 아날로그 형태라고 하였다. 음성(오디오) 신호, 영상(비디오) 신호, 지진파, 통신에서 사용되는 대부분의 신호가 아날로그인 것이다. 이러한 아날로그 신호의 처리를 디지털적으로 하려면 먼저 디지털 형태로 신호를 변환하는 작업이 선행되어야 한다. 이러한 변환 과정을 아날로그-디지털 변환(analog-to-digital conversion, ADC, A/D 변환)이라고 했다. 그림 1.7과 같이 A/D 변환은 샘플링, 양자화, 부호화 과정 등 모두 세 단계로 이루어진다.

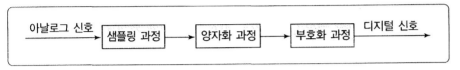

| 그림 1.7 | 아날로그-디지털 변환기

(1) 샘플링 과정

샘플링(sampling)은 일정한 간격을 가지고 규칙적으로 연속 신호로부터 샘플을 취함으로써 연속 신호 $x_a(t)$를 이산 신호(discrete-time signal) $x(n) = x_a(nT)$로 변환하는 과정이다. 이때 T는 샘플 간의 간격이다. 연속 신호를 샘플링하면 그림 1.5의 (b)와 같이 이산 신호로 된다. 이산 신호의 독립 변수 n은 정수이며 정수 이외의 시각에서는 신호의 값이 정의되지 않는다. 즉, 두 샘플 사이에서 신호의 값이 0인 것으로 생각할 수 있지만 실제로 두 샘플 사이에서는 아무 값도 정의되지 않는다. 샘플링 과정은 연속 신호를 디지털 신호로 바꾸기 위한 처음 과정이므로 디지털 신호 처리를 위해서 매우 기본적이고 중요하다. 따라서 1.3.2절과 1.3.3절에서 그 내용을 다시 설명한다.

(2) 양자화 과정

그림 1.5의 (b)와 같이 샘플링된 이산 신호 $x(n)$은 여전히 연속적인 값(실수나 복소수)을 갖는 신호이다. 따라서 신호가 가질 수 있는 값은 무한개이기 때문에 여전히 디지털적으로 신호를 처리할 수 없다. 왜냐하면 디지털 컴퓨터와 같은 디지털 시스템에서는 유한개의 데이터 값만을 처리할 수 있기 때문이다. 샘플링 과정에서는 단지 연속 시간, 연속 값을 가지는 신호를 이산 시간, 연속 값을 가지는 이산 신호로 변환해 준다.

하지만 디지털 처리를 위해서는 이산 신호를 이산 시간, 이산 값을 갖는 신호 (discrete-time & discrete-valued signal)로 다시 변환하는 과정이 필요하다. 이 과정이 바로 양자화(quantization) 과정이다. 양자화 과정을 거치면 신호는

유한개의 값을 가지게 된다. 이때 신호가 가질 수 있는 값의 개수는 그림 1.8과 같이 신호 값의 전체 범위(dynamic range)를 몇 개의 구간(레벨)으로 구분하는 가에 따라 결정된다. 같은 구간에 포함되는 신호들은 일반적으로 그 구간의 중간 값을 할당받는다. 따라서 양자화 과정 전의 신호 값 $x(n)$과 양자화 후의 신호 값 $x'(n)$과는 차이가 발생하게 되며 이 차이를 양자화 오차(quantization error)로 정의한다. 이 오차를 줄이기 위해서는 신호 값의 전체 범위를 구분하는 구간의 수를 늘리는 방법밖에는 없다.

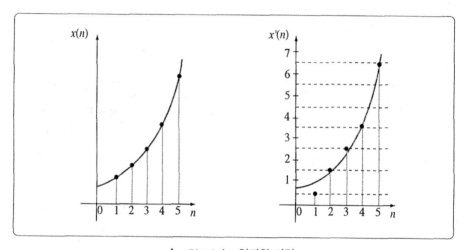

| 그림 1.8 | 양자화 과정

(3) 부호화 과정

양자화 과정을 거친 신호도 엄밀한 의미로는 아직 디지털 신호(digital signal)가 아니다. 여기서 디지털 신호란 0과 1의 이진수 값만을 갖는 신호로 정의하기 때문이다. 부호화(coding) 과정은 각 양자화 구간에 하나의 이진수를 대응시키는 과정이다. 만약 신호 값의 전체 범위를 L개의 구간으로 나눈다면 L개의 서로 다른 이진수가 필요하다. 이 경우 b 비트의 이진수는 2^b개의 다른 이진수를 만들 수 있기 때문에 $2^b \geqq L$, 즉 $b \geqq \log_2 L$비트의 이진수가 필요하다. 예를 들어, 신호 값의 전체 범위를 7개 구간으로 나누었다면 $b \geqq \log_2 7 \approx 2.8$이 되고 이 구간을 서로 다른 이진수로 대응시키기 위해서는 최소한 3비트가 필요하나. 부호화 과정을 거친 후 이진수로 표현되는 신호를 여기서는 디지털 신호로 정의한다. 그림 1.9에 부호화된 0과 1의 디지털 신호(비트스트림이라고도 함)를 생성하는 과정을 보였다.

　디지털 신호 처리는 원래 디지털 신호의 처리를 의미하지만 수학적 편리함 때문에 이 책에는 주로 이산 신호의 처리로 그 의미를 확대한다. 종종 디지털 신호와 이산 신호를 혼용하여 같은 의미로 사용하기도 한다.

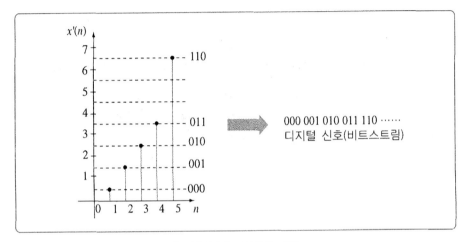

| 그림 1.9 |　부호화 과정

　처리된 디지털 신호를 아날로그 형태로 바꾸는 과정은 A/D 변환의 역과정으로 디지털-아날로그 변환(digital-to analog conversion, DAC, D/A 변환)이라고 부른다. 그림 1.10에 가장 간단한 D/A 변환의 예를 보였다.

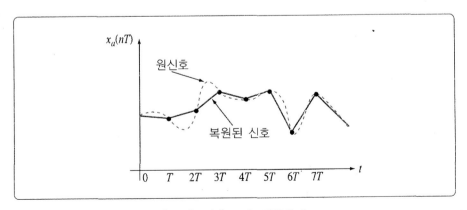

| 그림 1.10 |　D/A 변환의 예

그림에서 보듯이 이산 값들을 모두 연결하여 샘플링 전의 아날로그 신호로 만드는 과정은 쉽지 않다. 그림 1.10에서는 선분으로 이산 값들을 연결하였지만 복원된 신호는 원래의 연속 신호와 많은 차이가 있다. 샘플링된 이산 값들을 연결하여 원래의 아날로그 신호를 완벽하게 복원할 수 있는 방법은 없을까? 만약 주어진 아날로그 신호의 주파수 대역폭이 유한하다면 가능하다.

이산 신호로 샘플링된 신호는 오차 없이 다시 원래의 아날로그 신호로 완벽하게 복원될 수 있다. 하지만 신호의 값 자체를 유한개로 만드는 양자화 과정은 양자화 오차 없이 다시 양자화 이전의 실수 값으로 복원시키는 것이 불가능하다. 결국 A/D 변환 후 바로 D/A 변환을 거쳐 복원된 아날로그 신호와 원래의 아날로그 신호와는 양자화 오차만큼의 차이는 피할 수 없다. 성능이 좋은 양자화기를 사용하여 신호 값을 표현하는 구간의 수를 늘려, 즉 구간을 표현하는 비트 수를 늘려 그 오차를 줄일 수는 있다. 하지만 비용은 상대적으로 증가하게 된다.

1.3.2 아날로그 신호의 샘플링

아날로그 신호를 샘플링하는 방법에는 여러 가지가 있으나 여기서는 일정한 간격으로 샘플링하는 가장 간단한 방법을 설명한다. 아날로그 신호 $x_a(t)$를 일정한 시간 간격 T로 샘플링을 하게 되면 식 (1.3)과 같은 이산 신호를 얻는다. 이 과정을 그림 1.11에 나타내었다.

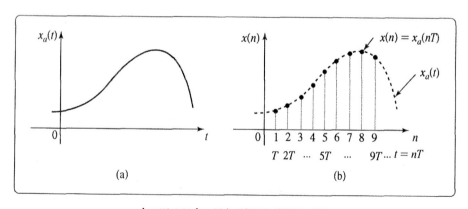

| 그림 1.11 | 연속 신호의 샘플링 과정

$$x(n) = x_a(nT), \quad -\infty < n < \infty \qquad (1.3)$$

이때 샘플링 간격 T를 샘플링 주기(sampling period)라고 하고, 그 역 $1/T = F_s$을 샘플링 주파수(sampling frequency 또는 sampling rate)로 정의한 다. 이때 연속 시간의 시간 변수 t와 이산 신호의 시간 변수 n은 샘플링 주기 T에 대해 식 (1.4)와 같은 관계를 갖게 되며 나중에 아날로그 신호의 주파수 F와 이산 신호의 주파수 f와의 관계를 유도하는 데 사용된다.

$$t = nT = \frac{n}{F_s} \qquad (1.4)$$

1.3.3 나이퀴스트(Nyquist)의 샘플링 이론

샘플링 과정을 통해 얻은 이산 신호로부터 원래의 아날로그 신호를 완벽하게 복원할 수 있다고 했다. 상식적으로 생각하면 주어진 시간에 충분히 많은 샘플이 있어서 샘플 간의 간격이 매우 좁다면 가능할 것 같다. 즉, T의 간격이 매우 좁거나 또는 그 역인 F_s의 값이 매우 크다면 복원이 가능할 것 같다.

완벽한 복원을 위해서는 주어진 아날로그 신호의 주파수 분포 특성을 알고 있어야 한다. 아직 신호의 주파수에 대한 정의를 하지 않았지만 음성 신호인 경우 일반적으로 최대 20,000Hz까지의 주파수 성분을 포함하고 있고 TV 신호인 경우(물론 아날로그 TV 신호) 5MHz 이하의 주파수 성분을 포함하고 있다. 주어진 아날로그 신호의 최대 주파수를 안다면 이산 신호로부터 원래의 아날로그 신호를 완전하게 복원할 수 있다. 나이퀴스트의 샘플링 정리(Nyquist's sampling theorem)가 그 과정을 설명한다.

◎◎ **나이퀴스트의 샘플링 정리**

주어진 아날로그 신호 $x_a(t)$의 최대 주파수를 B라 하고 신호를 1초 동안 $F_s \geqq 2B$만큼 샘플링한다면 $x_a(t)$는 다음의 보간(interpolation) 함수를 사용하여 샘플로부터 완전하게 복원될 수 있다.

$$g(t) = \frac{\sin 2\pi Bt}{2\pi Bt} = \text{sinc}\,(2Bt) \qquad (1.5)$$

이때 $F_N = 2B$를 나이퀴스트 주파수(Nyquist frequency 또는 rate)라고 정의한다. 위 정리에 의하면 주어진 아날로그 신호가 가지는 최대 주파수 값의 두 배, 즉 나이퀴스트 주파수보다 많은 샘플을 1초 동안 얻을 수 있다면 샘플링된 이산 신호로부터 원래의 아날로그 신호를 완벽하게 복원할 수 있다.

[예제1.1] 아래 주어진 아날로그 신호를 샘플링한다면 나이퀴스트 주파수는 얼마인가?

$$x_a(t) = \cos 100\pi t + 5\sin 200\pi t$$

풀이

주어진 두 개의 아날로그 신호에 포함된 주파수 성분을 분석하면 각각 50Hz, 100Hz임을 알 수 있다. 따라서 $F_{max} = 100$Hz가 되고, 샘플링 정리에 의해 $F_s > 2F_{max} = 200$Hz가 됨을 알 수 있다. 따라서 나이퀴스트 주파수는 $F_N = 200$Hz이다.

나이퀴스트 샘플링 정리에 의해 샘플 값으로부터 복원된 아날로그 신호 $x_a(t)$는 다음과 같이 표현된다.

$$x_a(t) = \sum_{n=-\infty}^{\infty} x_a\left(\frac{n}{F_s}\right) \frac{\sin\left\{\pi F_s\left(t - \frac{n}{F_s}\right)\right\}}{\pi F_s\left(t - \frac{n}{F_s}\right)} \tag{1.6}$$

식 (1.6)과 같이 샘플된 이산 신호로부터 아날로그 신호를 복원하는 과정은 복잡해 보인다. 샘플링 정리를 쉽게 이해하기 위해서는 시간 영역에서의 설명보다는 주파수 영역에서의 설명이 필요하다. 이를 위해서는 푸리에 변환의 개념이 필요하고 푸리에 변환은 4장에서 배우므로 여기서는 그림을 이용하여 복원 과정을 대신 설명한다.

그림 1.12의 (a)는 주어진 아날로그 신호이다. (b)는 샘플링 함수이고 (c)는 (a)와 (b)를 곱해서 얻은 샘플링된 이산 신호이다. 그림 1.12의 (a), (b), (c)에 대응되는 푸리에 변환(주파수 스펙트럼)을 보면 대략 그림 1.12의 (d), (e), (f)와 같다. 여기서 주어진 아날로그 신호는 주파수 대역이 제한된(band-limited) 신호라고

가정한다. 만약 대역이 제한되어 있지 않다면 미리 저역 통과 필터(low pass filter)를 이용하여 주어진 신호의 주파수 대역을 제한하는 것이 필요하다. 결국 그림 1.12의 (a)와 (b) 신호를 푸리에 변환한 (d)와 (e) 신호에 컨벌루션 연산을 취하면(시간 영역에서 신호의 곱 연산은 주파수 영역에서는 컨벌루션 연산으로 표현됨) (f) 신호가 된다. 그림 1.12의 (f)는 (c)를 푸리에 변환한 것이기 때문에 결국 샘플링된 이산 신호를 주파수 영역에서 표현한 것이다.

이제 주파수 영역에서 그림 1.12의 (f)로부터 (d)를 복원하는 과정을 생각해 보자. 그림 1.12의 (f)의 주파수 스펙트럼을 이상적인 저역 통과 필터(ideal low-pass filter)를 통과하게 되면 그림 1.12의(d) 모양의 스펙트럼을 정확하게 얻을 수 있다. 이때 이상적인 저역 통과 필터를 역푸리에 변환하면 샘플링 정리의 보간 함수인 sinc 함수를 얻을 수 있다.

다시 시간 영역에서 생각해 보자. 이 보간 함수와 그림 1.12 (c)의 이산 신호와의 필터링(주파수 영역에서 신호의 곱은 다시 시간 영역에서는 컨벌루션 연산으로 표현됨)을 하게 되면 그림 1.12 (a)의 아날로그 신호를 복원할 수 있는 것이다. 식 (1.6)이 바로 그림 1.12 (c)의 이산 신호와 보간 함수(sinc 함수)와의 컨벌루션 연산을 의미한다. 이와 같이 시간 영역에서는 복잡하게 생각되던 아날로그 신호의 복원 과정이 주파수 영역에서는 단순한 저역 통과 필터링으로 되는 것이다.

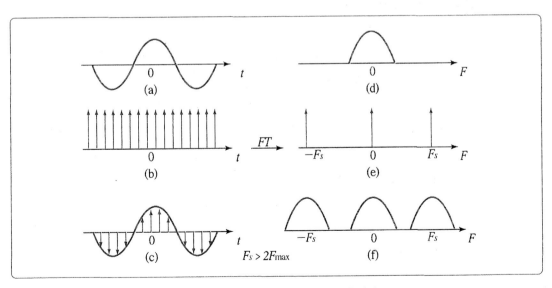

| 그림 1.12 |　그림으로 보는 샘플링 과정

이때 샘플링 주파수가 나이퀴스트 주파수보다 작게 되면 그림 1.12 (f)에서 반복되는 스펙트럼들이 겹치게 되어 이상적인 저역 통과 필터를 사용하더라도 원래의 아날로그 신호의 스펙트럼인 그림 1.12의 (d)를 복원할 수 없다. 이때 스펙트럼이 겹치는 현상을 에일리어싱(aliasing) 현상이라고 한다. 그림 1.13에 에일리어싱이 발생한 경우의 주파수 스펙트럼을 보였다. 중첩 주파수(folding frequency) $\frac{F_s}{2}$에서 서로 인접하는 스펙트럼이 겹치게 되어 저역 통과 필터를 사용하더라도 원래 아날로그 신호의 스펙트럼을 복원할 수 없다는 것을 쉽게 알 수 있다.

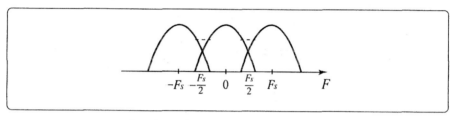

| 그림 1.13 | 에일리어싱이 발생한 경우

❶.4 시간과 주파수의 개념

신호 처리를 하는 경우 일반적으로 신호를 두 영역에서 생각할 수 있다. 시간 영역(time domain)과 주파수 영역(frequency domain)이다. 앞에서 신호는 물리적 의미를 내포한 함수라고 정의하였다. 이때 함수의 정의 구역(domain)이 시간이냐 아니면 주파수냐에 따라 처리하는 방법이 달라진다. 물론 응용 분야에 따라 시간 영역에서의 신호 처리가 더 용이할 수도 있고, 주파수 영역에서의 처리가 더 용이한 경우가 있다.

이번에는 주파수와 밀접한 관계가 있는 정현파 신호의 특성을 설명하면서 시간과 주파수의 개념을 알아보자. 주파수 개념은 4장에서 배울 푸리에 변환에서 이용되므로 매우 중요하다.

1.4.1 연속 정현파 신호의 특성

그림 1.14에 보인 연속 정현파 신호(continuous-time sinusoidal signal)는
일반적으로 다음과 같이 표현된다.

$$x_a(t) = A\cos(\Omega t + \theta), \quad -\infty < t < \infty \tag{1.7}$$

식 (1.7)의 $x_a(t)$에서 a는 이 신호가 아날로그 신호라는 의미로 사용되었다. 이
정현파의 특성은 세 파라미터, 즉 크기(amplitude) A, 각주파수(angular
frequency) Ω, 위상각(phase) θ에 의해 결정된다. 각주파수의 단위는 rad/sec
이다. 각주파수 대신 주파수 F(cycles/sec, Hz)를 사용하게 되면 식 (1.7)은 다음
과 같이 다시 쓸 수 있다.

$$x_a(t) = A\cos(2\pi F t + \theta), \quad -\infty < t < \infty \tag{1.8}$$

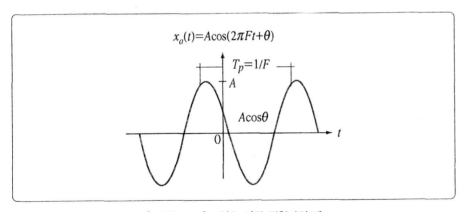

| 그림 1.14 | 연속 시간 정현파의 예

이때 식 (1.8)의 아날로그 정현파는 일반적으로 두 가지 특성을 가진다. "주파
수 F에 상관없이 $x_a(t)$는 항상 주기 함수가 된다." 즉 $x_a(t + T_p) = x_a(t)$을 항상 만
족하며 이때 $T_p = 1/F$이고 정현파의 기본 주기(fundamental period)라고 정의
한다. 또한 "다른 주파수를 갖는 연속 정현파는 서로 다르다." 연속 정현파 신호
가 가질 수 있는 주파수의 범위는 $-\infty < F < \infty$이며 서로 다른 주파수를 가지는

연속 정현파 신호들은 모두 다르다는 것을 의미한다.

이제 연속 정현파와 복소 지수 함수(complex exponential function)와의 관계를 살펴보자. 복소 지수 함수는 푸리에 변환의 기저 함수(basis function)로 사용되는 매우 중요한 함수이며 정현파와는 특별한 관계를 갖고 있다. 복소 지수 함수를 오일러 공식(Euler's formula)을 이용하여 정현파로 표현하면 다음과 같다.

$$e^{\pm j\phi} = \cos\phi \pm j\sin\phi \tag{1.9}$$

식 (1.9)를 사용하면 식 (1.8)의 정현파는 아래와 같이 복소 지수 함수로 표현 가능하다.

$$A\cos(\Omega t + \theta) = \frac{A}{2}e^{j(\Omega t + \theta)} + \frac{A}{2}e^{-j(\Omega t + \theta)} \tag{1.10}$$

이와 같이 복소 지수 함수를 정현파로 표현할 수도 있고 정현파는 다시 복소 지수 함수로 표현이 가능하다. 푸리에 변환에서 신호를 정현파로 분해하거나 복소 지수 함수로 분해가 가능한 이유이기도 하다. 하지만 식 (1.10)에서 알아야 할 한 가지 중요한 사항이 있다. 통상적으로 주파수는 양의 값을 갖는 물리적 양이다. 주파수는 1초에 정현파의 주기가 몇번 반복되는가를 나타내는 물리적인 양으로 음의 값을 가질 수 없다. 예를 들어 정현파의 주기가 1초에 60번 반복된다면 주파수는 60Hz(cycles/sec)라고 정의한다. 하지만 식 (1.10)의 두 번째 항을 보면 음의 값을 갖는 주파수 $-\Omega$(또는 $2\pi F$)가 정의되는 것을 볼 수 있다.

식 (1.10)에서 좌변의 정현파는 실수 값을 갖는 함수이고 우변은 복소수 값을 갖는 두 개의 함수로 구성된다. 실수 값을 갖는 함수를 복소 함수의 형태로 표현하려면 허수 부분을 상쇄하기 위해 반드시 같은 크기의 서로 공액인 두 개의 복소 함수가 필요하다. 식 (1.10)에서 정현파는 실수의 값을 갖는 함수이기 때문에 복소 지수 함수로 표현하게 되면 반드시 같은 크기를 갖는 공액 관계의 두 함수가 필요하다. 이 때문에 음의 값을 갖는 주파수가 정의된다. 즉, 수학적 편리함 때문에 단순히 음의 주파수를 정의하는 것이다. 신호의 주파수 대역을 표현할 때도 음의 주파수를 이용하는 경우가 많은데 이것은 음의 주파수가 존재해서가 아니라 단순히 수학적 편리함 때문이라는 것을 기억해 두자. 이 경우 주파수의 범위는 $-\infty < F < \infty$이 된다.

1.4.2 이산 정현파 신호의 특성

이산 정현파 신호(discrete-time sinusoidal signal)는 다음과 같이 표현된다.

$$x(n) = A\cos(\omega n + \theta), \quad -\infty < n < \infty \tag{1.11}$$

여기서 n은 시간의 변수이며 A와 ω는 각각 신호의 크기와 각주파수를 의미하고 θ는 위상각을 의미한다. 이때 각주파수와 주파수와는 $\omega = 2\pi f$의 관계가 성립한다. 따라서 식 (1.11)을 주파수로 표현하면 다음과 같다.

$$x(n) = A\cos(2\pi fn + \theta), \quad -\infty < n < \infty \tag{1.12}$$

이때 주파수 f의 단위는 cycles/sample이 된다. 즉, 한 샘플 안에 존재하는 신호의 주기 수를 의미한다. 그림 1.15는 주파수 $f = 1/6$cycles/sample이고 위상 $\theta = 2\pi/3$인 이산 정현파의 모습이다. 이산 정현파는 연속 정현파와 다른 몇 가지 중요한 성질을 가지고 있다. 이 성질들은 이산 푸리에 급수와 이산 푸리에 변환을 배울 때 사용되는 기본적인 사항이므로 기억하는 것이 좋다.

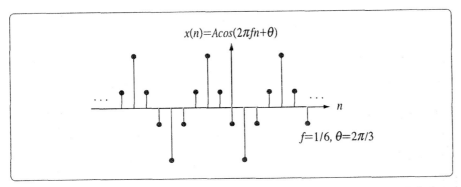

| 그림 1.15 | 주파수 f = 1/6cycles/sample이고 위상 $\theta = 2\pi/3$인 이산 정현파의 예

"주파수 f가 유리수인 경우에만 이산 정현파는 주기 함수가 된다." 앞서 연속 정현파 신호는 주파수와 관계없이 모두 주기 함수라고 했다. 하지만 이산 정현파 신호는 주파수가 반드시 유리수 값을 가져야만 주기 함수가 된다. 이 성질을 증명하기 위해서는 이산 신호 $x(n)$이 주기 함수가 되기 위한 조건부터 알아야 한다. 즉, 모든 n에 대하여 식 (1.13)의 조건이 만족하면 신호 $x(n)$은 주기 신호가 되고 이때 가장 작은 N의 값을 기본 주기(fundamental period)라고 정의한다.

$$x(n+N) = x(n) \qquad (1.13)$$

따라서 식 (1.12)의 이산 정현파가 주기 신호가 되기 위해서는 다음 관계를 만족하여야 한다.

$$\cos[2\pi f_0(N+n)+\theta] = \cos(2\pi f_0 n + \theta) \qquad (1.14)$$

삼각 함수 성질에 의해서 식 (1.14)이 만족하기 위해서는 정수 k가

$$2\pi f_0 N = 2\pi k \qquad (1.15)$$

를 만족하여야 하며 결국 $f_0 = \dfrac{k}{N}$, 즉 유리수가 되어야만 한다.

또한 "각주파수 ω가 2π만큼씩 차이가 나는 이산 정현파는 동일하다." 이 성질을 증명하기 위해서도 역시 삼각 함수의 성질이 필요하다.

$$\cos[(\omega_0 + 2\pi k)n + \theta] = \cos(\omega_0 n + 2\pi kn + \theta) = \cos(\omega_0 n + \theta) \qquad (1.16)$$

여기서 k는 정수이며 따라서 2π의 정수배만큼 이동된 이산 정현파는 동일하다는 것을 쉽게 알 수 있다. 따라서 이산 정현파의 주파수 특성은 2π 간격으로 같은 패턴이 반복되게 되며 $-\pi < \omega < \pi$ 또는 $-\dfrac{1}{2} < f < \dfrac{1}{2}$의 구간에서만 이산 정현파가 유일한 값을 갖게 된다. 앞서 언급한 연속 정현파는 모든 주파수에 따라 다르기 때문에 반드시 $-\infty < \Omega < \infty$ 전 구간에서 주파수의 특성을 모두 알고 있어야 한다.

마지막으로 "이산 정현파의 최대 주파수는 $\omega = \pi (\omega = -\pi)$ 또는

$f = \dfrac{1}{2}\left(f = -\dfrac{1}{2}\right)$이다." 이 성질을 이해하기 위해서 그림을 이용하자. 그림 1.16

에 $f = 0,\ \dfrac{1}{16},\ \dfrac{1}{8},\ \dfrac{1}{4},\ \dfrac{1}{2}$인 경우의 이산 정현파들을 보였다. 그림과 같이 이산적

특성 때문에 샘플당 가질 수 있는 정현파의 주기 수는 최대 $\dfrac{1}{2}$을 초과할 수 없으

며 따라서 $f = \dfrac{1}{2}$이 최대 주파수가 된다.

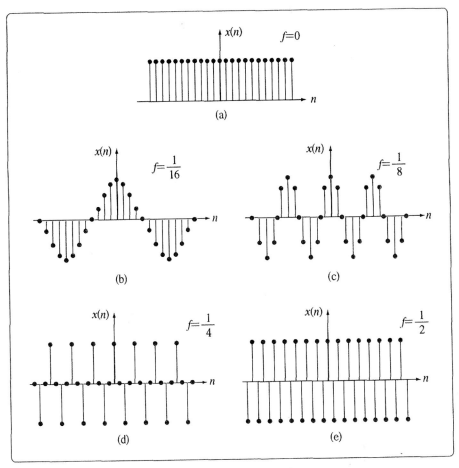

| 그림 1.16 |　주파수가 다른 이산 정현파들의 예

연 / 습 / 문 / 제

01 다음 신호들이 주기 신호인지를 판별하고, 만약 주기 신호라면 그 기본 주기를 구하시오.

(a) $x(n) = \cos\left(\dfrac{\pi n}{5}\right) + \sin\left(\dfrac{\pi n}{4} + \dfrac{1}{2}\right)$

(b) $x(n) = \sin\left(\dfrac{3\pi n}{5}\right) + \sin\left(\dfrac{\pi}{3}n\right)$

(c) $x(n) = \sin\left(\dfrac{3\pi n}{7}\right) + \cos\left(\dfrac{\pi}{9}n\right)$

(d) $x(n) = \sin\left(\dfrac{5\pi n}{4}\right)\sin\left(\dfrac{\pi}{3}n\right)$

(e) $x(n) = \cos\left(\dfrac{\pi}{3}n\right)\cos\left(\dfrac{\pi}{5}n\right)$

02 다음 신호들이 주기 신호인지를 판별하고, 만약 주기 신호라면 그 기본 주기를 구하시오.

(a) $x(n) = \exp\left[j\dfrac{8\pi}{9}n\right]$

(b) $x(n) = \exp\left[j\dfrac{8}{9}n\right]$

(c) $x(n) = \exp\left[j\dfrac{2\pi}{5}\left(n + \dfrac{1}{5}\right)\right]$

(d) $x(n) = \exp\left[j\dfrac{2}{5}\left(n + \dfrac{1}{5}\right)\right]$

03 이산 신호 $x(n) = 1 + \exp\left[j\dfrac{5\pi}{7}n\right] - \exp\left[j\dfrac{\pi}{5}n\right]$의 기본 주기를 구하시오.

04 연속 신호 $x_a(t) = 5\sin(200\pi t)$가 있다.

(a) 연속 신호 $x_a(t)$가 샘플링 주파수 $F_s = 500$samples/s로 샘플링되었을 때 이산 신호 $x(n) = x_a(nT)$, $T = 1/F_s$의 주파수를 구하고, 주기 신호임을 보이시오.

(b) 이산 신호 $x(n)$의 값을 최댓값 5까지 도달하게 하는 샘플링 주파수 F_s의 최솟값을 구하시오.

05 연속 신호가 주파수 성분을 20kHz까지 포함하고 있다. 이때 샘플링된 이산 신호로부터 원 신호를 완벽히 복원할 수 있게 해주는 샘플링 주파수의 범위를 구하시오.

06 연속 신호 $x_a(t) = 2\sin(200\pi t) - 4\sin(400\pi t)$가 샘플링 주파수 300Hz로 샘플링될 때

(a) 나이퀴스트 샘플링 주파수를 구하시오.

(b) 중첩 주파수(folding frequency)를 구하시오.

(c) 샘플링된 이산 신호 $x(n)$의 주파수를 구하시오.

(d) 이산 신호 $x(n)$이 이상적인 D/A 변환기를 통과한다면 이때 복원되는 신호 $y_a(t)$는?

02

이산 신호 및 시스템

02

이산 신호 및 시스템

1장에서 디지털 신호 처리에 대한 기본 개념을 설명하였다. 아날로그 신호를 디지털 신호로 바꾸기 위한 과정과 반대로 디지털 신호를 아날로그 신호로 복원하는 과정도 설명하였다. 샘플링된 이산 신호의 특성에 대해서도 공부를 하였다. 이번에는 이산 시스템 특히 선형 시불변 이산 시스템(linear time-invariant (LTI) discrete-time system)을 정의하고 시스템의 특성을 설명해 보자. 우리가 배우는 대부분의 시스템은 선형 시불변 시스템이거나 선형 시불변 시스템으로 모델링할 수 있기 때문에 이에 대한 해석은 매우 중요하다.

시스템 엔지니어의 중요한 역할 중 하나가 바로 시스템 해석이다. 시스템의 특성을 알고 입력되는 신호가 주어질 때 출력 신호를 구하는 과정이 시스템 해석이다. 시스템 해석 방법은 여러 가지가 있으나 여기서는 컨벌루션 연산을 이용하는 방법과 차분 방정식을 이용하는 방법을 설명한다. 시스템 해석과 더불어 시스템 엔지니어의 중요한 역할은 시스템 합성(설계)이다. 시스템 합성이란 입력되는 신호를 알고 원하는 출력 신호의 형태를 알 때 그 출력 신호를 생성하기 위한 시스템을 설계하는 과정이다. 시스템 설계 방법은 6장과 7장에서 필터를 배우면서 설명한다.

❷.1 이산 신호의 정의

앞서 1장에서 설명한 바와 같이 이산 신호(discrete-time signal)는 정수의 독립 변수를 갖는 함수로 정의된다. 그림 2.1과 같이 아날로그 신호 $x_a(t)$로부터 T를 주기로 샘플링하여 이산 신호 $x(n) = x_a(nT)$를 얻었다.

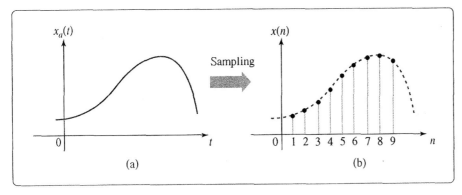

| 그림 2.1 | 샘플링하여 얻은 이산 신호

이때 이산 신호 $x(n)$은 샘플링 간격 T와는 관계없이 항상 정수의 독립 변수를 갖는다. 아날로그 신호를 샘플링하는 주기 T는 임의의 값을 가질 수 있으나 이산 신호의 변수는 항상 정수 변수를 갖는다는 의미이다. 또한 이산 신호의 샘플 사이에는 함수 값이 정의되지 않는다. 정리하면 이산 신호는 $-\infty < n < \infty$ 범위의 정수에서만 정의된 함수이다.

이와 같이 이산 신호는 불연속 값으로 정의되기 때문에 수를 나열한 것과 같다하여 수열(sequence)이라고도 부른다. 이산 신호는 함수의 형태로 표현하지만 $x(n) = \{\cdots, 0, 3, 2, 1, 0, 1, 2, 3, 0, \cdots\}$ 또는 $x(n) = \{1, 2, 3, 4\}$와 같이 수열로도 표현이 가능하다. 수열로 표현하는 경우 화살표 ↑는 $n = 0$의 시각을 의미하며 ↑이 없는 경우는 수열의 맨 처음 수가 $n = 0$에서의 신호 값을 의미한다.

2.1.1 기본적인 이산 신호

여기서는 이산 시스템을 해석하고 설계하는 과정에서 자주 사용되는 기본적인 이산 신호 몇 개를 소개한다. 기본적인 이산 신호는 자주 사용되므로 기억해 두는 것이 좋다.

(1) 단위 임펄스 함수

단위 임펄스 함수(unit impulse function), 또는 델타 함수 $\delta(n)$는 식 (2.1)과 같이 정의된다.

$$\delta(n) = \begin{cases} 1 \ (n=0일 \ 때) \\ 0 \ (n \neq 0일 \ 때) \end{cases} \tag{2.1}$$

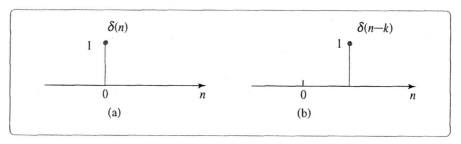

| 그림 2.2 | 단위 임펄스 함수

그림 2.2와 같이 $\delta(n)$은 $n = 0$에서 값이 1인 단위 샘플을 의미하며 n이 0이 아닌 정수에 대해서는 그 값이 모두 0으로 정의된다. k만큼 시간 이동된 $\delta(n-k)$는 $n = k$에서의 단위 샘플을 의미한다. $\delta(n)$은 연속 시간에서의 단위 임펄스 함수 $\delta(t)$와는 다르게 극한 개념 없이 $n = 0$에서 1의 값을 갖는 함수로 정의된다.

단위 임펄스 함수 $\delta(n)$는 임의의 이산 신호 $x(n)$에 대하여 다음과 같은 성질을 갖는다.

$$x(n)\delta(n-k) = x(k)\delta(n-k) \tag{2.2}$$

왜냐하면 $\delta(n-k)$는 $n = k$일 경우에만 1의 값을 갖고 다른 n 값에 대해서는 모두 0의 값을 갖기 때문이다. 이 성질을 이용하면 임의의 이산 신호 $x(n)$을 단위 임펄스 함수를 가지고 다음과 같이 표현(분해)할 수 있다.

$$\begin{aligned} x(n) &= \cdots + x(-1)\delta(n+1) + x(0)\delta(n) + x(1)\delta(n-1) + \cdots \\ &= \sum_{k=-\infty}^{\infty} x(k)\delta(n-k) \end{aligned} \tag{2.3}$$

식 (2.3)은 뒤에 시스템 해석을 위한 컨벌루션 합(convolution sum) 공식을 유도하는 데 이용되는 중요한 식이므로 기억하기 바란다.

[예제 2.1] 단위 임펄스 함수를 이용하여 그림 2.3의 이산 신호를 표현해보자.

풀이

식 (2.3)에서 신호의 값이 0이 아닌 k 값에 대하여 정리하면 다음과 같다.

$$x(n) = 2\delta(n+3) + 3\delta(n+2) + \delta(n+1) + 2\delta(n) + \delta(n-1)$$
$$- 2\delta(n-2) - \delta(n-3) + 2\delta(n-4)$$

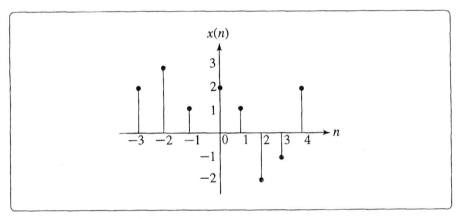

| 그림 2.3 | 단위 임펄스 함수를 이용한 이산 신호의 표현

(2) 단위 계단 함수

단위 계단 함수(unit step function) $u(n)$은 다음과 같이 정의된다.

$$u(n) = \begin{cases} 1 & (n \geqq 0\text{일 때}) \\ 0 & (n < 0\text{일 때}) \end{cases} \tag{2.4}$$

그림 2.4에 단위 계단 함수를 보였다.

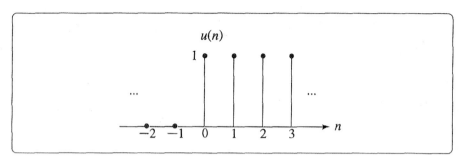

| 그림 2.4 | 단위 계단 함수

단위 계단 함수는 단위 임펄스 함수와 다음 관계를 갖는다. 식 (2.4)의 단위 계단 함수 정의를 이용하면 다음 관계들을 쉽게 이해할 수 있다.

$$u(n) - u(n-1) = \delta(n) \tag{2.5}$$

$$\sum_{k=0}^{\infty} \delta(n-k) = u(n) \tag{2.6}$$

(3) 단위 램프 함수

단위 램프 함수(unit ramp function) $r(n)$은 식 (2.7)과 같이 정의된다.

$$r(n) = \begin{cases} n & (n \geqq 0 일 \ 때) \\ 0 & (n < 0 일 \ 때) \end{cases} \tag{2.7}$$

그림 2.5에 단위 램프 함수를 보였다.

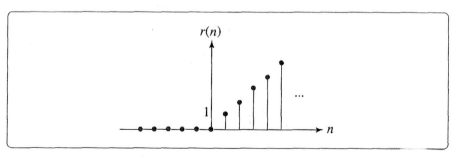

| 그림 2.5 | 단위 램프 함수

(4) 지수 함수

모든 n에 대하여 $x(n) = a^n$과 같이 지수 함수(exponential function)의 형태의 신호를 지수 신호라고 정의한다. a의 값에 따라 지수 함수는 여러 형태가 된다. 만약 a가 실수 값을 갖는다면 $x(n)$도 실수 값을 갖게 되고, 만약 복소수 값을 갖는다면 신호도 복소수 값을 갖는다. 만약 a가 복소수이고 극좌표(polar coordinate) 형태로 표현하면 $a = re^{j\theta}$로 되고 $x(n)$은 다음과 같이 정현파(sinusoidal wave)인 사인파나 코사인파로 표현되는 복소 함수가 된다.

$$x(n) = r^n e^{j\theta n}$$
$$= r^n [\cos\theta n + j\sin\theta n] \qquad (2.8)$$

a의 값에 따른 지수 신호의 형태를 그림 2.6에 보였다.

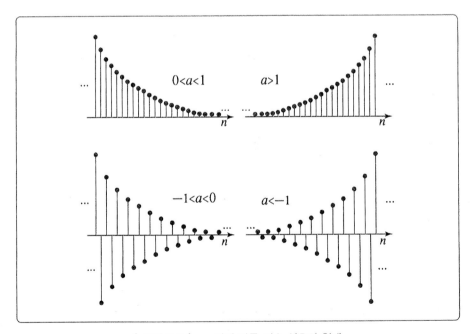

| 그림 2.6 | a 값에 따른 지수 신호의 형태

2.1.2 이산 신호의 분류

(1) 에너지 신호와 전력 신호

이산 신호 $x(n)$의 에너지는 식 (2.9)과 같이 정의된다. 즉, 신호 크기의 절댓값을 제곱해서 모든 시간에 대해 더해주면 그 신호의 에너지가 된다.

$$E = \sum_{-\infty}^{\infty} |x(n)|^2 \tag{2.9}$$

신호의 에너지는 주어진 신호의 특성에 따라 그 값이 무한할 수도 있고 유한할 수도 있다. 주기 신호의 경우는 무한한 에너지를 가지는 대표적인 경우이다. 주기 신호에서는 같은 패턴이 반복되기 때문에 신호 크기의 절댓값을 제곱해서 모든 시간에 대해 더해주면 에너지는 당연히 무한한 값을 가진다.

에너지가 유한한 값을 가지는 신호를 에너지 신호(energy signal)라고 정의한다. 무한한 에너지를 가지는 신호도 평균 전력(average power)은 유한한 경우가 많다. 왜냐하면 평균 전력이란 단위 시간당 에너지이기 때문이다. 이산 신호 $x(n)$의 평균 전력은 다음과 같이 정의된다.

$$P = \lim_{N \to \infty} \frac{1}{2N+1} \sum_{n=-N}^{N} |x(n)|^2 \tag{2.10}$$

만약 신호의 에너지가 유한하다면 평균 전력은 0이 된다. 반면에 에너지가 무한하다면 평균 전력은 유한하거나 무한하다. 만약 평균 전력이 유한하다면 그 신호는 전력 신호(power signal)라고 정의한다.

....

[예제 2.2] 앞에서 정의된 단위 계단 함수의 에너지와 평균 전력을 구하여라.

풀이

단위 계단 함수의 에너지는 n이 0보다 큰 범위에서 신호 값 1을 모두 너해서 구한 값이므로 당연히 무한한 값을 가지게 된다.
평균 전력은 식 (2.10)에 의해 다음과 같이 구할 수 있다.

$$P = \lim_{N \to \infty} \frac{1}{2N+1} \sum_{n=-N}^{N} |u(n)|^2$$

$$= \lim_{N \to \infty} \frac{N+1}{2N+1} = \lim_{N \to \infty} \frac{1 + 1/N}{2 + 1/N} = \frac{1}{2}$$

따라서 단위 계단 함수는 전력 신호이며 무한한 에너지를 가진다.

(2) 주기 신호와 비주기 신호

이산 신호 $x(n)$이 모든 n에 대하여 다음 조건을 만족하면 주기 신호(periodic signal)라고 정의한다.

$$x(n+N) = x(n) \tag{2.11}$$

이때 식 (2.11)을 만족시키는 가장 작은 N의 값을 기본 주기(fundamental period)라고 하며 식 (2.11)을 만족하지 않는 신호는 비주기 신호(aperiodic signal)가 된다. 앞서 설명한 바와 같이 주기 신호의 에너지는 무한대가 되며 평균 전력은 한 주기 구간에서의 평균 전력과 같고 일반적으로 유한한 값을 갖는다. 따라서 주기 신호는 전력 신호가 된다. 한 주기의 전력은 아래 식 (2.12)로 정의된다.

$$P = \frac{1}{N} \sum_{n=0}^{N-1} |x(n)|^2 \tag{2.12}$$

1장에 설명한 바와 같이 식 (2.13) 형태의 이산 정현파 신호는 f가 유리수일 때, 즉 $f = \frac{k}{N}$(이때 k와 N은 정수)일 때 주기 신호가 된다. 그림 2.7에 주기 이산 신호와 비주기 이산 신호의 예를 보였다. 주기 신호는 같은 패턴이 반복되지만 비주기 신호에서는 같은 패턴이 반복되는 것을 볼 수 없다.

$$x(n) = A \cos(2\pi f n) \tag{2.13}$$

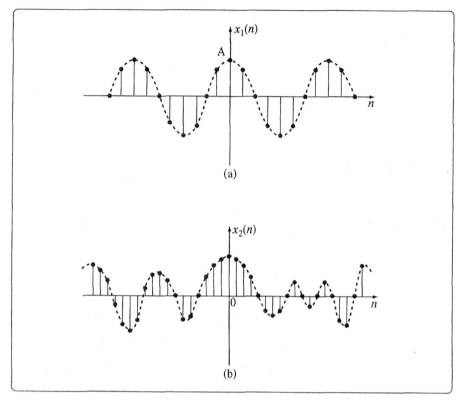

| 그림 2.7 | (a) 주기 신호 (b) 비주기 신호

2.1.3 이산 신호의 변형

여기서는 이산 신호 $x(n)$을 변형하기 위한 함수의 동작 몇 가지를 소개한다.

(1) 독립 변수의 변환

이산 신호 $x(n)$을 시간 축상에서 이동시키는 동작을 알아보자. 시간 축상에서 신호를 정수 k만큼 이동시키면 신호는 $x(n-k)$가 된다. 이때 k가 양의 정수이면 신호는 k만큼 지연이 되고, k가 음의 정수이면 신호는 k만큼 선행하게 된다. 그림 2.8에 이산 신호 $x(n)$과 $x(n)$을 2만큼 이동한 $x(n-2)$, −5만큼 이동한 $x(n+5)$를 각각 보였다.

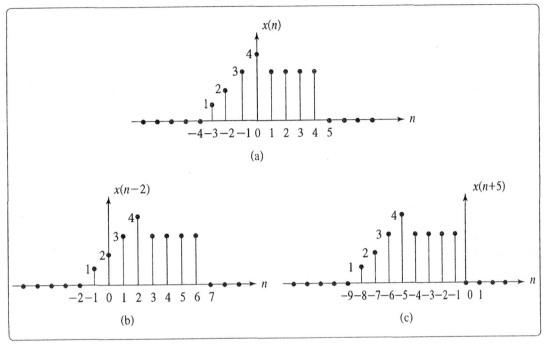

| 그림 2.8 | 　이산 신호의 지연과 선행

신호를 처리할 때 흔히들 실시간 처리(real time processing)라는 말을 한다. 실시간 처리란 신호를 저장하지 않고 생성하는 동시에 처리하는 방법이다. 이런 경우 앞서 정의한 선행 이동은 현재의 시각에서 미래의 신호 값을 필요로 하기 때문에 실시간 처리에서는 구현할 수 없는 함수 변형이다. 보통 시스템을 인과 시스템과 비인과 시스템으로 정의하게 되는데 시스템 입력으로 미래의 입력 값이 필요한 경우 비인과 시스템(noncausal system)이 된다. 현재의 시각에서 미래의 입력 값은 알 수 없기 때문에 비인과 시스템에서는 실시간 처리를 할 수 없다. 하지만 컴퓨터와 같이 저장 장치가 있는 시스템에서 off-line으로 처리하는 경우는 모든 신호의 값을 미리 생성하여 저장하고 사용할 수 있기 때문에 비인과 시스템의 구현도 가능하다.

　다음은 신호를 신호 축(일반적으로 y축)을 중심으로 대칭(folding)이 되게 하는 방법이다. 즉, 신호 $x(n)$을 $x(-n)$으로 만드는 방법이다. 그림 2.9에 신호 $x(n)$을 대칭되게 만든 신호 $x(-n)$과 이 신호를 다시 시간 이동한 $x(-n+3)$을 보였다.

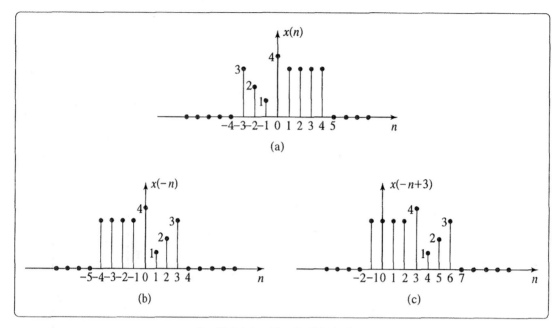

| 그림 2.9 | 신호의 대칭 및 이동

이때 한 가지 주의할 사항은 $x(-n+3)$은 $x(-n)$을 양의 방향으로 3만큼 이동하여 얻은 신호라는 것이다. $x(-n)$을 양의 방향으로 3만큼 이동하게 되면 앞에서 정의한 대로 $x\{-(n-3)\}$이 되고, 당연히 $x(-n+3)$이 된다.

다음은 신호의 다운 샘플링(down sampling) 동작을 정의해 보자. 다운 샘플링이란 이산 신호의 샘플 수를 줄이는 동작을 의미한다. 이산 신호 $x(n)$을 정수 a에 대해 $x(an)$으로 정의하자. 만약 $a=2$이면 $x(n)$의 짝수 번째 샘플로만 신호가 구성되고 결국 신호의 샘플 수는 반으로 줄어드는 효과를 갖는다. 이산 신호는 아날로그 신호를 샘플링해서 $x(n)=x_a(nT)$로 만든다고 하였으니 $x(n)=x_a(n2T)$는 T가 $2T$가 되는 것과 같고 따라서 샘플링 레이트도 반으로 주는 것은 당연하다. 그림 2.10에 다운 샘플링을 설명하였다.

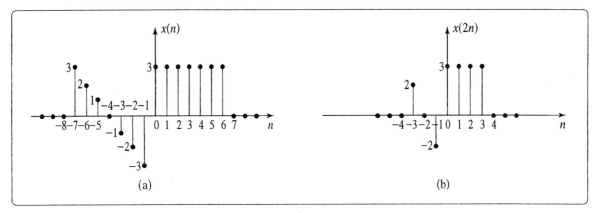

| 그림 2.10 | 신호의 다운 샘플링

(2) 신호의 더하기, 곱하기, 스케일링 동작

뒤에서 설명하겠지만 이산 시스템에서는 신호를 더하고, 곱하고, 스케일링하고 지연시키고, 선행시키는 등의 동작을 수행한다. 신호의 더하기, 곱하기, 스케일링 동작을 정의해 보자.

두 신호 $x_1(n)$과 $x_2(n)$을 더하면 $y(n)=x_1(n)+x_2(n)$이 되며 같은 시각에서 두 신호의 샘플 값을 각각 더하게 된다. 마찬가지로 두 신호를 곱하면 $y(n)=x_1(n) \times x_2(n)$이 된다. 이 경우도 단순히 같은 시각에서의 샘플 값을 곱하면 된다. 상수 A를 신호에 곱하면 $y(n)=Ax(n)$으로 신호의 크기가 변하게(스케일링)된다.

❷.2 이산 시스템

이산 시스템(discrete-time system)은 입력되는 이산 신호에 어떤 동작을 가하거나 연산을 수행하여 출력이라는 또 다른 이산 신호를 생성하는 모든 장치나 알고리즘을 총칭하는 말이다. 만약 이산 신호를 처리하기 위해 컴퓨터를 사용한다면 컴퓨터 프로그램으로 이산 시스템을 구현할 수 있다. 이 경우 시스템은 어떤 정해진 일련의 동작을 수행하는 컴퓨터 프로그램이 된다. 일반적으로 입력 신호 $x(n)$은 시스템에 의하여 출력 신호 $y(n)$으로 변형되고, 시스템의 입출력 관계는 다음과 같이 표현된다.

$$y(n) \equiv S\{x(n)\} \qquad (2.14)$$

여기서 시스템 S는 $y(n)$을 출력하기 위해 $x(n)$에 가해지는 모든 동작과 연산과정을 포함한다. 식 (2.14)의 이산 시스템을 그림으로 설명한 것이 그림 2.11이다.

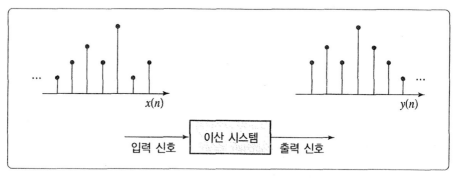

| 그림 2.11 |　이산 시스템의 개요도

시스템의 특성을 해석하는 방법에는 여러 가지가 있다. 여기서는 시간 영역에서의 시스템 해석 방법을 설명한다. 주파수 영역에서도 시스템 해석이 가능한데 이것은 4장에서 푸리에 변환 과정을 배운 후에 배운다.

2.2.1 이산 시스템의 입출력 관계

이산 시스템의 입출력 관계는 입력과 출력 신호 간의 관계를 정의하는 수학적 표현을 가지고 설명할 수 있다. 입출력 관계를 알기 위해서 반드시 시스템의 내부가 어떻게 구성되었는지를 알 필요는 없다. 시스템은 단지 하나의 블랙박스라고 생각하고 입출력 단자의 상태만 가지고 시스템을 해석할 수 있다. 다음 예에서 이산 시스템의 입출력 관계를 설명한다.

[예제 2.3] 아래에 주어진 입력 신호에 대하여 주어진 시스템의 출력 신호를 구하여라.

$$x(n) = \begin{cases} |n|, & -2 \leq n \leq 2 \\ 0, & \text{다른 경우} \end{cases}$$

(a) $y(n) = x(n)$

(b) $y(n) = x(n-2)$

(c) $y(n) = \dfrac{1}{2}\{x(n-1) + x(n)\}$

풀이

시스템의 출력은 주어진 시스템의 입출력 관계식을 가지고 쉽게 구할 수 있다.

(a) 이 경우 시스템의 출력은 시스템의 입력과 같다. 즉, 시스템은 입력 신호에 아무런 동작도 하지 않은 채 그대로 입력 신호를 출력한다.

(b) 이 시스템은 입력 신호를 단지 두 샘플만큼 지연시켜 출력한다. 따라서 출력 신호는

$$y(n) = \{\cdots, 0, 0, \underset{\uparrow}{2}, 1, 0, 1, 2\}$$

와 같이 된다. 여기서 화살표는 수열 $y(n)$에서 $n=0$일 때의 위치를 의미한다.

(c) 이 시스템은 바로 전 입력 값과 현재 입력 값의 평균값이 출력 신호가 된다. 예를 들면

$$y(0) = \frac{1}{2}\{x(-1) + x(0)\} = \frac{1}{2}\{1 + 0\} = \frac{1}{2}$$

이 되고 다른 n 값에 대해서도 같은 방법으로 출력 $y(n)$을 구하면 다음과 같은 결과를 얻을 수 있다.

$$y(n) = \{\cdots, 0, 0, 1, \underset{\uparrow}{\frac{3}{2}}, \frac{1}{2}, \frac{1}{2}, \frac{3}{2}, 1, 0, \cdots\}$$

2.2.2 이산 시스템의 구성 요소

시스템의 입출력 관계를 표현하는 수학적 모델을 가지고 시스템의 구성도를 만들어 보자. 복잡한 시스템의 구성도를 그리기 위해서는 먼저 구성도의 기본 요소들을 정의할 필요가 있다.

(1) 신호 덧셈기

신호 덧셈기(signal adder)는 그림 2.12와 같이 두 신호를 더해서 새로운 신호를 만드는 동작을 수행한다. 두 신호를 더하는 동작은 앞에서 이미 정의한 바와 같다. 즉, 같은 시각에서의 두 신호의 샘플 값을 각각 더하면 된다.

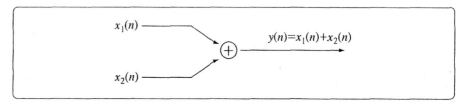

| 그림 2.12 | 덧셈기

(2) 상수 곱셈기

상수 곱셈기(constant multiplier)의 연산은 그림 2.13과 같이 어떤 신호에 단순히 상수 값을 곱하는 것이다. 앞에서 정의한 신호의 스케일링 연산과 같은 동작이다.

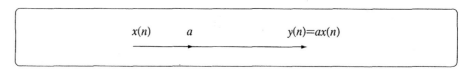

| 그림 2.13 | 상수 곱셈기

(3) 신호 곱셈기

신호 곱셈기(signal multiplier) 연산은 그림 2.14와 같이 두 신호를 곱해서 새로운 신호로 만든다. 이 연산도 앞에서 정의한 두 신호의 곱의 동작과 같다.

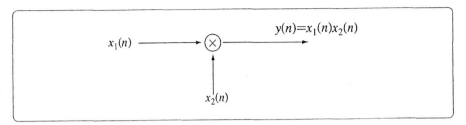

| 그림 2.14 | 신호 곱셈기

(4) 단위 시간 지연기

단위 시간 지연기(unit delay element)는 신호를 단순히 한 샘플만큼 지연시키는 동작을 한다. 즉, 만약 입력 신호가 $x(n)$이면, 출력은 단위 시간 만큼, 즉 한 샘플만큼 지연된 $y(n)=x(n-1)$이 된다.

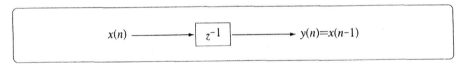

| 그림 2.15 | 단위 시간 지연기

(5) 단위 시간 선행기

단위 시간 선행기(unit advance element)는 단위 시간 지연기와는 반대로 입력 신호를 한 샘플씩 먼저 출력한다. 즉, 입력 $x(n)$에 대하여 출력은 $y(n)=x(n+1)$로 된다. 단위 시간 선행기는 앞에서 설명한 바와 같이 실시간 동작에 사용될 수 없다. 왜냐하면 현재의 출력을 구하기 위해 미래의 입력 값을 알아야 하기 때문이다. 하지만 off-line으로 작업하면서 저장 장치가 있다면 단위 시간 선행기도 구현할 수 있다. 모든 입력 신호를 미리 생성하고 저장해 놓으면 되기 때문이다.

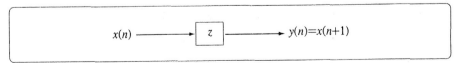

| 그림 2.16 | 단위 시간 선행기

[예제 2.4] 앞에서 정의한 시스템의 구성 요소들을 가지고 다음 입출력 관계를 가지는 이산 시스템의 구성도를 그려보자.

$$y(n) = \frac{1}{2} y(n-1) + \frac{1}{3} x(n) + x(n-1)$$

풀이

먼저 입력 $x(n)$에 상수 $\frac{1}{3}$을 곱하고 $x(n)$을 한 샘플만큼 지연시킨 $x(n-1)$을 더한다. 여기에 한 샘플 전 출력인 $y(n-1)$에 상수 $\frac{1}{2}$을 곱한 항을 더하면 출력 $y(n)$이 된다. 따라서 상수 곱셈기, 단위 시간 지연기, 신호 덧셈기 등이 필요하며 결국 구성도는 그림 2.17과 같게 된다. 이 시스템에서는 출력의 일부가 다시 입력으로 사용된다. 이러한 시스템을 재귀 시스템 (recursive system)이라고 정의한다.

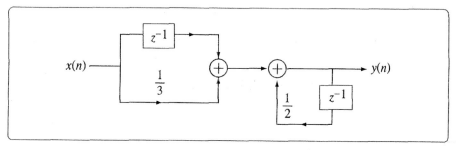

| 그림 2.17 | 예제 2.4의 시스템 구성도

2.2.3 이산 시스템의 분류

시스템 엔지니어의 역할은 크게 두 가지라고 언급하였다. 그 중 하나가 시스템 해석(system analysis)이다. 시스템 해석은 입력 신호가 주어지고 시스템을 알고 있을 때 출력 신호를 구하는 문제이다. 시간 영역에서 시스템 해석을 하는 방법에는 컨벌루션 합(convolution sum) 연산을 이용하거나 시스템의 입출력 관계식인 차분 방정식(difference equation)을 푸는 방법이 있다.

시스템 엔지니어의 또 다른 역할은 시스템 합성(system synthesis) 또는 설계(design)라고 했다. 통신이나 신호 처리 분야에서는 시스템이 주로 필터의 역할을 하게 되므로 이 경우 시스템을 설계하는 것은 바로 필터의 설계 문제와 같게 된다. 시스템 해석과 합성 문제는 시스템의 특성과 종류에 따라 크게 달라진다. 따라서 시스템의 특성을 먼저 살펴보고 그 특성에 따라 시스템을 분류하는 것이 필요하다.

(1) 선형과 비선형 시스템

시스템은 크게 선형(linear)과 비선형 시스템(nonlinear system)으로 구분된다. 선형 시스템이 되기 위해서는 임의의 신호 $x_1(n)$과 $x_2(n)$에 대하여 다음의 중첩 원리(superposition property)가 성립하여야 한다.

$$S\{a_1 x_1(n) + a_2 x_2(n)\} = a_1 S\{x_1(n)\} + a_2 S\{x_2(n)\} \qquad (2.15)$$

여기서 a_1과 a_2는 임의의 상수이다. 중첩의 원리를 그림으로 나타내면 그림 2.18과 같다. 즉, 두 신호에 가중치를 곱하고 더해서 시스템을 통과시킨 결과와 두 신호를 먼저 시스템을 통과시키고 각각 그 결과에 가중치를 곱해서 더한 결과가 같다는 것이다.

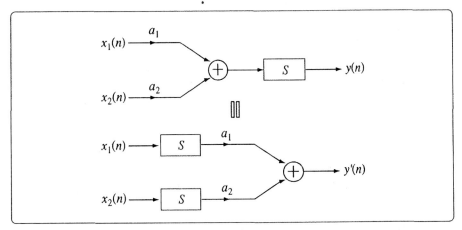

| 그림 2.18 | 중첩의 원리(만일 $y(n) = y'(n)$이면 시스템은 선형)

식 (2.15)의 선형 조건을 귀납법을 이용하여 여러 신호의 가중 선형 조합에 적용할 수 있다. 즉,

$$x(n) = \sum_{k=1}^{M-1} a_k x_k(n) \xrightarrow{\ S\ } y(n) = \sum_{k=1}^{M-1} a_k y_k(n) \qquad (2.16)$$

여기서 $k = 1, 2, \cdots, M-1$에 대하여 $y_k(n) = S\{x_k(n)\}$이다. 이 조건을 이용하게 되면 입력 신호가 복잡할 때 바로 시스템 출력을 구하지 않고 먼저 복잡한 입력 신호를 간단한 신호들의 가중치 합, 즉 선형 조합으로 표현하고, 간단한 신호에 대한 시스템 출력을 먼저 구하여 가중치를 곱한 후 다 더해 주는 것이 더 용이하다. 따라서 시스템의 선형 조건은 매우 중요한 의미를 갖는다.

[예제 2.5] 다음 입출력 관계를 가지는 시스템이 선형인지 비선형인지 알아보자.

(a) $y(n) = 3x(n)$ (b) $y(n) = 3x(n) + 1$ (c) $y(n) = x^2(n)$

풀이

(a) 두 입력 $x_1(n)$과 $x_2(n)$의 출력은 각각

$$\begin{aligned} y_1(n) &= 3x_1(n) \\ y_2(n) &= 3x_2(n) \end{aligned} \qquad (2.17)$$

이 된다. 두 입력의 선형 조합에 대한 출력은

$$\begin{aligned} y_3(n) &= S\{a_1 x_1(n) + a_2 x_2(n)\} = 3\{a_1 x_1(n) + a_2 x_2(n)\} \\ &= a_1 3x_1(n) + a_2 3x_2(n) \end{aligned} \qquad (2.18)$$

이다. 반면에 식 (2.17)의 두 출력의 선형 조합은

$$a_1 y_1(n) + a_2 y_2(n) = a_1 3x_1(n) + a_2 3x_2(n) \qquad (2.19)$$

이 되므로 식 (2.18)과 식 (2.19)의 우변은 같아진다. 따라서 시스템은 선형이다.
(b) 두 입력 $x_1(n)$과 $x_2(n)$의 출력은 각각

$$\begin{aligned} y_1(n) &= 3x_1(n) + 1 \\ y_2(n) &= 3x_2(n) + 1 \end{aligned} \qquad (2.20)$$

이 된다. 두 입력의 선형 조합에 대한 출력은

$$y_3(n) = S\{a_1 x_1(n) + a_2 x_2(n)\} = 3\{a_1 x_1(n) + a_2 x_2(n)\} + 1$$
$$= a_1 3x_1(n) + a_2 3x_2(n) + 1 \tag{2.21}$$

이다. 반면에 식 (2.20)의 두 출력의 선형 조합은

$$a_1 y_1(n) + a_2 y_2(n) = a_1 3x_1(n) + a_1 + a_2 3x_2(n) + a_2 \tag{2.22}$$

가 되므로 명백히 식 (2.21)과 식 (2.22)는 같지 않다. 따라서 시스템은 비선형이다.

(c) (a), (b)와 마찬가지 방법으로 먼저 두 입력 $x_1(n)$과 $x_2(n)$의 출력을 각각 구하면 다음과 같다.

$$y_1(n) = x_1^2(n)$$
$$y_2(n) = x_2^2(n) \tag{2.23}$$

두 입력의 선형 조합에 대한 출력은

$$y_3(n) = S\{a_1 x_1(n) + a_2 x_2(n)\} = \{a_1 x_1(n) + a_2 x_2(n)\}^2$$
$$= a_1^2 x_1^2(n) + 2a_1 a_2 x_1(n) x_2(n) + a_2^2 x_2^2(n) \tag{2.24}$$

이 된다. 반면에 식 (2.23)의 두 출력의 선형 조합은

$$a_1 y_1(n) + a_2 y_2(n) = a_1 x_1^2(n) + a_2 x_2^2(n) \tag{2.25}$$

이 되므로 이번에도 식 (2.24)와 식 (2.25)는 같지 않게 된다. 따라서 시스템은 비선형이다.

(2) 시변과 시불변 시스템

시스템은 시변(time-variant)과 시불변(time-invariant)으로 크게 나눌 수 있다. 시스템의 입출력 관계의 특성이 시간에 따라 변하지 않으면 시불변 시스템이라 한다. 어떤 시불변 시스템 S의 입력이 $x(n)$일 때 출력이 $y(n)$이라고 하자. 같은 입력 신호가 k만큼 시간 지연되어 $x(n-k)$가 시스템의 입력으로 인가되면

시스템의 특성은 시간에 불변이므로 출력은 $x(n)$에 대한 응답과 같고 단지 입력이 지연된 만큼 시간이 지연된 $y(n-k)$가 출력된다. 같은 입력이 지연되어 늦게 입력되더라도 시스템의 특성이 시간에 관계없이 항상 불변하므로 출력도 불변한다는 것이다. 반대로 시간에 따라 시스템의 특성이 바뀌어 입출력 관계가 변한다면 그 시스템은 시변 시스템이 된다. 시변 시스템에서의 신호 처리는 생각보다 복잡하다. 이 책에서 다루는 대부분의 시스템은 시불변이라고 가정한다. 그림 2.19에 시불변 시스템의 입출력 관계를 그림으로 나타내었다.

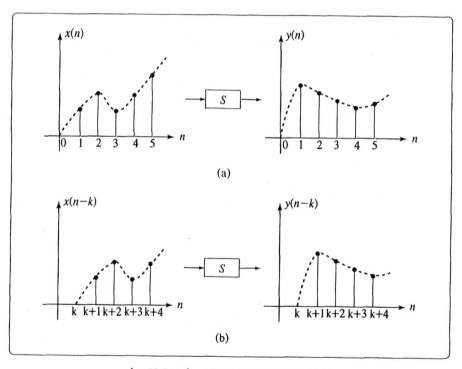

| 그림 2.19 | 시불변 시스템 입출력 관계

[예제 2.6] 다음 입출력 관계를 가진 시스템이 시불변인지 시변인지 알아보자.

$$\text{(a) } y(n) = x(n) - x(n-5) \qquad \text{(b) } y(n) = nx(n)$$

풀이

(a) 먼저 시스템이 시불변인지를 알아보려면 k만큼 지연된 입력 $x(n-k)$에 대한 출력을 구

하여야 한다. 이 출력을

$$y(n, k) = S\{x(n-k)\}$$

라고 하자. 만약 모든 가능한 k의 값에 대하여 출력이 $y(n, k) = y(n-k)$가 되면 시스템은 시불변이 된다. 그렇지 않은 경우는 시변이 된다. 이 경우 먼저 $y(n, k)$를 구해 보면

$$y(n, k) = x(n-k) - x(n-k-5) \tag{2.26}$$

반면에 문제에서 주어진 $y(n)$을 k만큼 지연을 시키면

$$y(n-k) = x(n-k) - x(n-k-5) \tag{2.27}$$

가 되고 결국 식(2.26)과 식(2.27)의 우변이 같으므로 $y(n, k) = y(n-k)$가 되고 시스템은 시불변이 된다.

(b) 이 경우 먼저 $y(n, k)$를 구해 보면

$$y(n, k) = nx(n-k)$$

반면에 문제에서 주어진 $y(n)$을 k만큼 지연을 시키면

$$y(n-k) = (n-k)x(n-k) = nx(n-k) - kx(n-k)$$

가 되고 $y(n, k) \neq y(n-k)$이므로 시스템은 시변이 된다.

(3) 기억 시스템과 무기억 시스템

시각 n에서의 이산 시스템의 출력 $y(n)$이 현재 시각 n에서의 입력 신호 $x(n)$으로만 결정될 때 그 시스템을 무기억 시스템(memoryless system)이라고 한다. 즉, 무기억 시스템에서는 현재의 출력은 과거나 미래의 입력 값과는 무관하게 현재의 입력 값에 의해서만 결정된다. 이와 반대로, 현재의 출력을 구하는데 현재의 입력 값뿐 아니라 과거나 미래의 입력 값이 필요한 시스템을 기억 시스템 (memory system)이라고 한다. 기억 시스템에서는 과거나 미래의 입력 값을 저

장하기 위한 기억 장치가 반드시 필요하다.

만약 입출력 관계식이 다음과 같은 시스템이 있다고 가정하자.

$$y(n) = 3x(n)$$
$$y(n) = nx(n) + 2x^2(n)$$

(2.28)

이 시스템에서는 시각 n에서의 출력이 같은 시각에서의 입력 $x(n)$에 의해서만 결정되므로 무기억 시스템이라고 할 수 있다. 즉, $y(n)$을 구하는데 과거나 미래의 입력 값이 필요 없고 따라서 과거나 미래의 값을 저장하는 기억 소자가 필요 없다는 것이다. 그러나 다음과 같이 시스템의 입출력 관계가 주어진다면 출력 $y(n)$를 구하기 위해서는 과거나 미래의 입력 값이 필요하다. 따라서 이들을 저장할 기억 장치가 필요하고 시스템은 기억 시스템이 된다.

$$y(n) = x(n - 2) + 3x(n - 5) + 2x(n + 2)$$

(2.29)

(4) 인과 시스템과 비인과 시스템

어떤 시스템에서 현재의 출력을 결정하기 위해 과거나 현재의 입력 값, 즉 $x(n), x(n - 1), x(n - 2), \cdots$ 은 필요하고 미래의 입력 값, 즉 $x(n + 1)$, $x(n + 2), \cdots$ 은 필요하지 않을 때 이 시스템은 인과 시스템(causal system)이라고 정의한다. 인과적이라는 말은 원인이 있어야 결과가 있다는 말로, 시스템에 입력이 가해지지 않으면 출력도 발생하지 않는다는 것을 의미한다. 현재의 시각 n에서 그 시각까지 입력된 신호가 있다면 출력이 발생할 수 있지만 아직 입력되지도 않은 미래의 입력 신호에 의해서 현재의 출력이 발생할 수는 없다는 의미이다. 우리식 속담으로 표현한다면 "아니 땐 굴뚝에 연기 날까"가 인과 시스템을 설명하기에 적절한 것 같다. 입력 에너지가 없으면 출력되는 에너지도 없다는 의미이다. 그림 2.20에 인과 시스템과 비인과 시스템의 입출력 관계를 보였다.

특히 실시간 처리를 요하는 응용에서는 미래의 입력 값을 현재 시점에서 관측할 수 없기 때문에 비인과 시스템을 물리적으로 구현하는 것이 불가능하다. 하지만 실시간 처리를 요하지 않는 경우(off-line 작업)에는 입력 값을 기억 장치에 모두 저장하여 현재의 출력을 구하는 데 이용할 수 있으므로 비인과 시스템의 구현이 가능하다. 이 책에서 다루는 대부분의 시스템은 인과 시스템이라고 가정한다.

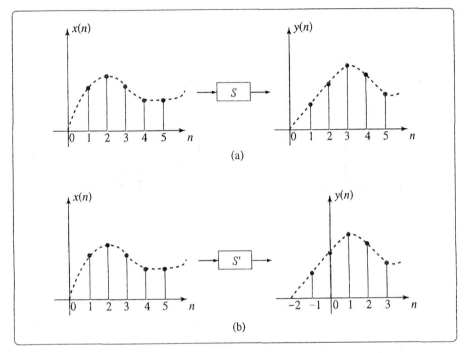

| 그림 2.20 |　(a) 인과 시스템　(b) 비인과 시스템
(인과 시스템은 입력이 가해진 후에만 출력이 발생함)

(5) 안정 시스템과 비안정 시스템

비안정 시스템(unstable system)은 출력이 일정치 않고 동작이 불안하다. 따라서 시스템을 실제로 설계하는 경우 안정도는 매우 중요한 조건 중의 하나이다. 안정도를 정의하는 방법은 여러 가지가 있지만 여기서는 유한 입력 유한 출력 안정 시스템(bounded input bounded output stable system, BIBO stable system)을 설명한다.

BIBO 안정도란 시스템에 인가된 입력의 크기가 유한할 때 시스템의 출력 특성을 정의한 것이다. 즉, 입력의 값이 유한할 때 출력의 값도 항상 유한하다면 시스템은 BIBO 안정하다고 말할 수 있다. 다시 말해 유한한 M_x와 M_y, 그리고 모든 n에 대하여

$$|x(n)| \leq M_x < \infty \quad |y(n)| \leq M_y < \infty \quad\quad (2.30)$$

이 만족되면 시스템은 BIBO 안정하다. 그림 2.21에 안정 시스템과 비안정 시스템의 예를 보였다.

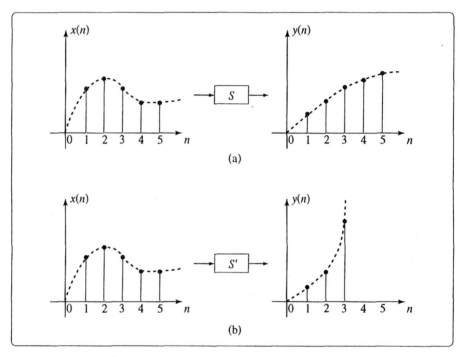

| 그림 2.21 | (a) 안정 시스템 (b) 비안정 시스템

②.3 이산 선형 시불변 시스템의 해석

이산 시스템은 시스템의 입력 신호와 출력 신호가 모두 이산 신호이다. 앞 절에서 시스템의 특성에 따라 시스템을 다양하게 분류하였지만 이 책에서는 시스템이 선형 시불변(linear time invariant, LTI)일 때 해석하는 방법을 설명한다. 선형 시불변 시스템으로 제한한 것은 그렇지 않은 경우 시스템의 해석이 매우 복잡하고 고난도의 수학이 필요하므로 이 책의 범위를 벗어나기 때문이다.

2.3.1 선형 시스템의 해석

먼저 차분 방정식(difference equation)을 이용하여 시스템을 해석하는 방법을 살펴보자. 차분 방정식이란 일반적으로 식 (2.31)과 같이 표현된 시스템의 입출력 관계식을 의미한다. 이산 시스템의 입출력 관계를 수학식으로 모델링하면 차분 방정식으로 표현된다. 연속 시스템(아날로그 시스템)에서는 시스템의 입출력 관계가 미분 방정식으로 표현되며 시스템의 출력을 구하려면 미분 방정식을 풀어야 했다. 마찬가지로 이산 시스템에서는 주어진 차분 방정식을 직접 풀어서 출력 $y(n)$을 구할 수 있다. 이산 시스템의 출력 $y(n)$은 입력 성분과 출력의 일부가 피드백(feedback)된 성분에 의해 결정되므로 일반적으로 식 (2.31)과 같이 표현할 수 있다.

$$
\begin{aligned}
y(n) = G\{ & y(n-1),\, y(n-2)\cdots, \\
& \cdots y(n-N),\, x(n),\, x(n-1),\, \cdots x(n-M)\}
\end{aligned}
\tag{2.31}
$$

여기서 G는 임의의 연산자를 의미한다.

선형 시불변 시스템에서는 식 (2.31)의 입출력 관계가 다음과 같은 N차 차분 방정식으로 표현된다.

$$
y(n) = -\sum_{k=1}^{N} a_k\, y(n-k) + \sum_{k=0}^{M} b_k\, x(n-k)
\tag{2.32}
$$

여기서 계수 $\{a_k\}$와 $\{b_k\}$는 시스템의 특성에 따라 결정되는 매개 변수들이다. 식 (2.32)의 N차 차분 방정식은 시간 영역에서 이산 시간 LTI 시스템의 입출력 관계를 표현하는 방법 중 하나이다. 이에 대한 풀이법은 2.4절에서 설명한다.

입력 신호가 주어졌을 때 시스템의 동작을 해석하는, 즉 시스템의 출력 신호를 구하는 또 다른 방법을 알아보자. 이 방법을 이해하기 위해서는 먼저 주어진 입력을 어떤 간단한 기본 신호의 합으로 분해하는 원리를 알아야 한다. 이때 사용되는 기본 신호의 조건으로는 시스템 응답을 구하기 쉬워야 한다는 것이다. 만약 입력 신호 $x(n)$이 기본 신호 $x_k(n)$으로 다음과 같이 분해 가능하다고 생각해보자.

$$x(n) = \sum_k c_k\, x_k(n) \tag{2.33}$$

여기서 $\{c_k\}$는 $x(n)$을 분해하는 과정에 생기는 가중치이다. 기본 신호 $x_k(n)$의 시스템 응답을 $y_k(n)$이라고 하면, 즉

$$y_k(n) = S\{x_k(n)\} \tag{2.34}$$

이라고 하면 시스템이 선형이라는 특성 때문에 다음 관계식을 얻는다.

$$
\begin{aligned}
y(n) = S\{x(n)\} &= S\left\{\sum_k c_k\, x_k(n)\right\} \\
&= \sum_k c_k\, S\{x_k(n)\} \\
&= \sum_k c_k\, y_k(n)
\end{aligned} \tag{2.35}
$$

이제 기본 신호를 어떻게 선택하느냐 하는 문제가 남아 있다. 앞에서 배운 기본적인 함수들 중 단위 임펄스 함수 $\delta(n)$을 기본 신호로 선택해 보자. 단위 임펄스 함수가 시스템의 입력일 경우 그 출력을 시스템의 임펄스 응답(impulse response)이라고 정의하고 $h(n)$으로 표현한다. 임펄스 응답을 알 수 있다면 시스템 해석은 다음 절에서 정의되는 컨벌루션 합의 연산을 하는 것으로 가능하다.

2.3.2 컨벌루션 합의 공식

단위 임펄스 함수에 대하여 식 (2.2)를 다시 쓰면 다음과 같다.

$$x(n)\delta(n-k) = x(k)\delta(n-k) \tag{2.36}$$

왜냐하면 $\delta(n-k)$는 $n=k$일 경우에만 1의 값을 갖고 다른 경우에는 그 값이 모두 0이기 때문이다. 따라서 $\delta(n-k)$에 $x(n)$을 곱하면 그림 2.22에서 보는 것과 같이 $n=k$인 경우에만 $x(k)$의 값이 되고 다른 경우에는 모두 0의 값으로 된다.

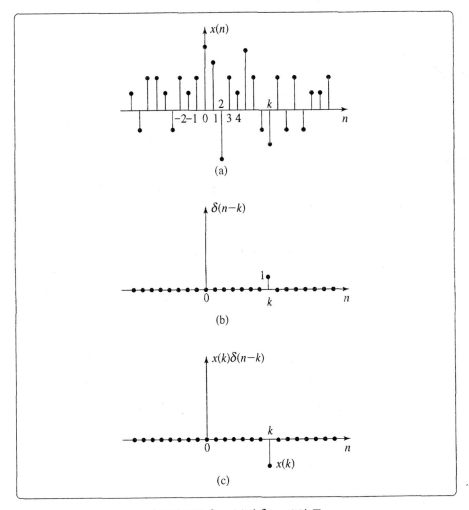

| 그림 2.22 |　$x(n)$과 $\delta(n-k)$의 곱

이제 k를 $-\infty$부터 ∞까지의 모든 정수 범위로 확장하여 생각하면 식 (2.3)에 서 정의되는 다음 관계식을 얻을 수 있다.

$$x(n) = \cdots + x(-1)\delta(n+1) + x(0)\delta(n) + x(1)\delta(n-1) + \cdots$$
$$= \sum_{k=-\infty}^{\infty} x(k)\delta(n-k) \tag{2.37}$$

이미 앞에서 단위 임펄스 함수를 소개할 때 배운 내용이지만 식 (2.37)의 우변은 신호 $x(n)$을 식 (2.36)처럼 시간 이동된 단위 임펄스 함수들을 기본 신호로 이용하여 분해한 것으로 생각할 수 있다.

[예제 2.7] 다음 $x(n)$을 단위 임펄스 함수를 기본 신호로 생각하고 분해하여 보자.

$$x(n) = \{2,\ 4,\ 0,\ 3\}$$
$$\uparrow$$

풀이

$x(n)$이 $n = -1,\ 0,\ 2$인 경우에만 0이 아닌 값을 가지므로, $k = -1,\ 0,\ 2$만큼의 시간 지연을 시킨 임펄스 함수가 세 개 필요하다. 식 (2.37)을 이용하면

$$x(n) = 2\delta(n+1) + 4\delta(n) + 3\delta(n-2)$$

가 된다.

지금까지 단위 임펄스 함수를 기본 신호로 이용하여 임의의 입력 $x(n)$을 분해하는 방법에 대해 설명하였다. 이제부터 분해되어 표현된 입력 $x(n)$에 대한 시스템의 응답을 구해 보자. 먼저 $\delta(n-k)$에 대한 시스템 응답을 $h(n,\ k)$라고 정의하자. 즉

$$h(n,\ k) = S\{\delta(n-k)\}$$
$$= h(n-k) \tag{2.38}$$

시스템이 시불변이라고 가정하였기 때문에 $h(n,\ k) = h(n-k)$가 되고 식 (2.38)이 성립한다. 이때 $h(n) = S\{\delta(n)\}$을 시스템의 임펄스 응답으로 정의했다.

식 (2.37)과 같이 입력 $x(n)$이 단위 임펄스 함수의 선형 조합(linear combination)으로 표현된다면 이때 시스템의 응답은 다음과 같다.

$$y(n) = S\{x(n)\} = S\left\{ \sum_{k=-\infty}^{\infty} x(k)\delta(n-k) \right\} \tag{2.39}$$

$$= \sum_{k=-\infty}^{\infty} x(k)\,S\{\delta(n-k)\} \tag{2.40}$$

$$= \sum_{k=-\infty}^{\infty} x(k)\,h(n-k) \tag{2.41}$$

식 (2.39)에서 식 (2.40)으로 되는 것은 시스템이 선형이기 때문에 중첩의 원리에 의한 것이고, 식 (2.40)에서 식 (2.41)로 되는 것은 시스템의 시불변 특성 때문이다. 이제 임의의 입력 $x(n)$에 대한 시스템의 출력은 시스템의 임펄스 응답만 주어진다면 식 (2.41)에 의해 구할 수 있다. 식 (2.41)을 이산 신호 $x(n)$과 시스템의 임펄스 응답 $h(n)$과의 컨벌루션 합(convolution sum)이라고 정의하고 $y(n)= x(n)*h(n)$으로 표현한다. 식 (2.41)에서 k를 $n-k$로 대치하면 $y(n)$은 다음과 같이 쓸 수도 있다.

$$y(n) = \sum_{k=-\infty}^{\infty} x(n-k)\,h(k)$$
$$= h(n) * x(n) \tag{2.42}$$

따라서 컨벌루션 연산은 교환 법칙을 만족한다.

일반적으로 컨벌루션 합 연산은 처음 보기와는 달리 연산 과정이 복잡한 편이다. 따라서 연산 과정을 순서에 따라 반복 연습하는 것이 필요하다. 다음 예제에서 그림을 이용하여 컨벌루션 합의 연산 과정을 알아보자.

[예제 2.8] 선형 시불변 시스템의 임펄스 응답이 다음과 같다고 하자.

$$h(n) = \{1,\, 1,\, 1,\, 1\}$$
$$\uparrow$$

입력이 다음과 같을 때 시스템의 응답을 구해 보자.

$$x(n) = \{1,\, 2,\, 3,\, 4\}$$
$$\uparrow$$

풀이

식 (2.41)을 이용하여 컨벌루션 합의 연산을 하자. 먼저 $h(k)$를 $k=0$을 중심으로 대칭을 취

하여 $h(-k)$를 얻고, n_0만큼 우측으로 이동시켜

$$h(-(k-n_0)) = h(n_0 - k)$$

를 얻는다. 다음 $x(k)$와 $h(n_0-k)$를 곱하고 모든 k에 대해 $x(k)h(n_0-k)$를 구하여 그 값들을 더한다. 그래서 얻게 되는 결과가 바로 n_0에서의 $y(n)$의 값, 즉 $y(n_0)$이다. 마지막으로 n_0의 값을 변화시키면서 모든 n_0에 대해 $y(n_0)$의 값을 구해야 시스템의 출력 $y(n)$을 얻을 수 있다.

앞의 과정을 그림으로 자세히 살펴보자. 먼저 그림 2.23 (a)와 (b)에 시스템의 임펄스 응답 $h(k)$와 입력 신호 $x(k)$를 시간 k에 대해 표현하였다. 컨벌루션 합의 연산을 위해 가장 먼저 취해야 하는 동작은 $h(k)$의 대칭을 취하는 것이다. 대칭된 임펄스 응답 $h(-k)$를 그림 2.23 (c)에 보였다. 다음 $n_0=0$에서의 출력을 구하면 식 (2.41)에 의해

$$y(0) = \sum_{k=-\infty}^{\infty} x(k)h(-k)$$

가 되고 그림 2.23의 (d)에서 k가 0과 1인 경우 0이 아닌 값을 같게 된다. 따라서

$$y(0) = x(0)h(0) + x(1)h(-1) = 1 + 2 = 3$$

이 된다.

$n_0=1$인 경우에 위의 과정을 반복하면

$$y(1) = \sum_{k=-\infty}^{\infty} x(k)h(1-k)$$

가 되고 여기서 $h(1-k)$는 그림 2.23의 (e)에 보인 바와 같이 $h(-k)$를 우측으로 한 샘플 이동한 형태가 된다. 그림 2.23의 (f)에 보인 바와 같이 $x(k)h(1-k)$는 k가 0, 1, 2일 때 0이 아닌 값을 갖게 된다. 따라서

$$y(1) = x(0)h(1) + x(1)h(0) + x(2)h(-1) = 1 + 2 + 3 = 6$$

이 된다. 같은 방법으로 $n = \cdots, -2, -1$과 $n = 2, 3, 4, \cdots$의 모든 n의 값에 대해 출력 $y(n)$을 구하면 다음과 같이 됨을 알 수 있다.

$$y(n) = \{\cdots, 0, 1, 3, 6, 10, 9, 7, 4, 0, \cdots\}$$
$$\uparrow$$

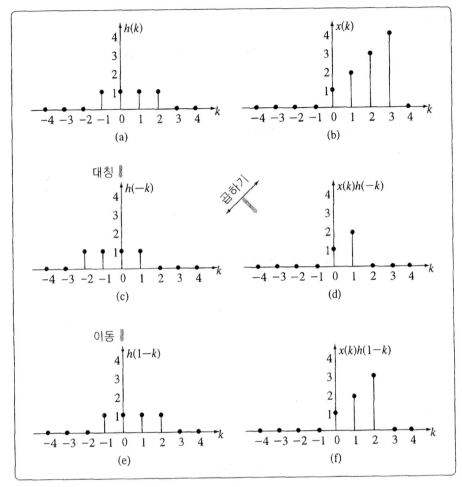

| 그림 2.23 | 컨벌루션 연산의 예

2.3.3 컨벌루션의 성질

시간 영역에서 선형 시불변 시스템을 해석할 수 있는 컨벌루션 합의 연산은 매우 중요한 개념이다. 물론 주파수 영역에서 시스템을 해석하는 다른 방법이 존재하더라도 컨벌루션 합의 연산은 시스템을 이해하는 데 매우 중요한 역할을 하고 실제 응용에서도 많이 사용되고 있다. 이번에는 컨벌루션 합 연산의 성질을 알아보자.

(1) 교환 법칙

앞서 언급한 바와 같이 컨벌루션 합의 연산은 교환 법칙(commutative law)을 만족한다. 즉,

$$x(n) * h(n) = h(n) * x(n) \qquad (2.43)$$

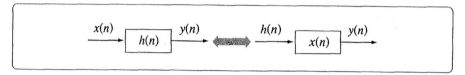

| 그림 2.24 | 컨벌루션의 교환 법칙

다시 말해 그림 2.24와 같이 입력 신호 $x(n)$와 시스템의 응답 $h(n)$의 역할을 바꾸어도 시스템의 출력은 같다.

(2) 결합 법칙

컨벌루션 연산은 결합 법칙(associative law)도 만족한다.

$$\{x(n) * h_1(n)\} * h_2(n) = x(n) * \{h_1(n) * h_2(n)\} \qquad (2.44)$$

좌변은 입력 신호가 $x(n)$이고 임펄스 응답이 $h_1(n)$인 시스템의 출력을 다시 임펄스 응답이 $h_2(n)$인 시스템에 인가하여 출력되는 신호를 의미한다. 즉, 두 개의 시스템이 종속으로 연결된 경우이다. 그러나 우변은 임펄스 응답 $h(n) = h_1(n) * h_2(n)$을 갖는 시스템에 입력 $x(n)$이 인가되었을 경우의 출력을 의미한다.

이 관계를 그림으로 나타내면 그림 2.25와 같다. 두 개의 시스템이 종속으로 연결된 경우 두 시스템의 임펄스 응답을 컨벌루션 연산을 취하여 얻은 결과를 새로운 시스템의 임펄스 응답으로 생각할 수 있다.

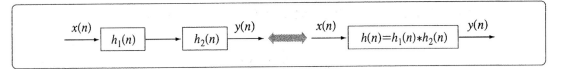

| 그림 2.25 | 컨벌루션의 결합 법칙

(3) 배분 법칙

컨벌루션 연산은 합에 대한 배분 법칙(distributed law)도 만족한다.

$$x(n) * \{h_1(n) + h_2(n)\} = x(n) * h_1(n) + x(n) * h_2(n) \qquad (2.45)$$

물리적으로 배분 법칙의 관계를 생각하면 다음과 같다. 각각의 임펄스 응답이 $h_1(n)$과 $h_2(n)$인 두 시스템에 입력 $x(n)$을 각각 인가하여 얻은 출력의 합은 임펄스 응답이 $h(n) = h_1(n) + h_2(n)$인 시스템에 입력 $x(n)$을 인가하여 얻은 출력과 같다는 것이다. 즉, 두 개의 시스템이 병렬로 연결되었을 경우 하나의 시스템으로 대체할 수 있으며 대체된 시스템의 임펄스 응답은 두 시스템의 임펄스 응답을 더한 형태가 된다. 그림 2.26에 이 관계를 보였다.

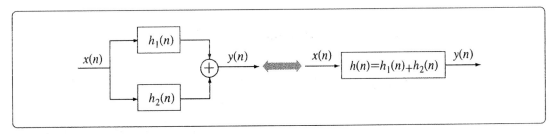

| 그림 2.26 | 컨벌루션의 배분 법칙

2.3.4 인과적 선형 시불변 시스템

앞에서 인과 시스템에서는 어느 시각 $n = n_0$에서의 출력이 현재와 그 이전, 즉 $n \leq n_0$의 입력 신호 값에 의해서만 결정된다고 하였다. 여기서는 선형 시불변 시스템이 인과적이기 위한 임펄스 응답의 조건을 알아보자. 먼저 $n = n_0$인 경우 시

스템의 출력을 컨벌루션 합의 연산으로 다시 표현해 보자.

$$y(n_0) = \sum_{k=-\infty}^{\infty} h(k)x(n_0 - k) \qquad (2.46)$$

식 (2.46)을 n_0를 기준으로 미래의 입력 성분과 과거, 현재의 입력 성분으로 나누어 정리하면 다음과 같다.

$$
\begin{aligned}
y(n_0) &= \sum_{k=-\infty}^{-1} h(k)x(n_0 - k) + \sum_{k=0}^{\infty} h(k)x(n_0 - k) \\
&= \{\cdots + h(-2)x(n_0 + 2) + h(-1)x(n_0 + 1)\} \\
&\quad + \{h(0)x(n_0) + h(1)x(n_0 - 1) + h(2)x(n_0 - 2) + \cdots\}
\end{aligned}
\qquad (2.47)
$$

식 (2.47)에서 두 번째 괄호 안의 성분들은 현재나 과거의 입력 성분과 관련이 있지만 첫 번째 괄호 안을 보면 미래에 들어올 입력 값 $x(n_0 + 1)$, $x(n_0 + 2)$, $\cdots$ 등에 의해 출력이 결정된다. 시스템이 인과적이기 위해서는 미래의 입력 값 성분이 포함된 첫 번째 괄호 안의 항들이 없어져야 한다. 그러기 위해서는 $h(-1)$, $h(-2)$, $h(-3)$ 등 음의 n 값에 대한 임펄스 응답의 값이 모두 0이 되어야 한다. 즉, 임펄스 응답이 다음 관계식을 만족하게 되면 시스템은 인과적이 된다.

$$h(n) = 0, \quad n < 0 \qquad (2.48)$$

식 (2.48)은 선형 시불변 시스템이 인과적이기 위한 필요 충분 조건이다.

시스템이 인과적인 경우에는 식 (2.41)의 컨벌루션 합의 공식을 다음과 같이 다시 쓸 수 있다. 앞에서도 언급했지만, 실시간 처리가 필요한 시스템은 반드시 인과적이어야 한다.

$$
\begin{aligned}
y(n) &= \sum_{k=0}^{\infty} h(k)x(n - k) \\
&= \sum_{k=-\infty}^{n} x(k)h(n - k)
\end{aligned}
\qquad (2.49)
$$

시스템에 적용한 인과성을 신호에도 적용할 수 있다. 인과 신호(causal

signal)는 음의 정수 n에 대하여 신호의 값이 모두 0인 경우, 즉 $x(n)=0$, $n<0$를 만족하는 신호로 정의가 되고, 반면에 음이 아닌 모든 정수 n에 대하여 신호의 값이 모두 0인 경우, 즉 $x(n)=0$, $n\geq 0$를 만족하는 신호는 반인과 신호(anticausal signal)로 정의된다. n의 값이 음수, 양수 상관없이 0이 아닌 값을 갖는 신호는 비인과 신호(noncausal sequence)로 정의한다.

만약 신호가 인과라면 식 (2.49)의 컨벌루션 공식은 다음과 같이 다시 쓸 수 있다.

$$\begin{aligned} y(n) &= \sum_{k=0}^{n} h(k)x(n-k) \\ &= \sum_{k=0}^{n} x(k)h(n-k) \end{aligned} \tag{2.50}$$

[예제 2.9] 임펄스 응답이 다음과 같고 입력 신호가 단위 계단 함수일 때 선형 시불변 시스템의 출력을 구하여라.

$$h(n) = (1/2)^n u(n)$$

풀이

입력 신호가 단위 계단 함수 $u(n)$이므로 인과 신호이다. 또한 주어진 임펄스 응답이 인과 시스템을 만족하므로 출력을 구하려면 식 (2.50)의 컨벌루션 공식을 이용하면 된다.

$$\begin{aligned} y(n) &= \sum_{k=0}^{n} (1/2)^k \\ &= \frac{1-(0.5)^{n+1}}{1-0.5} \\ &= 2\{1-(0.5)^{n+1}\} \end{aligned}$$

$n<0$이면 $y(n)=0$이 된다.

2.3.5 안정 LTI 시스템

선형 시불변 시스템인 경우 BIBO 안정하기 위한 조건도 임펄스 응답을 이용하여 다음과 같이 구할 수 있다.

$$\sum_{k=-\infty}^{\infty} |h(k)| < \infty \qquad (2.51)$$

이 관계도 컨벌루션 합의 공식으로부터 유도할 수 있다. 식 (2.42)의 양변에 절댓값을 취하면

$$
\begin{aligned}
|y(n)| &= \left| \sum_{k=-\infty}^{\infty} h(k) x(n-k) \right| \\
&\leq \sum_{k=-\infty}^{\infty} |h(k)| \, |x(n-k)| \qquad (2.52) \\
&\leq M_x \sum_{k=-\infty}^{\infty} |h(k)|
\end{aligned}
$$

식 (2.52)의 세 번째 부등식은 입력 신호 $x(n)$이 유한한 값 M_x보다 작은 값을 갖는다고 가정했기 때문에 성립한다. 식 (2.52)에서 출력이 유한하기 위해서는 반드시 식 (2.51)이 성립해야 한다.

[예제 2.10] 다음 임펄스 응답을 갖는 선형 시불변 시스템이 안정하기 위한 a의 범위를 구하여라.

$$h(n) = a^n u(n)$$

풀이

선형 시불변 시스템이 안정하기 위한 임펄스 응답의 조건인 식 (2.51)을 이용하면 다음과 같이 된다.

$$\sum_{k=0}^{\infty} |a^k| = \sum_{k=0}^{\infty} |a|^k = 1 + |a| + |a|^2 + \cdots$$

초항이 1이고 공비가 a인 등비수열의 무한급수이다. 따라서 만약 $|a| < 1$을 만족한다면

$$\sum_{k=0}^{\infty} |a|^k = \frac{1}{1 - |a|}$$

이 성립한다. 만약 a가 이 조건을 만족하지 않으면 무한급수는 발산하게 되고 결국 시스템은 비안정적으로 된다.

2.3.6 FIR 시스템과 IIR 시스템

지금까지 우리는 임펄스 응답을 가지고 선형 시불변 시스템을 해석하는 방법을 배웠다. 시스템의 임펄스 응답의 특성에 따라 선형 시불변 시스템은 크게 유한 임펄스 응답(finite-duration impulse response, FIR) 시스템과 무한 임펄스 응답(infinite-duration impulse response, IIR) 시스템으로 분류할 수 있다.

FIR 시스템은 어느 유한한 구간 외에는 임펄스 응답이 모두 0의 값을 갖는 시스템이다. 시스템이 인과적이라면 $h(n) = 0$, $n < 0$과 $n \geqq M$으로 정의되고, 이 경우 식 (2.42)의 컨벌루션 연산은 다음과 같이 다시 쓸 수 있다.

$$y(n) = \sum_{k=0}^{M-1} h(k) x(n-k) \tag{2.53}$$

다시 말해서 시스템의 출력은 유한개의 입력 샘플의 선형 조합으로 이루어진다.

반면에 IIR 선형 시불변 시스템은 무한한 구간에서 임펄스 응답이 존재하는 경우를 의미하며, 따라서 IIR 시스템의 출력은 무한 개의 입력 샘플을 필요로 한다. 즉, 인과 시스템인 경우 IIR 시스템의 출력은

$$y(n) = \sum_{k=0}^{\infty} h(k) x(n-k) \tag{2.54}$$

가 된다. 이 경우 출력을 구하기 위해서는 현재의 입력 값과 무한개의 과거 입력 값이 필요하기 때문에 시스템은 무한 기억 소자를 갖고 있어야 한다. 뿐만 아니라 출력을 구하기 위해서는 곱셈과 덧셈도 무한 번 수행해야 한다. 결국 식

(2.54)의 컨벌루션 공식을 가지고 IIR 시스템의 출력을 구한다는 것은 현실적으로 불가능하다. 따라서 컨벌루션 연산 대신 시스템의 입출력 관계를 표현할 수 있는 다른 방법을 찾아야 한다.

❷.4 차분 방정식으로 표현되는 시스템

임펄스 응답과 입력 신호의 컨벌루션 합의 연산을 이용하여 다음과 같이 선형 시불변 시스템의 출력을 구할 수 있다.

$$y(n) = \sum_{k=-\infty}^{\infty} h(k)x(n-k) \tag{2.55}$$

또한 식 (2.55)를 이용하면 시스템을 직접 구현할 수 있는 방법도 알 수 있다. 특히 FIR 시스템의 경우는 유한개의 곱셈기, 덧셈기, 그리고 유한개의 기억 소자만 가지고 시스템을 구현할 수 있다.

그러나 IIR 시스템의 경우는 식 (2.54)와 같이 컨벌루션 공식을 이용해서는 시스템을 구현하는 것이 불가능하다. 왜냐하면 앞서 설명한 바와 같이 시스템을 구현하기 위해서 무한개의 덧셈기와 곱셈기, 그리고 무한개의 기억소자가 필요하기 때문이다. 따라서 IIR 시스템에서는 컨벌루션 연산이 아닌 다른 방법으로 시스템의 입출력 관계를 모델링하는 방법을 찾아야 한다. 그 방법 중의 하나가 차분 방정식(difference equation)을 이용하는 것이다.

회로 이론 등의 분야에서 연속 시스템의 입출력 관계를 모델링하는 데 미분 방정식을 사용한다. 예를 들면, RLC 소자로 구성된 회로는 선형 2차 미분 방정식으로 입출력 관계를 표현할 수 있으며 미분 방정식을 풀면 시스템의 원하는 출력 신호를 구할 수 있게 된다. 이산 시스템에서 연속 시스템의 미분 방정식에 대응하는 것이 바로 차분 방정식인 것이다.

2.4.1 차분 방정식의 표현법

이산 선형 시불변 시스템을 식 (2.55)와 같이 컨벌루션 합의 공식으로 표현하면 출력은 입력의 선형 조합으로만 구할 수 있지만 경우에 따라서는 출력을 구하기 위해서 과거의 출력 값을 다시 이용하는 것이 편리한 경우도 있다. 예를 들어, 입력 신호 $x(n)$의 $n+1$개의 평균값을 구하는 시스템이 있다고 생각해 보자. 즉, 출력이

$$y(n) = \frac{1}{n+1} \sum_{k=0}^{n} x(k), \qquad n = 0, 1, \cdots \tag{2.56}$$

이면 이 경우 $y(n)$을 구하기 위해서 $0 \leq k \leq n$에 대한 입력 값 $x(k)$가 필요하고 n의 값이 증가할수록 과거의 입력 값을 저장하는데 필요한 기억 소자는 계속 증가한다.

그러나 같은 시스템을 바로 전 출력 값 $y(n-1)$을 이용하여 다시 표현하면 식 (2.56)으로부터

$$\begin{aligned} (n+1)y(n) &= \sum_{k=0}^{n-1} x(k) + x(n) \\ &= ny(n-1) + x(n) \end{aligned} \tag{2.57}$$

이 되고 따라서

$$y(n) = \frac{n}{n+1} y(n-1) + \frac{1}{n+1} x(n) \tag{2.58}$$

이 된다. 다시 말해서 평균 값 $y(n)$은 바로 전 출력 값 $y(n-1)$에 $\frac{n}{n+1}$을 곱하고 현재의 입력 값 $x(n)$에 $\frac{1}{n+1}$의 값을 곱해서 더하면 간단하게 구할 수 있다. 결국 평균값을 구하는 시스템을 식 (2.58)로 표현하면 두 번의 곱셈과 한 번의 덧셈, 그리고 한 개의 기억 소자만이 필요하다는 것을 알 수 있다. 이것은 시스템을 실제로 구현하는 측면에서 볼 때 식 (2.55)의 컨벌루션 연산을 수행하는 것보다 훨씬 효율적이다.

이렇게 과거의 출력 값이 현재의 출력 값을 구하는 데 이용되는 시스템을 재귀 시스템(recursive system)이라고 정의한다. 즉, 재귀 시스템은

$$y(n) = G\{y(n-1),\, y(n-2),\, \cdots,\, y(n-N),\, x(n),\, x(n-1),\, \cdots,\, x(n-M)\} \tag{2.59}$$

으로 표현된다. 이때 G는 임의의 함수 관계를 의미한다.

반면에, $y(n)$이 과거의 출력 값이 아닌 입력 값에만 의존할 경우, 즉

$$y(n) = G\{x(n),\, x(n-1),\, \cdots,\, x(n-M)\} \tag{2.60}$$

인 경우, 이러한 시스템을 비재귀 시스템(nonrecursive system)이라고 정의한다. FIR 시스템의 컨벌루션 연산 식을 자세히 살펴보면 식 (2.60)과 같이 과거의 출력 값이 현재의 출력 값을 구하는 데 필요하지 않다는 것을 알 수 있다. 왜냐하면

$$\begin{aligned}
y(n) &= \sum_{k=0}^{M} h(k)x(n-k) \\
&= h(0)x(n) + h(1)x(n-1) + \cdots + h(n)x(n-M) \\
&= G\{x(n),\, x(n-1),\, \cdots,\, x(n-M)\}
\end{aligned} \tag{2.61}$$

이 되기 때문이다. 따라서 선형 시불변 FIR 시스템은 비재귀 시스템이 된다. 반면에, IIR 시스템은 재귀 시스템이 된다. 재귀 시스템과 비재귀 시스템의 기본 형태를 그림 2.27에 보였다.

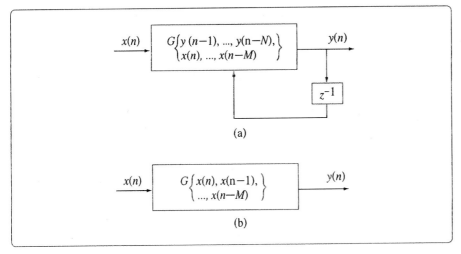

| 그림 2.27 | (a) 재귀 시스템과 (b) 비재귀 시스템의 기본 형태

위에서 설명한 재귀 시스템이나 비재귀 시스템은 모두 상수 계수를 갖는 차분 방정식으로 표현할 수 있으며, 따라서 모든 선형 시불변 시스템이 아래 식 (2.62)와 같이 차분 방정식 형태로 표현할 수 있다.

$$y(n) = -\sum_{k=1}^{N} a_k y(n-k) + \sum_{k=0}^{M} b_k x(n-k) \tag{2.62}$$

또는

$$\sum_{k=0}^{N} a_k y(n-k) = \sum_{k=0}^{M} b_k x(n-k), \ a_0 = 1 \tag{2.63}$$

여기서 a_k와 b_k는 시스템의 특성에 의해서 결정되는 임의의 상수이다. 이때 정수 N은 차분 방정식의 차수를 결정한다. 식 (2.63)은 시스템의 출력이 식 (2.55)의 컨벌루션 식과는 달리 입력 값뿐만 아니라 과거의 출력 값에 의해서 결정된다는 것을 보여 준다.

N차 차분 방정식으로 표현된 선형 시불변 시스템을 해석하기 위해서는 차분 방정식을 직접 풀어서 주어진 입력 $x(n)$에 대한 출력 $y(n)$을 구하여야 한다. 앞

절에서 설명한 컨벌루션 공식과 더불어 시간 영역에서 선형 시불변 시스템을 해석할 수 있는 또 하나의 방법이 바로 차분 방정식을 푸는 것이다.

2.4.2 상계수 차분 방정식으로 표현되는 선형 시불변 시스템

상계수 차분 방정식으로 표현되는 선형 시불변 시스템의 특성에 대해 좀 더 알아보자. 재귀 시스템을 표현하는 가장 간단한 1차 차분 방정식을 생각해보자.

$$y(n) = 2y(n-1) + x(n) \tag{2.64}$$

바로 직전의 출력 $y(n-1)$이 현재의 출력 $y(n)$을 구하는 데 이용되기 때문에 이 시스템은 당연히 재귀 시스템이 된다. 식 (2.64)의 계수 2는 시스템의 특성을 결정하는 상수 계수이다. 만약 이 값이 0이라면 재귀 성분이 없어지므로 시스템은 비재귀 시스템이 될 것이다. 또한 계수가 상수이기 때문에 이 시스템은 시불변(time-invariant) 특성을 만족한다. 계수가 시간의 변수 n의 함수가 되면 이 시스템은 시변(time-variant) 시스템이 된다. 신호 $x(n)$이 $n > 0$일 때 시스템에 입력되고, 시스템의 초기 조건은 $y(-1)$이라고 가정하자. 이 조건을 가지고 식 (2.64)로 표현되는 차분 방정식을 직접 풀어보자.

$$
\begin{aligned}
y(0) &= 2y(-1) + x(0) \\
y(1) &= 2y(0) + x(1) = 2^2 y(-1) + 2x(0) + x(1) \\
y(2) &= 2y(1) + x(2) = 2^3 y(-1) + 2^2 x(0) + 2x(1) + x(2) \\
&\qquad\qquad\vdots \\
y(n) &= 2y(n-1) + x(n) \\
&= 2^{n+1} y(-1) + 2^n x(0) + 2^{n-1} x(1) + \cdots + 2x(n-1) + x(n)
\end{aligned}
\tag{2.65}
$$

식 (2.65)에서 $y(n)$을 정리하면 다음과 같다.

$$y(n) = 2^{n+1} y(-1) + \sum_{k=0}^{n} 2^k x(n-k), \quad n \geq 0 \tag{2.66}$$

식 (2.66)의 해는 두 성분으로 이루어진다. 만약 $y(-1)$이 0이라면, 즉 시스템의 초기 조건이 모두 0이라면 식 (2.66)에서 첫 번째 항은 없어지므로 결국 입력 $x(n)$에 의해 생성되는 출력 성분만 남게 된다. 이와 같이 입력 신호에 의해 생성되는 출력 성분을 제로 상태 응답(zero state response)이라고 정의한다.

반대로 신호 $x(n)$이 시스템에 입력되지 않는다면, 즉 입력 신호가 모두 0이라면 식 (2.66)에서 두 번째 항이 0이 된다. 이 경우 시스템의 초기 조건 $y(-1)$에 의해서만 출력이 생성되고 이 출력 성분은 제로 입력 응답(zero input response)으로 정의된다. 식 (2.66)을 보면 결국 출력 신호 $y(n)$은 제로 상태 응답과 제로 입력 응답의 합으로 구성되는 것을 알 수 있다.

차분 방정식에 의해 표현되는 시스템이 선형 시스템이 되기 위해서는 전체해(total solution)가 제로 상태 응답과 제로 입력 응답의 합으로 이루어져야 하고, 제로 상태 응답은 중첩 원리를 만족하여야 하며 제로 입력 응답도 중첩의 원리를 만족하여야 한다. 일반적으로 식 (2.59)의 상계수 차분 방정식으로 표현되는 시스템은 이 조건을 모두 만족하기 때문에 선형 시스템이다. 또한 계수가 상수라면 시스템은 시불변이 되고, 이 경우 입력이 유한하고 모든 초기 조건이 유한하다면 출력도 반드시 유한해야 하므로 BIBO 안정 시스템이 된다.

2.4.3 선형 상계수 차분 방정식의 해

이제 식 (2.63)의 상수 계수를 갖는 선형 차분 방정식을 풀어서 시스템의 출력 $y(n)$을 구하는 방법을 알아보자. 차분 방정식의 풀잇법은 기본적으로 미분 방정식의 풀잇법과 매우 유사하다. 차분 방정식의 해는 입력 $x(n)=0$(입력이 없는 경우)이라고 가정하고 구하는 균일해 $y_h(n)$과 주어진 입력 $x(n)$에 대한 출력 성분인 특수해 $y_p(n)$의 합으로 이루어진다.

$$y(n) = y_h(n) + y_p(n) \tag{2.67}$$

(1) 균일해

균일해(homogeneous solution)를 구하기 위해서는 먼저 입력 신호 $x(n)$이 0

이라고 가정한다. 그러면 다음의 동차(homogeneous) 차분 방정식을 얻게 된다.

$$\sum_{k=0}^{N} a_k\, y(n-k) = 0 \qquad (2.68)$$

미분 방정식을 풀 때와 마찬가지로 식 (2.68)에서 해가 $y_h(n) = \lambda^n$이라고 가정하면 다음 다항식을 얻게 된다.

$$\sum_{k=0}^{N} a_k\, \lambda^{n-k} = 0 \qquad (2.69)$$

식 (2.69)를 다시 쓰면 다음과 같다.

$$\lambda^{n-N}(a_0\lambda^N + a_1\lambda^{N-1} + a_2\lambda^{N-2} + \cdots + a_{N-1}\lambda + a_N) = 0 \qquad (2.70)$$

식 (2.70)을 만족하는 λ를 구하면 $\lambda = 0$이거나 또는 팔호 안의 다항식이 0이 되어야 한다. λ가 0이 되면 구하고자 하는 균일해가 0이 되므로 의미가 없다. 따라서 팔호 안의 다항식이 0이 되기 위한 λ의 값을 구해야 한다. 이때 팔호 안의 다항식을 시스템의 특성 방정식(characteristic equation)이라고 정의하며 이 다항식을 풀면 일반적으로 N개의 근 $\lambda_1, \lambda_2, \cdots, \lambda_N$이 존재한다. 이 경우 N개의 근의 형태는 여러 가지가 될 수 있다. N개의 근이 서로 다른 실수일 수도 있고 복소수일 수도 있고 아니면 또 중복근이 될 수도 있다. 먼저 근이 서로 다른 실수 값을 갖는다고 가정하자. 그러면 균일해는 다음과 같다.

$$y_h(n) = C_1\lambda_1^n + C_2\lambda_2^n + \cdots + C_N\lambda_N^n \qquad (2.71)$$

여기서 $C_1, C_2, \cdots, C_N$는 가중 계수이며 시스템의 초기 조건에 의해 구해 진다. 만약 중복근일 경우, 예를 들어 λ_1이라는 근이 P_1개 존재하고 $N-P_1$의 나머지 근이 서로 다른 실근이면 균일해는 다음과 같이 표현된다.

$$y_h(n) = C_1\lambda_1^n + C_2 n\lambda_1^n + \cdots + C_{P_1} n^{P_1-1}\lambda_1^n + C_{P_1+1}\lambda_{P_1+1}^n + \\ \cdots + C_N\lambda_N \qquad (2.72)$$

특성 방정식의 근이 복소수인 경우에 대한 풀이는 여기서는 생략하기로 한다.

[예제 2.11] 다음 차분 방정식의 균일해를 구해보자

$$y(n) + 0.5y(n-1) = 0, \quad y(-1) = -1$$

풀이

균일해가 $y_k(n) = \lambda^n$이라고 가정하자. 주어진 차분 방정식에 대입하면

$$\lambda^n + 0.5\lambda^{n-1} = 0$$
$$\lambda^{n-1}(\lambda + 0.5) = 0$$
$$\lambda = -0.5$$

가 되고 따라서 균일해는

$$y_h(n) = C\lambda^n = C(-0.5)^n$$

이다. 이때 $y(-1) = -1$이므로 이를 만족하려면 $C = 0.5$가 되어야 한다.

(2) 특수해

차분 방정식의 특수해(particular solution) $y_p(n)$은 입력 $x(n)$에 대한 차분 방정식의 출력 성분이며 입력 $x(n)$의 형태에 따라 결정된다. 다음 예제를 통해 특수해를 구하는 방법을 설명해보자.

[예제 2.12] 다음 1차 차분 방정식의 특수해를 구하여보자.

$$y(n) + 0.5y(n-1) = x(n)$$
$$x(n) = u(n)$$

여기서 $u(n)$은 앞에서 배운 단위 계단 함수이다.

풀이

먼저 입력이 $n \geqq 0$에서 상수이므로 특수해의 형태도 상수라고 가정한다(이런 경우 educated guess라는 표현을 씀. 즉 경험에 의해서 가정하는 것임.). 표 2.1에 자주 사용되는 입력 신호에 대한 특수해의 예를 보여주고 있다. 표 2.1에서도 이 경우의 특수해는 상수가 되므로

$$y_p(n) = Ku(n)$$

이 되고 주어진 차분 방정식을 만족해야 하므로 대입하면 다음과 같다.

$$Ku(n) + 0.5Ku(n-1) = u(n)$$

$n \geqq 1$인 경우 $K + 0.5K = 1$이 되고 따라서 $K = \dfrac{1}{1.5}$이 됨을 알 수 있다. 그러므로 주어진 차분 방정식의 특수해는

$$y_p(n) = \frac{1}{1.5}u(n)$$

이 된다.

▶표 2.1 입력 신호에 대한 특수해의 예

입력신호 $x(n)$	특수해 $y_p(n)$
A(상수)	K
AM^n	KM^n
An^M	$K_0 n^M + K_1 n^{M-1} + \cdots + K_M$
$A^n n^M$	$A^n(K_0 n^M + K_1 n^{M-1} + \cdots + K_M)$
$A\cos\omega_0 n$	$K_1 \cos\omega_0 n + K_2 \sin\omega_0 n$
$A\sin\omega_0 n$	$K_1 \cos\omega_0 n + K_2 \sin\omega_0 n$

(3) 전체해

선형 상계수 차분 방정식의 선형성 때문에 전체해(total solution)를 구하기

위해서는 앞에서 구한 균일해와 특수해를 더해 주면 된다. 즉,

$$y(n) = y_h(n) + y_p(n) \qquad (2.73)$$

균일해 안에 포함되어 있는 상수는 초기 조건을 가지고 구할 수 있다.

[예제 2.13] $y(-n) = 1$이 초기 조건일 경우 다음 차분 방정식의 해를 구하여라.

$$y(n) - 2y(n-1) = 2u(n)$$

풀이

주어진 차분 방정식의 해는 균일해와 특수해의 합으로 구성된다. 먼저 균일해부터 구해보자. $x(n) = 0$일 때 균일해가 $y_h(n) = \lambda^n$이라고 가정하고 주어진 차분 방정식에 대입하면 다음 식을 얻는다.

$$\lambda^n - 2\lambda^{n-1} = 0 \qquad (2.74)$$

식 (2.74)를 다시 쓰면

$$\lambda^{n-1}(\lambda - 2) = 0$$

이 되고 특성 방정식은 $\lambda - 2 = 0$이 되어 결국 $\lambda = 2$가 된다. 따라서 균일해는

$$y_n(n) = C(2)^n$$

이 된다.

다음은 $x(n) = u(n)$에 대한 특수해를 구해보자. 단위 계단 함수 $u(n)$은 $n \geq 0$인 경우 모두 1의 값을 갖기 때문에 상수라고 가정해도 되고 따라서 표 2.1로부터 특수해를 다음과 같이 가정할 수 있다.

$$y_p(n) = Ku(n) \qquad (2.75)$$

식 (2.75)의 특수해도 주어진 차분 방정식을 만족해야 하므로 대입하여 K 값을 구하면 다음과 같다.

$$Ku(n) + 2Ku(n-1) = 2u(n) \qquad (2.76)$$

K를 구하기 위해서 $n \geq 1$일 경우 식 (2.76)을 구하면

$$K + 2K = 2$$

가 되고 결국 $K = \frac{2}{3}$가 된다. 따라서 특수해는 $y_p(n) = \frac{2}{3}u(n)$이 되고 앞에서 구한 균일해와 더하면 주어진 차분 방정식의 해를 구할 수 있다.

$$y(n) = C(2)^n + \frac{2}{3}, \quad n \geq 0 \qquad (2.77)$$

여기서 C는 주어진 초기 조건 $y(-1) = 1$을 이용하여 구할 수 있다. 주어진 차분 방정식에서 $n = 0$을 대입하면

$$y(0) - 2y(-1) = 2$$

가 되고 결국 $y(0) = 4$가 된다. C를 구하기 위해 식 (2.77)에서 $n = 0$을 대입하면

$$y(0) = C + \frac{2}{3}$$

가 되고 $y(0) = 4$이므로 $C = 4 - \frac{2}{3} = \frac{10}{3}$이 된다. 따라서 주어진 차분 방정식의 해는 다음과 같다.

$$y(n) = \frac{10}{3}(2)^n + \frac{2}{3}, \quad n \geq 0$$

2.4.4 차분 방정식에서 시스템 임펄스 응답 구하기

시스템이 차분 방정식으로 표현될 때 시스템의 임펄스 응답을 구할 수 있다. 차분 방정식에서 입력 신호 $x(n)$을 단위 임펄스 함수 $\delta(n)$으로 대체하고 시스템

의 모든 초기 조건을 0이라고 가정한 상태에서 차분 방정식을 풀면 된다.

식 (2.64)에 주어진 가장 간단한 재귀 시스템의 예를 들어보자.

$$y(n) = 2y(n-1) + x(n) \tag{2.78}$$

이 시스템의 출력은 식 (2.66)과 같이 주어지고 모든 초기 조건이 0이라고 가정했으므로 해는 제로 상태 응답만으로 구성된다.

$$y(n) = \sum_{k=0}^{n} 2^k x(n-k), \quad n \geqq 0 \tag{2.79}$$

여기에 입력 신호 $x(n)$을 $\delta(n)$으로 대입하면 다음과 같이 된다.

$$\begin{aligned} y(n) &= \sum_{k=0}^{n} 2^k \delta(n-k) \\ &= 2^n, \quad n \geqq 0 \end{aligned} \tag{2.80}$$

결국 식 (2.78)의 1차 차분 방정식으로 표현되는 시스템의 임펄스 응답은

$$h(n) = 2^n u(n) \tag{2.81}$$

이 된다. 식 (2.81)의 임펄스 응답을 갖는 시스템은 당연히 IIR 시스템이다. 여기서 한 가지 언급할 것은 상계수 차분 방정식으로 표현되는 재귀 시스템은 반드시 IIR 시스템이 된다는 것이다. 하지만 모든 IIR 시스템이 상계수 차분 방정식으로 표현되는 것은 아니다.

일반적으로 상계수 차분 방정식으로 표현되는 시스템의 임펄스 응답은 입력 신호 $x(n) = \delta(n)$이 n이 0인 경우에만 1의 값을 갖고 다른 n의 값에 대해서는 모두 0의 값을 가지므로 입력이 0이라고 가정하고 주어진 차분 방정식의 균일해를 구하면 된다. 이때 $n=0$에서의 입력 성분 1의 값은 시스템의 초기 조건에 반영해 균일해의 계수를 구하는 과정에서 이용한다. 아래 예제를 통해 차분 방정식으로부터 임펄스 응답을 구하는 방법을 자세히 알아보자.

[예제 2.14] 다음 차분 방정식으로 표현되는 시스템의 임펄스 응답을 구하시오.

$$y(n) - 2y(n - 1) = 2x(n)$$

풀이

예제 2.13에서 구한 차분 방정식의 균일해는 다음과 같다.

$$y_h(n) = C(2)^n \tag{2.82}$$

이 경우 특수해는 입력 $x(n) = 0$이라고 가정하였으므로 0이 된다. 단 $n = 0$일 때의 입력 값 2는 초기 조건에 반영되어야 한다. 주어진 차분 방정식으로부터

$$y(0) - 2y(-1) = 2$$

가 되고 $y(-1)$은 0이라고 가정했으므로 초기 조건 $y(0) = 2$가 된다. 이 값을 식 (2.82)에 대입하면

$$y(0) = C = 2$$

따라서 구하고자 하는 시스템의 임펄스 응답은 다음과 같이 된다.

$$h(n) = 2^{n+1}u(n)$$

연 / 습 / 문 / 제

01 이산 신호 $x(n) = \{1, 1, 0, 1, 2, 1\}$에 대하여 아래 신호를 구하고 그리

시오.

(a) $x(n-1)$

(b) $x(2-n)$

(c) $x(2n)$

(d) $x(n)u(1-n)$

(e) $x(n-1)\delta(n-3)$

02 이산 신호 $x(n)$이 다음과 같다.

$$x(n) = 1 - \sum_{k=4}^{\infty} \delta(n-k)$$

이 이산 신호를 $x(n) = u(Mn - n_0)$과 같이 표현할 경우 가능한 정수 M과 n_0를 구하시오. 여기서 $\delta(n)$과 $u(n)$은 각각 단위 임펄스 함수와 단위 계단 함수이다.

03 입력이 $x(n)$이고 출력이 $y(n)$인 시스템 S가 있다. 이 시스템은 시스템 S_1 뒤에 시스템 S_2가 따르는 형태의 직렬 연결 구조를 하고 있다. 이때, S_1과 S_2에 대한 입출력 관계가 다음과 같다.

$$S_1 : y_1(n) = x_1(n) + 2x_1(n-1)$$
$$S_2 : y_2(n) = x_2(n-1) + \frac{1}{2}x_2(n-5)$$

(a) 시스템 S에 대한 입출력 관계를 구하시오.

(b) 만약 S_1과 S_2의 연결 순서가 바뀐다면(즉, S_1이 S_2 뒤에 있다면) 시스템 S에 대한 입출력 관계가 변하겠는가?

04 다음 시스템들의 각각의 특성(선형성, 시불변성, 인과성)을 구하시오.

(a) $y(n) = x(n)x(n-1)$

(b) $y(n) = 5nx(n)$

(c) $y(n) = x(n) + 3x(n-2)$

(d) $y(n) = \sum_{k=0}^{\infty} x(k)$

(e) $y(n) = \dfrac{1}{N}\sum_{k=0}^{N-1} x(n-k)$

05 다음 시스템들이 안정한지를 판단하시오.

(a) $h(n) = \begin{cases} \left(\dfrac{1}{2}\right)^n, & n \geq 0 \\ \left(\dfrac{1}{5}\right)^n, & n < 0 \end{cases}$

(b) $h(n) = \begin{cases} 2^n, & 0 \leq n \leq 50 \\ 0, & \text{그 외의 경우} \end{cases}$

(c) $h(n) = \begin{cases} \left(\dfrac{1}{2}\right)^n \cos 2n, & n \geq 0 \\ 3^n \cos 5n, & n < 0 \end{cases}$

06 다음 그림과 같이 임펄스 응답 $h(n) = \left(\dfrac{1}{2}\right)^n u(n+5)$와 단위 계단 함수 $u(n)$의 곱으로 이루어진 시스템이 있다.

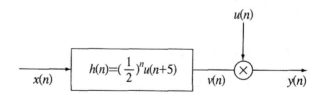

(a) 이 시스템은 선형 시불변 시스템인가?

(b) 이 시스템은 인과적인가?

(c) 이 시스템은 BIBO 안정한가?

07 다음 시스템의 각각의 출력 $y(n) = h(n) * x(n)$을 구하시오.

(a) $x(n) = \left(\dfrac{1}{2}\right)^n u(n)$

$h(n) = \delta(n-1) + \left(\dfrac{1}{3}\right)^n u(n)$

(b) $x(n) = u(n)$

$h(n) = 2, \quad 0 \leq n \leq 7$

(c) $x(n) = \left(\dfrac{1}{3}\right)^n u(n)$

$h(n) = \delta(n-2) + \left(\dfrac{1}{3}\right)^n u(n)$

08 입력 $x(n)$과 임펄스 응답 $h(n)$이 다음과 같이 주어졌을 때

$$x(n) = \left(\frac{1}{2}\right)^{n-1} u(n-1)$$

$$h(n) = u(n+1)$$

출력 $y(n) = x(n) * h(n)$을 구하시오.

09 N이 $N \leq 4$인 정수일 때 $x(n)$과 $h(n)$이 다음과 같이 주어졌다.

$$x(n) = \begin{cases} 1, 0 \leq n \leq 4 \\ 0, \text{ 그 외의 경우} \end{cases} \qquad h(n) = \begin{cases} 1, 0 \leq n \leq N \\ 0, \text{ 그 외의 경우} \end{cases}$$

$y(n) = x(n) * h(n)$이고, $y(2) = 3$, $y(7) = 0$일 때 N의 값을 결정하시오.

10 다음과 같은 입출력 관계를 갖는 이산 시스템이 있다.

$$y(n) = x(n)x(n-1)$$

(a) 이 시스템에 메모리가 존재하는가?

(b) 임펄스 응답은?

(c) 이 시스템은 가역적인가?

11 인과적인 선형 시불변 시스템에 입력 $x(n) = 4\delta(n-3)$이 인가되었을 때의 출력이 다음과 같다면, 이 시스템의 임펄스 응답 $h(n)$은?

$$y(n) = 2\left(-\frac{1}{2}\right)^n + 8\left(\frac{1}{4}\right)^n, \quad n \geqq 3$$

12 다음과 같은 임펄스 응답을 갖는 시스템의 계단 응답(step response)은? (계단 응답은 단위 계단 함수가 입력 신호일 경우의 시스템 출력으로 정의된다.)

$$h(n) = 4\left(\frac{1}{2}\right)^n \cos\left(\frac{2\pi}{3}n\right)u(n)$$

13 다음의 피드백 시스템을 생각해 보자. $n < 0$일 때 $y(n)=0$라고 가정하자.

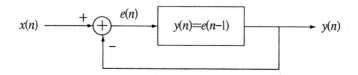

(a) $x(n) = \delta(n)$일 때 출력을 그리시오.

(b) $x(n) = u(n)$일 때 출력을 그리시오.

14 선형 시불변 시스템의 임펄스 응답이 다음과 같을 때 입력 $x(n) = u(n-3)$에 대한 응답은?

$$h(n) = \{1, 1, -1, -2, -2\}$$

15 입력 $x_1(n)$과 출력 $y_1(n)$의 관계가 다음과 같을 때 입력 $x_2(n)$에 대한 출력 $y_2(n)$를 그리시오.

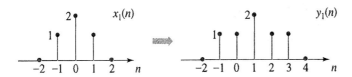

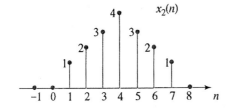

16 다음 차분 방정식으로 표현되는 선형 시불변 시스템에서 입력 신호가 $x(n) = \delta(n-1)$일 때 출력 $y(n)$을 구하시오.

$$y(n) = \frac{1}{2}y(n-1) + x(n)$$

17 입력 신호 $x(n)$이 아래와 같이 주어질 때 차분 방정식으로 표현되는 시스템의 제로 상태 응답을 재귀적인(recursive) 방법으로 구하시오.

$$y(n) + \frac{1}{3}y(n-1) = x(n) + x(n-1)$$
$$x(n) = \{1, 3, -1, 3\}$$
$$\uparrow$$

18 다음 차분 방정식으로 표현되는 시스템의 제로 입력 응답을 구하시오.

$$x(n) - 2y(n-1) - 4y(n-2) = 0$$

19 다음의 각각의 차분 방정식의 균일해를 구하시오
(a) $y(n) - 4y(n-1) + 3y(n-2) = x(n), \quad n \geqq 0$

$$y(-1) = 0, \; y(-2) = 2$$

(b) $y(n) - \dfrac{1}{6}y(n-1) - \dfrac{1}{6}y(n-2) = x(n) + \dfrac{1}{5}x(n-2), \quad n \geq 0$

$$y(-1) = 0, \; y(-2) = 2$$

(c) $y(n) - \dfrac{1}{4}y(n-1) - \dfrac{1}{8}y(n-2) = x(n), \quad n \geq 0$

$$y(-1) = 1, \; y(-2) = -2$$

20 입력 $x(n) = 3^n u(n)$일 때, 다음 차분 방정식의 전체해를 구하시오.

$$y(n) = \frac{7}{6}y(n-1) - \frac{1}{3}y(n-2) + x(n)$$

21 다음과 같은 시스템의 임펄스 응답을 구하시오.

$$h_1(n) = \delta(n) - \frac{1}{4}\delta(n-1)$$

$$h_2(n) = \left(\frac{1}{2}\right)^n u(n)$$

$$h_3(n) = \left(\frac{1}{4}\right)^n (n)$$

$$h_4(n) = (n-1)u(n)$$

$$h_5(n) = \delta(n) + nu(n-1) + \delta(n-2)$$

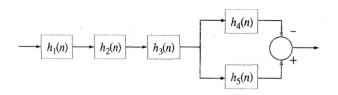

22 아래 그림과 같이 표현되는 이산 신호 시스템의 임펄스 응답을 구하시오.

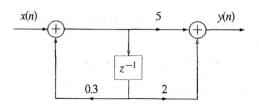

z-변환과 디지털 시스템

03

z-변환과 디지털 시스템

시간 영역에서 표현된 신호를 다른 영역으로 변환하는 기술은 선형 시불변 시스템을 해석하는 데 매우 중요하다. 응용에 따라 시간 영역에서 처리가 용이한 경우가 있고 다른 영역에서 처리하는 경우가 더 용이할 수 있기 때문이다. 대표적인 영역 변환으로 푸리에 변환이 있다. 시간 영역에서 표현된 신호를 주파수 영역으로 변환하는 기법이다. 푸리에 변환은 4장과 5장에서 설명한다.

여기서는 먼저 시간 영역에서 표현된 이산 신호를 z-영역으로 변환하는 z-변환에 대해 소개하고, z-변환의 성질과 z-변환을 이용하여 이산 선형 시불변 시스템을 해석하는 방법을 설명한다. z-변환은 연속 신호와 연속 시스템에서 정의된 라플라스 변환(Laplace transform)과 똑같은 역할을 이산 신호와 이산 시스템에 대해서 한다. 예를 들면 시간 영역에서 컨벌루션 합의 연산이 z-영역에서는 s-영역과 마찬가지로 각 신호의 z-변환의 곱의 연산으로 된다. 바로 이 성질 때문에 z-영역에서 이산 선형 시불변 시스템의 해석이 간단해지는 것이다. 또한 푸리에 변환이 존재하지 않는 이산 신호도 z-변환을 이용하면 처리가 가능하다.

❸.1 z-변환

3.1.1 z-변환의 정의

이산 신호 $x(n)$의 z-변환은 다음과 같이 멱급수(power series)로 정의된다.

$$X(z) \equiv \sum_{n=-\infty}^{\infty} x(n) z^{-n} \qquad (3.1)$$

여기서 z는 복소 변수(complex variable)이며 복소 평면(complex plane)에서 정의된다. 식 (3.1)의 관계를 z-변환(z-transform)이라 정의하고, 역으로 $X(z)$로부터 $x(n)$을 구하는 과정을 z-역변환(inverse z-transform)으로 정의한다. 식 (3.1)의 z-변환은 시간 영역에서 표현된 신호를 z^{-1}에 대한 다항식이나 또는 분모나 분자가 z^{-1}의 다항식으로 구성된 유리 함수의 형태로 표현된다. 이 다항식들의 해는 매우 중요한 역할을 하게 되며 특히 디지털 시스템 설계 시 시스템의 특성을 결정한다. $x(n)$의 z-변환은 $X(z) \equiv Z\{x(n)\}$으로 표현하기도 하고 $x(n)$과 $X(z)$의 관계를 $x(n) \xleftrightarrow{z} X(z)$와 같이 표현하기도 한다.

식 (3.1)의 z-변환은 반드시 수렴 영역과 함께 정의된다. 식 (3.1)의 z-변환은 무한 급수(합의 구간이 $-\infty$에서 ∞까지)이기 때문에 급수가 수렴하는 경우에만 그 값이 존재하고 그렇지 않은 경우에는 z-변환이 존재하지 않기 때문이다. $X(z)$가 수렴하여 유한한 값을 갖게 되는 z의 영역을 $X(z)$의 수렴 영역(region of convergence : ROC)이라고 정의한다. 따라서 z-변환이 존재하면 항상 수렴 영역이 존재해야 하고 따라서 z-변환과 수렴 영역은 반드시 함께 정의된다.

[예제 3.1] 유한 구간을 갖는 다음 신호들의 z-변환을 구하여라.

(a) $x_1(n) = \{1, 2, 3, 4, 5\}$

(b) $x_2(n) = \{1, 2, 3, 4, 5\}$
$\uparrow$

(c) $x_3(n) = \delta(n)$

(d) $x_4(n) = \delta(n-k), \quad k > 0$

풀이

여기서 화살표 $\uparrow$는 신호의 원점을 나타낸다. 화살표가 없는 경우에는 맨 처음 샘플이 원점에서의 신호 값이 된다.

식 (3.1)의 z-변환 정의로부터

(a) $X_1(z) = 1 + 2z^{-1} + 3z^{-2} + 4z^{-3} + 5z^{-4}$, ROC : $z = 0$을 제외한 모든 z-영역(만약 $z = 0$이면 z^{-1}항이 ∞가 되므로 발산하게 됨)

(b) $X_2(z) = z^2 + 2z + 3 + 4z^{-1} + 5z^{-2}$, ROC : $z = 0$과 $z = \infty$를 제외한 모든 z-영역

(c) $X_3(z) = 1$, ROC : 모든 z-영역

(d) $X_4(z) = z^{-k}$, ROC : $z = 0$을 제외한 모든 z-영역

예제를 보면 유한한 구간에서 존재하는 신호의 수렴 영역은 $z = 0$이나 $z = \infty$를 제외한 모든 z-영역(z-평면)이 된다. $z = 0$일 경우에는 $z^{-k}(k > 0)$ 항이 무한대가 되고, 또 $z = \infty$인 경우는 $z^k(k > 0)$ 항이 무한대가 되기 때문에 수렴 영역에서 제외되었다.

이 예제를 보면 z-변환은 신호를 표현하는 또 하나의 방법에 지나지 않는다는 것을 알 수 있다. 함수로 정의되는 신호에서 시간의 독립 변수 대신에 복소 변수 z를 독립 변수로 가지는 함수로 변환된 형태를 하고 있기 때문이다. 예제 3.1에서 보면 z-변환에서 z^{-n} 항의 계수는 시각 n에서 신호의 값이라는 것도 알 수 있다. 즉, z^2 항의 계수는 시간 영역에서의 신호 값 $x(-2)$를, z^{-3}항의 계수는 $x(3)$을 의미한다. 다시 말하면 z의 지수 항은 이산 신호 값의 시간적 위치를 알 수 있는 정보를 포함하고 있다. 일반적으로 z-역변환을 구하는 과정은 매우 복잡하다. 하지만 구간이 유한한 신호의 z-역변환은 z의 지수 항이 갖고 있는 시간 정보를 가지고 다음 예제와 같이 간단하게 구할 수 있다.

[예제 3.2] 다음 식으로 주어진 z-변환 $X(z)$를 역변환하여 $x(n)$을 구해보자.

$$X(z) = 1 - 2z^{-1} + 3z^{-3} - z^{-5}$$

풀이

z-변환에서 z^{-n} 항의 계수는 시각 n에서 신호의 값이라고 했으므로

$$x(n) = \{1, -2, 0, 3, 0 -1\}$$

이 된다. 앞에서 배운 단위 임펄스 함수를 이용하여 이 신호를 함수로 다시 표현하면 다음과 같이 된다.

$$x(n) = \delta(n) - 2\delta(n-1) + 3\delta(n-3) - \delta(n-5)$$

이번에는 무한 구간에서 존재하는 이산 신호의 z-변환을 구하는 방법을 다음 예제를 통해서 알아보자.

[예제 3.3] 다음 두 이산 신호의 z-변환을 구해보자.

$$x(n) = \begin{cases} \left(\dfrac{1}{3}\right)^n, & n \geq 0 \\ 0, & n < 0 \end{cases}$$

$$y(n) = \begin{cases} -\left(\dfrac{1}{3}\right)^n, & n < 0 \\ 0, & n \geq 0 \end{cases}$$

풀이

$x(n)$은 인과 신호이고 $y(n)$은 반인과 신호이다. 각 신호의 z-변환을 구하기 위해서는 식 (3.1)의 정의를 이용하면 된다. 먼저 $x(n)$의 z-변환을 구해보자.

$$X(z) = 1 + \frac{1}{3} z^{-1} + \left(\frac{1}{3}\right)^2 z^{-2} + \left(\frac{1}{3}\right)^3 z^{-3} + \cdots + \left(\frac{1}{3}\right)^n z^{-n} + \cdots$$
$$= \sum_{n=0}^{\infty} \left(\frac{1}{3}\right)^n z^{-n} = \sum_{n=0}^{\infty} \left(\frac{1}{3} z^{-1}\right)^n \tag{3.2}$$

식 (3.2)에서 구한 $x(n)$의 z-변환은 무한급수로 표현된다. 무한급수는 식 (3.3)의 성질을 가지며 따라서 이 성질을 이용하여 식 (3.2)를 정리할 수 있다.

$$1 + A + A^2 + A^3 + \cdots = \frac{1}{1-A} \qquad \text{만약 } |A| < 1 \tag{3.3}$$

식 (3.2)와 (3.3)으로부터 $A = \frac{1}{3} z^{-1}$이므로 $\left|\frac{1}{3} z^{-1}\right| < 1$, 즉 $|z| > \frac{1}{3}$의 구간에서 식 (3.2)는 다음과 같이 수렴한다는 것을 쉽게 알 수 있다. 따라서 이때 ROC는 $|z| > \frac{1}{3}$이 된다.

$$X(z) = \frac{1}{1 - \frac{1}{3} z^{-1}}, \quad \text{ROC}: |z| > \frac{1}{3} \tag{3.4}$$

마찬가지 방법으로 $y(n)$에 대한 z-변환을 구해보면

$$Y(z) = \sum_{n=-\infty}^{-1} -\left(\frac{1}{3}\right)^n z^{-n} = -\sum_{n=-\infty}^{-1} \left(\frac{1}{3}z^{-1}\right)^n = -\sum_{n=1}^{\infty}(3z)^n$$

이 되고 $A = 3z$이므로 식 (3.3)으로부터 $|3z| < 1$, 즉 $|z| < \frac{1}{3}$의 구간에 대하여 다음 식이 성립한다.

$$Y(z) = -\frac{3z}{1-3z} = \frac{1}{1-\frac{1}{3}z^{-1}}, \quad \text{ROC: } |z| < \frac{1}{3} \tag{3.5}$$

식 (3.4)와 식 (3.5)를 비교해보면 재미있는 사실을 발견할 수가 있다. 서로 다른 두 신호의 z-변환이 같은 형태를 하고 있다는 것이다. 두 신호가 시간 영역에서는 완전히 다른 형태이지만 z-변환된 모습은 같다. 그러나 그림 3.1에 보인 각각의 수렴 영역은 서로 다르다. 따라서 z-변환과 시간 영역에서의 신호를 대응시키기 위해서는 반드시 z-변환의 수렴 영역을 명시하여야 한다. 다시 말하면 이산 신호 $x(n)$은 z-변환 $X(z)$와 $X(z)$의 수렴 영역이 모두 주어져야 완전하게 결정될 수 있다.

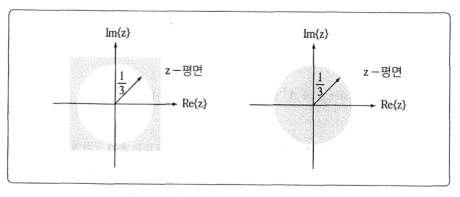

| 그림 3.1 | 예제 3.3의 $X(z)$와 수렴 영역

3.1.2 z-변환의 수렴 영역

이산 신호 $x(n)$의 z-변환 $X(z)$를 다시 써보자.

$$X(z) = \sum_{n=-\infty}^{\infty} x(n) z^{-n} \tag{3.6}$$

앞의 예제와 같이 $X(z)$가 존재하는 z의 수렴 영역은 $x(n)$의 특성에 따라 일정한 규칙이 존재한다. 이 규칙을 이해하기 위해서 복소 변수 z을 극형식(polar form)인 $z = re^{j\theta}$로 표현해보자.

$$X(z)\big|_{z=re^{j\theta}} = \sum_{n=-\infty}^{\infty} x(n) r^{-n} e^{-j\theta n} \tag{3.7}$$

식 (3.7)의 양변에 절댓값을 취하고 정리하면 다음 관계식을 얻는다.

$$
\begin{aligned}
|X(z)| &= \left| \sum_{n=-\infty}^{\infty} x(n) r^{-n} e^{-j\theta n} \right| \\
&\leq \sum_{n=-\infty}^{\infty} |x(n) r^{-n} e^{-j\theta n}| = \sum_{n=-\infty}^{\infty} |x(n) r^{-n}|
\end{aligned} \tag{3.8}
$$

식 (3.8)에서 부등식이 성립하는 이유는 절댓값의 성질 때문이다. 식 (3.8)에서 수열 $x(n) r^{-n}$의 절댓값을 모든 n에 대해 더한 값이 수렴하면 $|X(z)|$ 도 유한한 값을 갖는다. 따라서 $|X(z)|$ 의 수렴 영역을 찾는 일은 $\sum_{n=-\infty}^{\infty} |x(n) r^{-n}|$의 값이 유한하기 위한 r의 영역을 찾는 일이 된다.

여기서 2장에서 정의한 대로 이산 신호를 인과 신호(causal signal)와 반인과 신호(anticausal signal)로 구분하자. 인과 신호는 $n < 0$의 구간에서 값이 모두 0인 신호를 의미하며 반대로 반인과 신호는 $n \geq 0$의 구간에서 모두 0의 값을 갖는 신호이다. 만약 임의의 이산 신호 $x(n)$을 단위 계단 함수 $u(n)$을 사용하여 인과 부분 $x^+(n)$과 반인과 부분 $x^-(n)$으로 표현한다면 다음과 같다.

$$
\begin{aligned}
x^+(n) &= x(n) u(n) \\
x^-(n) &= x(n) u(-n-1)
\end{aligned} \tag{3.9}
$$

식 (3.9)를 식 (3.8)에 대입하여 정리하면 다음과 같다.

$$
\begin{aligned}
|X(z)| &\leq \sum_{n=-\infty}^{-1} |x^-(n)r^{-n}| + \sum_{n=0}^{\infty} \left| \frac{x^+(n)}{r^n} \right| \\
&\leq \sum_{n=1}^{\infty} |x^-(-n)r^n| + \sum_{n=0}^{\infty} \left| \frac{x^+(n)}{r^n} \right|
\end{aligned}
\tag{3.10}
$$

결국 $X(z)$가 수렴하기 위해서는 식 (3.10)의 우변의 두 급수가 동시에 유한한 값을 가져야 한다. 먼저 식 (3.10)의 첫 번째 급수가 수렴하기 위한 조건을 알아보자. 이 경우 r의 값이 매우 작아서 $x^-(-n)$와는 무관하게 $x^-(-n)r^n$이 작은 값을 갖고 결국 이들을 다 더한 값이 유한해야 한다. 따라서 첫 번째 무한급수가 수렴하기 위해서는 r의 값이 매우 작아야 하는 조건이 필요하다. 이때 r의 값은 주어진 복소수의 크기이기 때문에, r의 값이 작아야 한다는 것은 해당되는 복소수 z가 복소 평면상에서 그림 3.2의 (a)와 같이 임의의 반지름 $r_1(r_1 < \infty)$을 가지는 원의 내부에 존재해야 한다는 것이다.

반대로 식 (3.10)의 두 번째 급수가 수렴하기 위해서는 r의 값이 매우 커서, 이번에는 $x^+(n)$의 신호 값에 상관없이 $\left| \frac{x^+(n)}{r^n} \right|$의 값이 매우 작아지고, 이들을 다 더한 값이 유한해야 한다. 따라서 두 번째 무한급수의 수렴 영역은 그림 3.2의 (b)처럼 임의의 반지름 r_2를 가지는 원의 외부가 되는 것이 타당하다.

결국 $X(z)$가 수렴하기 위해서는 식 (3.10)의 우변의 두 무한급수가 동시에 수렴하여야 하고 따라서 $X(z)$의 수렴 영역은 그림 3.2의 (c)와 같이 복소 평면에서 두 원이 겹치는 반지(ring) 모양의 영역 $r_2 < r < r_1$이 존재하여야 한다. 만약 $r_2 > r_1$이 되어 두 원이 겹치는 중복 영역이 존재하지 않게 되면 두 개의 무한급수 중하나는 발산하고 $X(z)$는 존재하지 않으며 따라서 $x(z)$의 z-변환도 존재하지 않는다.

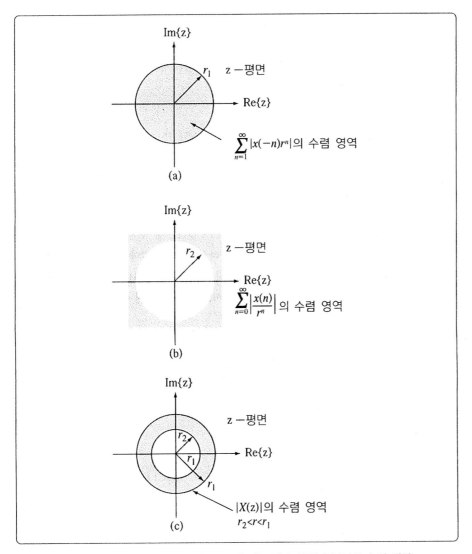

| 그림 3.2 | $X(z)$의 수렴 영역과 대응하는 인과, 반인과 부분의 수렴 영역

[예제 3.4] 다음 이산 신호의 z-변환을 구하여라.

$$x(n) = a^n u(n) + b^n u(-n-1)$$

풀이

먼저 주어진 신호 $x(n)$를 살펴보면 첫째 항은 인과 부분, 두 번째 항은 반인과 부분으로 구성되어 있음을 알 수 있다. 따라서 구하는 z-변환의 수렴 영역 또한 앞에서 설명한 바와 같이 원의 안쪽 부분과 바깥쪽 부분으로 이루어지고, 따라서 두 원의 중복된 영역이 존재해야만 이 신호의 z-변환이 존재할 것이라고 예상할 수 있다. 식 (3.1)의 z-변환 정의를 이용하면 다음과 같다.

$$X(z) = \sum_{n=0}^{\infty} a^n z^{-n} + \sum_{n=-\infty}^{-1} b^n z^{-n}$$
$$= \sum_{n=0}^{\infty} (az^{-1})^n + \sum_{l=1}^{\infty} (b^{-1}z)^l \tag{3.11}$$

식 (3.11)의 첫 번째 급수는 $|az^{-1}| < 1$, 즉 $|z| > |a|$일 때 수렴하고, 두 번째 급수는 $|b^{-1}z| < 1$, 즉 $|z| < |b|$일 경우에 수렴한다. 따라서 a와 b의 값에 따라 $X(z)$의 존재 여부가 결정된다. 먼저 $|b| < |a|$인 경우를 생각해보자. 이 경우 식 (3.11)의 두 항의 수렴 영역은 그림 3.3의 (a)와 같이 중복되지 않게 된다. 따라서 두 항이 동시에 수렴하는 영역을 찾을 수 없고 $X(z)$는 존재하지 않는다.

두 번째로 $|b| > |a|$인 경우를 생각해보자. 이 경우는 그림 3.3의 (b)와 같이 복소 평면상에서 두 영역이 중복되어 반지 모양이 되는 영역이 존재한다. 따라서 식 (3.11)의 두 항이 동시에 수렴하는 영역이 존재하고 이 영역 내의 z값에 대해 $X(z)$도 존재하게 된다. 이 경우 식 (3.3)의 무한급수 성질을 이용하여 정리하면 z-변환은 다음과 같다.

$$X(z) = \frac{1}{1-az^{-1}} - \frac{1}{1-bz^{-1}}, \qquad \text{ROC}: |a| < |z| < |b|$$
$$= \frac{b-a}{a+b-z-abz^{-1}}$$

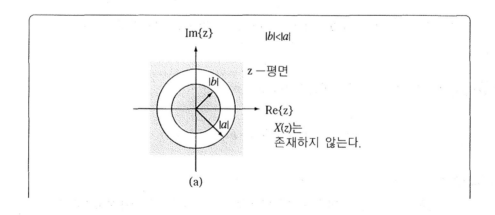

(a)

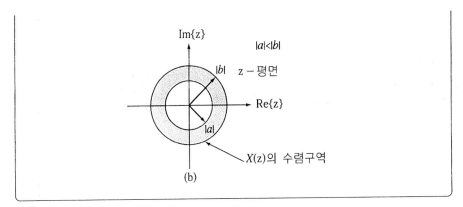

| 그림 3.3 |　예제 3.4의 z-변환 수렴 영역

　이 예제로부터 인과 신호의 수렴 영역은 복소 평면상에서 항상 원의 외부가 되고 반인과 신호의 수렴 영역은 항상 원의 내부가 된다는 사실을 확인할 수 있다. 또한 인과 성분과 반인과 성분을 모두 가지는 무한 길이의 이산 신호는 수렴 영역이 반드시 원의 내부와 외부가 겹치는 반지 모양(ring)이 된다는 것을 알 수 있다. 결과적으로 주어진 신호의 수렴 영역은 그 신호의 길이뿐 아니라 인과 또는 반인과 여부에 의해 결정된다. 이 내용을 정리하면 그림 3.4와 같다.

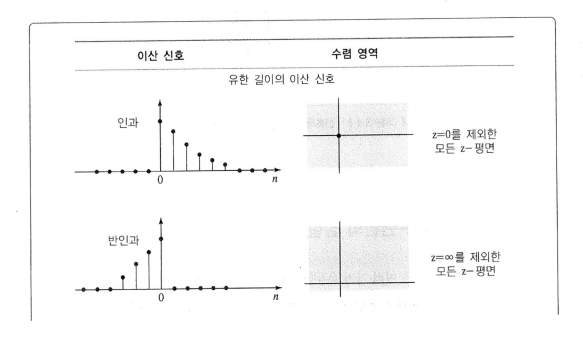

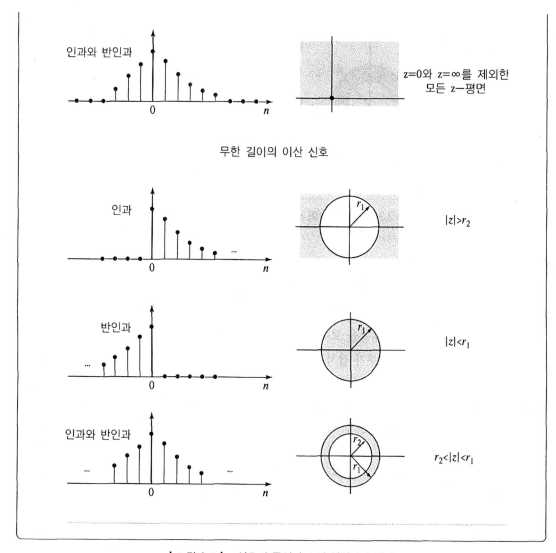

인과와 반인과

무한 길이의 이산 신호

z=0와 z=∞를 제외한
모든 z−평면

인과

$|z|>r_2$

반인과

$|z|<r_1$

인과와 반인과

$r_2<|z|<r_1$

| 그림 3.4 | 신호의 특성과 수렴 영역과의 관계

❸.2 z-변환의 성질

z-변환은 여러 가지 유용한 성질 때문에 이산 신호나 이산 시스템을 해석하는 데 매우 중요하게 사용된다. 그 중 하나가 앞에서 언급한 바와 같이 시간 영역에

서의 두 신호의 컨벌루션 합의 연산이 z-영역에서는 단순히 곱 연산이 되는 것이다. 앞에서 컨벌루션 연산을 해보았지만 그 과정은 다소 복잡하다. 따라서 z-변환을 이용하여 컨벌루션 연산을 수행한다면 시스템 해석을 비교적 간단히 할 수 있다는 이점이 있다. 이 외에도 z-변환은 여러 가지 유용한 성질을 많이 가지고 있다.

(1) 선형성

만약 $x_1(n) \xleftrightarrow{\ z\ } X_1(z)$와 $x_2(n) \xleftrightarrow{\ z\ } X_2(z)$라면 임의의 상수 a_1과 a_2에 대해

$$x(n) = a_1 x_1(n) + a_2 x_2(n) \xleftrightarrow{\ z\ } X(z) = a_1 X_1(z) + a_2 X_2(z) \qquad (3.12)$$

가 성립한다. 선형성(linearity)은 두 신호의 선형 조합을 z-변환한 것은 각 신호의 z-변환의 선형 조합과 같다는 것을 의미한다. 즉, 복잡한 신호를 간단한 형태의 기본 신호 여러 개로 분해한 후 이미 알고 있는 z-변환을 이용하여 기본 신호를 z-변환한 후 선형 조합을 취하면 복잡한 신호의 z-변환도 쉽게 구할 수 있다. 식 (3.12)에서 $X(z)$의 수렴 영역은 $X_1(z)$와 $X_2(z)$의 수렴 영역의 교집합, 즉 각 수렴 영역의 중복 영역이 된다.

[예제 3.5] 다음 신호의 z-변환을 구하여라.

$$x(n) = (\cos \omega_0 n) u(n)$$

풀이

오일러 공식(Euler's formula)을 이용하면 주어진 신호를 다음과 같이 표현할 수 있다.

$$x(n) = (\cos \omega_0 n) u(n) = \frac{1}{2} e^{j\omega_0 n} u(n) + \frac{1}{2} e^{-j\omega_0 n} u(n)$$

식 (3.12)의 선형성을 이용하여 $x(n)$의 z-변환을 구하면 다음과 같다.

$$X(z) = \frac{1}{2} Z\{e^{j\omega_0 n} u(n)\} + \frac{1}{2} Z\{e^{-j\omega_0 n} u(n)\} \qquad (3.13)$$

예제 3.3에서

$$a^n u(n) \xleftrightarrow{\;Z\;} \frac{1}{1-az^{-1}}, \quad \text{ROC: } |z| > |a|$$

이었으므로, $a = e^{\pm j\omega_0}$이라고 하면

$$e^{j\omega_0 n} u(n) \xleftrightarrow{\;Z\;} \frac{1}{1-e^{j\omega_0}z^{-1}}, \quad \text{ROC: } |z| > 1$$

$$e^{-j\omega_0 n} u(n) \xleftrightarrow{\;Z\;} \frac{1}{1-e^{-jw_0}z^{-1}}, \quad \text{ROC: } |z| > 1$$

가 되고 따라서 식 (3.13)의 $X(z)$는 정리하면 다음과 같다.

$$
\begin{aligned}
X(z) &= \frac{1}{2}\frac{1}{1-e^{j\omega_0}z^{-1}} + \frac{1}{2}\frac{1}{1-e^{-j\omega_0}z^{-1}} \\
&= \frac{1-z^{-1}\cos\omega_0}{1-2z^{-1}\cos\omega_0 + z^{-2}}, \quad\quad \text{ROC: } |z| > 1
\end{aligned}
\tag{3.14}
$$

(2) 시간 이동성

만약 $x(n) \xleftrightarrow{\;Z\;} X(z)$이면 $x(n)$을 k만큼 시간 이동한 $x(n-k)$의 z-변환은 $x(n-k) \xleftrightarrow{\;Z\;} z^{-k}X(z)$이 된다. 이때 $z^{-k}X(z)$의 수렴 영역은 $X(z)$의 수렴 영역과 같으나 z^{-k} 항 때문에 $k > 0$인 경우에는 $z = 0$이, $k < 0$인 경우에는 $z = \infty$가 수렴 영역에서 제외된다.

시간 이동성(time shift)을 증명하는 것은 어렵지 않다. 시간 이동성을 포함하여 여기서 설명하는 z-변환의 성질들은 식 (3.1)의 z-변환 정의를 이용하면 어렵지 않게 증명할 수 있다. 시간 이동성을 증명해보자. 먼저 식 (3.1)의 z-변환 정의를 이용하면

$$x(n-k) \xleftrightarrow{\;Z\;} \sum_{n=-\infty}^{\infty} x(n-k)z^{-n} \tag{3.15}$$

이 되고, 식 (3.15) 우변에서 $n - k = l$로 변수 치환하면

$$\sum_{n=-\infty}^{\infty} x(n-k)z^{-n} = \sum_{l=-\infty}^{\infty} x(l)z^{-(l+k)}$$

$$= z^{-k} \sum_{l=-\infty}^{\infty} x(l)z^{-l} \qquad (3.16)$$

$$= z^{-k} X(z)$$

이 되고, 따라서 $x(n-k)$의 z-변환은 $z^{-k}X(z)$이 된다. 이 경우 변수 z의 지수항인 $-k$는 신호가 k 샘플만큼 지연되었다는 것을 의미하고 이것은 앞서 z의 지수항이 시간 정보를 포함하고 있다는 내용과 서로 일치하는 것이다. z-변환의 선형성과 시간 이동성은 특히 이산 시불변 시스템을 해석하는 데 매우 중요하게 사용되는 성질이다.

(3) z-영역에서의 척도 조절성

만약 $x(n) \xleftarrow{\ z\ } X(z)$, ROC: $r_1 < |z| < r_2$이면, 임의의 상수 a에 대하여 다음을 만족한다.

$$a^n x(n) \xleftarrow{\ z\ } X(a^{-1}z), \quad \text{ROC: } |a|r_1 < |z| < |a|r_2 \qquad (3.17)$$

척도 조절성(scaling property) 성질을 증명하기 위하여 먼저 식 (3.1)을 이용하면

$$Z\{a^n x(n)\} = \sum_{n=-\infty}^{\infty} a^n x(n)z^{-n}$$

$$= \sum_{n=-\infty}^{\infty} x(n)(a^{-1}z)^{-n} \qquad (3.18)$$

$$= X(a^{-1}z)$$

이 되고 $X(z)$의 수렴 영역이 $r_1 < |z| < r_2$이므로 $X(a^{-1}z)$의 수렴 영역은 $r_1 < |a^{-1}z| < r_2$ 또는 $|a|r_1 < |z| < |a|r_2$이 된다.

[예제 3.6] 다음 이산 신호의 z-변환을 척도 조절성을 이용하여 풀어보자.

$$x(n) = a^n(\cos\omega_0 n)u(n)$$

풀이

식 (3.14)와 식 (3.17)로부터

$$x(n) = a^n(\cos\omega_0 n)u(n) \xleftrightarrow{Z} \frac{1 - az^{-1}\cos\omega_0}{1 - 2az^{-1}\cos\omega_0 + a^2 z^{-2}}, \quad \text{ROC}: |z| > |a|$$

가 된다.

(4) z−영역에서의 미분

만약 $x(n) \xleftrightarrow{Z} X(z)$이면,

$$nx(n) \xleftrightarrow{Z} -z\frac{dX(z)}{dz} \tag{3.19}$$

을 만족한다. 이 성질은 다음과 같이 증명할 수 있다. z−변환의 정의를 다시 쓰면

$$X(z) \equiv \sum_{n=-\infty}^{\infty} x(n)z^{-n} \tag{3.20}$$

이 되고, 식 (3.20)의 양변을 z에 대해 미분하면 다음 식을 얻는다.

$$\frac{dX(z)}{dz} = \sum_{n=-\infty}^{\infty} x(n)(-n)z^{-n-1} = -z^{-1}\sum_{n=-\infty}^{\infty} nx(n)z^{-n}$$
$$= -z^{-1}Z\{nx(n)\} \tag{3.21}$$

따라서 $nx(n) \xleftrightarrow{Z} -z\frac{dX(z)}{dz}$이 만족한다. 이 경우 $x(n)$이나 $nx(n)$의 z−변환은 같은 수렴 영역을 갖는다. 여기서 변수 z에 대한 미분은 복소 변수에 대한 미분이라 일반적인 실수 변수에 대한 미분과는 다르게 정의된다. 하지만 여기서는 복소 변수 미분을 단순히 실수 변수 미분으로 생각해도 큰 문제는 없다.

[예제 3.7] 다음 이산 신호의 z-변환을 구하여라.

$$x(n) = na^n u(n)$$

풀이

여기서 $x_1(n) = a^n u(n)$이라고 하면 예제 3.4로부터 $x_1(n)$의 z-변환은 다음과 같다.

$$x_1(n) = a^n u(n) \xleftrightarrow{\ Z\ } X_1(z) = \frac{1}{1 - az^{-1}}, \quad \text{ROC:} |z| > |a|$$

$x(n) = nx_1(n)$이므로 식 (3.19)로부터

$$x(n) = na^n u(n) \xleftrightarrow{\ Z\ } X(z) = -z\frac{dX_1(z)}{dz}$$
$$= \frac{az^{-1}}{(1 - az^{-1})^2}, \quad \text{ROC:} |z| > |a|$$

이 된다.

위 예제처럼 복잡한 유형의 신호도 z-변환의 성질들을 잘 이용하면 쉽게 변환할 수 있다.

(5) 두 신호의 컨벌루션

만약 $x_1(n) \xleftrightarrow{\ Z\ } X_1(z)$이고 $x_2(n) \xleftrightarrow{\ Z\ } X_2(z)$이면

$$x(n) = x_1(n) * x_2(n) \xleftrightarrow{\ Z\ } X(z) = X_1(z)X_2(z) \tag{3.22}$$

를 만족한다. 다시 말해서 시간 영역에서 두 신호의 컨벌루션을 z-변환하면 각 신호의 z-변환의 곱으로 표현된다. 컨벌루션의 연산이 z-영역에서는 단순히 곱 연산으로 가능하다는 것을 의미하며 이 성질을 이용하면 시스템 해석이 간단해진다. 이 과정을 자세히 설명하면 다음과 같다.

먼저 입력 신호 $x(n)$과 시스템의 임펄스 응답 $h(n)$을 각각 z-변환하여 $X(z)$와 $H(z)$를 구한다. 이때 임펄스 응답의 z-변환인 $H(z)$를 시스템의 전달 함수

(transfer function)라고 정의한다. z-변환된 $X(z)$와 $H(z)$을 곱해서 $Y(z) = X(z)H(z)$를 구한다. 마지막으로 $Y(z)$를 역변환하면 시스템의 출력 신호 $y(n)$을 구할 수 있다. 일반적으로 이 과정이 직접 컨벌루션 연산을 수행하는 것보다 계산량이 적다.

이제 식 (3.22)가 성립하는 것을 증명해보자. 신호 $x_1(n)$과 $x_2(n)$ 간의 컨벌루션 연산은 다음과 같이 정의된다.

$$x(n) = \sum_{k=-\infty}^{\infty} x_1(k) x_2(n-k) \tag{3.23}$$

식 (3.23)의 $x(n)$을 z-변환하면

$$X(z) = \sum_{n=-\infty}^{\infty} x(n) z^{-n} = \sum_{n=-\infty}^{\infty} \left\{ \sum_{k=-\infty}^{\infty} x_1(k) x_2(n-k) \right\} z^{-n} \tag{3.24}$$

이 된다. 식 (3.24)의 우변에서 합의 순서를 서로 바꾸고 z-변환 성질 중의 하나인 시간 이동성을 적용하면 식 (3.25)를 얻는다. 이 과정은 수학적으로 복잡해 보이지만 z-변환뿐 아니라 라플라스 변환, 푸리에 변환 등에서도 자주 사용되는 기법이므로 잘 기억해 두는 것이 좋다.

$$\begin{aligned} X(z) &= \sum_{k=-\infty}^{\infty} x_1(k) \left\{ \sum_{n=-\infty}^{\infty} x_2(n-k) z^{-n} \right\} \\ &= X_2(z) \sum_{k=-\infty}^{\infty} x_1(k) z^{-k} = X_2(z) X_1(z) \end{aligned} \tag{3.25}$$

[예제 3.8] 입력 신호 $x(n)$과 임펄스 응답 $h(n)$이 다음과 같을 때 시스템의 출력 $y(n)$을 z-변환을 이용하여 구하여라.

$$x(n) = \{1, -2, 1\}$$
$$h(n) = \begin{cases} 1, & 0 \leq n \leq 5 \\ 0, & \text{다른경우} \end{cases}$$

풀이

z-변환의 정의를 이용하여 $x(n)$과 $h(n)$을 변환하면 다음과 같다.

$$X(z) = 1 - 2z^{-1} + z^{-2}$$
$$H(z) = 1 + z^{-1} + z^{-2} + z^{-3} + z^{-4} + z^{-5}$$

그 다음 $X(z)$와 $H(z)$을 곱하여 정리하면

$$\begin{aligned}
Y(z) &= X(z)H(z) \\
&= (1 - 2z^{-1} + z^{-2})(1 + z^{-1} + z^{-2} + z^{-3} + z^{-4} + z^{-5}) \\
&= 1 + (1-2)z^{-1} + (1-2+1)z^{-2} + (1-2+1)z^{-3} \\
&\quad + (1-2+1)z^{-4} + (1-2+1)z^{-5} - (-2+1)z^{-6} + z^{-7} \\
&= 1 - z^{-1} - z^{-6} + z^{-7}
\end{aligned} \tag{3.26}$$

이 된다. 이때 두 신호의 컨벌루션 연산과 비교해보면 위의 과정이 훨씬 간단하다는 것을 알 수 있다. 식 (3.26)에서 $Y(z)$의 z-역변환을 구하여 시간 영역에서 출력 신호 $y(n)$을 구할 수 있다. 아직 z-역변환을 구하는 과정을 배우지는 않았지만 z-변환에서 z^{-n} 항의 계수가 시각 n에서 신호의 값이라는 사실을 이용하면 식 (3.26)에서 $y(n)$이 어떤 형태가 되어야 하는지는 어렵지 않게 예측할 수 있다.

$$y(n) = \{1, \, -1, \, 0, \, 0, \, 0, \, 0, \, -1, \, 1\}$$

(6) Parseval 정리

만약 $x_1(n)$과 $x_2(n)$이 복소수의 수열이라면 다음의 Parseval 정리(Parseval's theorem)를 만족한다.

$$\sum_{n=-\infty}^{\infty} x_1(n) x_2^*(n) = \frac{1}{2\pi j} \oint_c X_1(v) X_2^*\left(\frac{1}{v^*}\right) v^{-1} dv \tag{3.27}$$

이때 $r_{1l} < |z| < r_{1u}$와 $r_{2l} < |z| < r_{2u}$를 $X_1(z)$와 $X_2(z)$의 수렴 영역이라고 하면 $r_{1l} r_{2l} < |z| < r_{1u} r_{2u}$를 만족하여야 한다. $\oint_c$ 는 폐경로(closed contour) C를 따라 z-평면에서 반시계 방향으로 적분하는 것을 의미하고 *는 공액 복소 함수를 의미한다. Parseval 정리는 시간 영역에서 표현된 신호의 에너지와 z-영역에서 표현된 신호의 에너지가 같다는 것을 의미한다.

❸.3 z-변환의 극점과 영점 특성

3.3.1 극점과 영점의 정의

대부분의 z-변환은 분모, 분자가 모두 z^{-1}(또는 z)에 대한 다항식으로 구성된 유리 함수의 형태를 한다. 유리 함수로 표현되는 $X(z)$에서 $X(z) = 0$이 되는 z의 모든 값을 영점(zero)으로 정의한다. 반대로 $X(z) = \infty$가 되는 z의 값을 극점 (pole)이라고 정의한다. $X(z)$의 분모와 분자가 모두 z^{-1}의 다항식으로 이루어진 유리 함수라고 가정하자.

$$X(z) = \frac{b_0 + b_1 z^{-1} + \cdots + b_M z^{-M}}{a_0 + a_1 z^{-1} + \cdots + a_N z^{-N}}$$

$$= \frac{\displaystyle\sum_{k=0}^{M} b_k z^{-k}}{\displaystyle\sum_{k=0}^{N} a_k z^{-k}} \tag{3.28}$$

만약 a_0와 b_0가 0이 아니라고 하면 식 (3.28)의 분모와 분자에 각각 $(1/b_0) z^M$ 과 $(1/a_0) z^N$을 곱하여 다음 식을 얻을 수 있다.

$$X(z) = \frac{b_0 z^{-M}}{a_0 z^{-N}} \frac{z^M + (b_1/b_0) z^{M-1} + \cdots + b_M/b_0}{z^N + (a_1/a_0) z^{N-1} + \cdots + a_N/a_0} \tag{3.29}$$

식 (3.29)의 분모와 분자를 z에 대해 인수분해하면 다음과 같다.

$$X(z) = \frac{b_0}{a_0} z^{N-M} \frac{(z - z_1)(z - z_2) \cdots (z - z_M)}{(z - p_1)(z - p_2) \cdots (z - p_N)} \tag{3.30}$$

이제 식 (3.30)에서 영점과 극점을 구해보자. $X(z) = 0$를 만족시키는 z의 값을 구하면 $z = z_1, z_2, \cdots z_M$이 되고 따라서 M개의 영점이 존재한다. 마찬가지로 $x(z) = \infty$을 만족시키는 z의 값으로는 $z = p_1, p_2, \cdots, p_N$ 등이 존재하고 N개의

극점이 된다. 이외에도 z^{N-M} 항 때문에 $|N-M|$개의 영점이나 극점이 더 존재한다. 물론 이 경우 영점인지 극점인지는 분모와 분자의 차수인 N과 M의 크기에 의해서 결정된다. 이렇게 구한 극점과 영점은 복소 평면에 그 위치(pole-zero plot)를 나타낼 수 있다. 이때 극점은 ×를 사용해서, 영점은 ○를 사용해서 그 위치를 표시하게 된다. 주어진 z-변환의 영점과 극점의 개수는 항상 같고 분모나 분자의 다항식 중에서 높은 차수와 같게 된다.

[예제3.9] 다음 이산 신호의 극점과 영점을 복소 평면에 그려라.

$$y(n) = 2^n u(n)$$

풀이

z-변환 정의를 이용하면

$$X(z) = \frac{1}{1 - 2z^{-1}} = \frac{z}{z - 2}, \quad \text{ROC}: |z| > 2$$

이 되고 $X(z)$는 $z=0$에서 한 개의 영점과 $z=2$에서 한 개의 극점을 갖는다. 극점과 영점을 복소 평면에 그리면 그림 3.5와 같다. 수렴 영역 내에는 극점이 존재할 수 없다는 것을 기억하자.

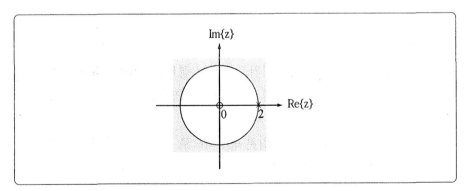

| 그림 3.5 |　예제 3.9의 영점과 극점

3.3.2 전달 함수와 극점, 영점과의 관계

입력 신호를 알 경우 선형 시불변 시스템의 출력 신호는 입력 신호와 시스템의 임펄스 응답과의 컨벌루션 연산으로 구할 수 있다고 했다.

$$y(n) = \sum_{k=-\infty}^{\infty} x(k) h(n-k) = x(n) * h(n) \tag{3.31}$$

또한 z-변환의 성질을 이용하면 컨벌루션 연산을 곱 연산으로 바꿀 수 있다.

$$Y(z) = X(z) H(z) \tag{3.32}$$

여기서 $Y(z)$와 $X(z)$는 각각 출력 신호 $y(n)$과 입력 신호 $x(n)$의 z-변환이고, $H(z)$는 시스템의 임펄스 응답 $h(n)$의 z-변환이다. 이때 $H(z)$를 시스템의 전달 함수라고 정의했다.

$$H(z) = \frac{Y(z)}{X(z)} \tag{3.33}$$

일반적으로 입력 신호를 알 때 시스템의 임펄스 응답을 안다면 바로 출력 신호를 구할 수 있다. 또한 전달 함수는 임펄스 응답의 z-변환이므로 전달 함수를 알고 있어도 역시 시스템을 해석할 수 있다. 전달 함수도 z-변환의 형태이므로 그 특성은 극점과 영점에 따라 결정되고 따라서 결국은 전달 함수의 영점과 극점이 시스템의 특성을 결정한다. 극점과 영점의 특성만 가지고도 우리가 원하는 시스템을 설계할 수 있는 이유이기도 하다.

여기서는 2장에서 배운 상계수 차분 방정식으로 표현되는 선형 시불변 시스템의 전달 함수를 구해보자. 차수가 N인 상계수 차분 방정식은 다음과 같다.

$$y(n) = -\sum_{k=1}^{N} a_k y(n-k) + \sum_{k=0}^{M} b_k x(n-k) \tag{3.34}$$

이 시스템의 전달 함수를 구하기 위해서는 먼저 식 (3.34)의 양변에 z-변환을 취한다. 그리고 앞에서 배운 시간 이동성을 이용하면 다음 관계식을 얻을 수 있다.

$$Y(z) = -\sum_{k=1}^{N} a_k Y(z) z^{-k} + \sum_{k=0}^{M} b_k X(z) z^{-k} \tag{3.35}$$

식 (3.35)의 우변의 첫 번째 항을 좌변으로 넘겨 정리하면 다음 관계를 유도할 수 있다.

$$H(z) = \frac{Y(z)}{X(z)} = \frac{\sum_{k=0}^{M} b_k z^{-k}}{1 + \sum_{k=1}^{N} a_k z^{-k}} \tag{3.36}$$

상계수 차분 방정식의 전달 함수도 분모와 분자가 모두 z^{-1}의 다항식으로 표현되는 유리 함수의 형태가 되는 것을 알 수 있다. 식 (3.36)의 전달 함수에서 a_k와 b_k의 값에 따라 영점과 극점이 결정된다. 여기서 영점과 극점의 존재 유무에 따라 영점만 갖는 시스템, 극점만 갖는 시스템, 영점과 극점이 모두 존재하는 시스템으로 시스템을 분류해보자.

a. 영점만 갖는 시스템

만약 $1 \leq k \leq N$에 대해서 $a_k = 0$이면 식 (3.36)은

$$\begin{aligned} H(z) &= \sum_{k=0}^{M} b_k z^{-k} \\ &= \frac{1}{z^M} \sum_{k=0}^{M} b_k z^{M-k} \end{aligned} \tag{3.37}$$

이 되고, M개의 영점만이 존재한다. 이때 0에 존재하는 극점은 무시하였다. 따라서 이러한 시스템을 영점만 갖는 시스템(all zero system)이라고 정의한다. 대응하는 임펄스 응답을 구해보면 당연히 이 시스템은 FIR 시스템이 된다.

b. 극점만 갖는 시스템

만약 $1 \leq k \leq M$에 대해서 $b_k = 0$이라면 식 (3.36)은

$$H(z) = \frac{b_0}{1 + \sum\limits_{k=1}^{N} a_k z^{-k}}$$

$$= b_0 \frac{z^N}{\sum\limits_{k=0}^{N} a_k z^{N-k}} \qquad a_0 \equiv 0 \tag{3.38}$$

이 되고 N개의 극점만을 갖게 된다. 여기서도 마찬가지로 0에 존재하는 영점은 무시하였다. 따라서 이러한 시스템을 극점만 갖는 시스템(all pole system)이라고 정의한다. 여기서 중요한 것은 극점의 존재이다. 극점이 존재하는 이유는 시스템이 재귀적이라는 것이다. 즉, 과거의 출력 신호 성분이 다시 입력으로 사용된 것이다. 따라서 이 시스템은 IIR 시스템이 된다.

위의 두 시스템을 비교해보면 영점만 존재하는 시스템은 FIR 시스템이 되고 극점만 존재하는 시스템은 IIR 시스템이 된다는 사실을 알 수 있다. 이 사실은 7장에서 시스템 설계할 때 이용된다.

c. 영점과 극점을 모두 갖는 시스템

a_k와 b_k가 모두 0이 아니라면 식 (3.36)에는 영점과 극점이 동시에 존재한다. 이런 시스템을 영점과 극점을 모두 갖는 시스템(pole-zero system)으로 정의하는데, 일반적으로 N개의 극점과 M개의 영점이 존재한다. 물론 0과 무한대에서의 영점과 극점은 모두 무시하였다. 극점의 존재 때문에 이 시스템도 IIR 시스템이 된다.

....

[예제 3.10] 다음 차분 방정식으로 표현되는 시스템의 전달 함수를 구하고, 극점과 영점을 구하여라. 또 전달 함수를 z-역변환하여 시스템의 임펄스 응답을 구하여라.

$$y(n) = \frac{1}{3} y(n-1) + 3x(n)$$

풀이

주어진 차분 방정식을 z-변환하면

$$Y(z) = \frac{1}{3} z^{-1} Y(z) + 3X(z)$$

이 되고 따라서 전달 함수는 다음과 같다.

$$H(z) = \frac{Y(z)}{X(z)} = \frac{3}{1 - \frac{1}{3} z^{-1}}$$

이 시스템은 $z = \frac{1}{3}$에서 극점을 갖고 0에서 영점을 갖는다. 따라서 극점만 갖는 IIR 시스템이 된다. 임펄스 응답을 구하려면 $H(z)$의 z-역변환을 구해야 한다. z-역변환을 구할 때 자주 사용하는 z-변환쌍을 표 3.1에 소개하였다. 이 표를 이용하면 $H(z)$의 z-역변환을 구할 수 있다.

$$h(n) = 3 \left(\frac{1}{3} \right)^n u(n)$$

예상한 대로 시스템은 IIR 시스템이 된다.

❸.4 z-역변환

z-역변환(inverse z-transform)은 z-변환 $X(z)$로부터 시간 영역의 신호 $x(n)$을 구하는 과정을 의미한다. z-역변환은 다음 적분 공식을 이용하여 직접 구할 수 있다.

$$x(n) = \frac{1}{2\pi j} \oint_C X(z) z^{n-1} dz \tag{3.39}$$

$\oint_C$ 는 폐경로(closed contour) C를 따라 복소 평면에서 반시계 방향으로의 경로 적분 연산을 의미한다. 이때 경로 C는 원점을 포함하고 반드시 $X(z)$의 수렴 영역 내에서 선택되어야 한다. z-역변환을 구하는 방법은 이외에도 멱급수 전개(power series expansion)를 이용한 방법과 부분 분수 전개(partial fraction expansion)를 이용한 방법 등이 있다.

▶표 3.1   주요 신호의 z-변환

$x(n)$ for $n \geq 0$	$X(z)$	수렴 영역 $\|z\| > R$
1. $\delta(n)$	1	0
2. $\delta(n - m)$	z^{-m}	0
3. $u(n)$	$\dfrac{z}{z - 1}$	1
4. n	$\dfrac{z}{(z - 1)^2}$	1
5. n^2	$\dfrac{z(z + 1)}{(z - 1)^3}$	1
6. a^n	$\dfrac{z}{z - a}$	$\|a\|$
7. na^n	$\dfrac{az}{(z - a)^2}$	$\|a\|$
8. $(n + 1)a^n$	$\dfrac{z^2}{(z - a)^2}$	$\|a\|$
9. $\dfrac{(n + 1)(n + 2) \cdots (n + m)}{m!}$	$\dfrac{z^{m + 1}}{(z - a)^{m + 1}}$	$\|a\|$
10. $\cos \omega_0 n$	$\dfrac{z(z - \cos \omega_0)}{z^2 - 2z \cos \omega_0 + 1}$	1
11. $\sin \omega_0 n$	$\dfrac{z \sin \omega_0}{z^2 - 2z \cos \omega_0 + 1}$	1
12. $a^n \cos \omega_0 n$	$\dfrac{z(z - a \cos \omega_0)}{z^2 - 2za \cos \omega_0 + a^2}$	$\|a\|$
13. $a^n \sin \omega_0 n$	$\dfrac{za \sin \omega_0}{z^2 - 2za \cos \omega_0 + a^2}$	$\|a\|$
14. $\exp[-anT]$	$\dfrac{z}{z - \exp[-aT]}$	$\|\exp[-aT]\|$
15. nT	$\dfrac{Tz}{(z - 1)^2}$	1
16. $nT\exp[-anT]$	$\dfrac{Tz \exp[-aT]}{[z - \exp[-aT]]^2}$	$\|\exp[-aT]\|$
17. $\cos n\omega_0 T$	$\dfrac{z(z - \cos \omega_0 T)}{z^2 - 2z \cos \omega_0 T + 1}$	1
18. $\sin n\omega_0 T$	$\dfrac{z \sin \omega_0 T}{z^2 - 2z \cos \omega_0 T + 1}$	1
19. $\exp[-anT] \cos n\omega_0 T$	$\dfrac{z[z - \exp[-aT] \cos \omega_0 T]}{z^2 - 2z \exp[-aT] \cos \omega_0 T + \exp[-2aT]}$	$\|\exp[-aT]\|$
20. $\exp[-anT] \sin n\omega_0 T$	$\dfrac{z[z - \exp[-aT] \sin \omega_0 T]}{z^2 - 2z \exp[-aT] \cos \omega_0 T + \exp[-2aT]}$	$\|\exp[-aT]\|$

3.4.1. 공식에 의한 z-역변환 구하는 방법

식 (3.39)를 사용하면 주어진 $X(z)$에 대하여 $x(n)$을 구할 수 있다. 코시 적분 정리(Cauchy integral theorem)를 이용하여 식 (3.39)를 유도해보자.

먼저 z-변환 공식을 다시 써보자.

$$X(z) = \sum_{-\infty}^{\infty} x(n) z^{-n} \tag{3.40}$$

식 (3.40)의 양변에 z^{k-1}을 곱하고 경로 적분(contour integral)을 취해보자. 이때 적분에 사용된 경로는 반드시 복소 평면상의 원점을 포함하고 $X(z)$의 수렴 영역 안에 존재하여야 한다.

$$\frac{1}{2\pi j} \oint_C X(z) z^{k-1} dz = \frac{1}{2\pi j} \oint_C \sum_{k=-\infty}^{\infty} x(n) z^{-n+k-1} dz \tag{3.41}$$

이때 식 (3.41)의 우변에서 무한급수가 수렴한다면 적분과 합의 순서를 바꾸어도 무방하다.

$$\frac{1}{2\pi j} \oint_C X(z) z^{k-1} dz = \sum_{k=-\infty}^{\infty} x(n) \frac{1}{2\pi j} \oint_C z^{-n+k-1} dz \tag{3.42}$$

식 (3.42)의 우변에서 경로 적분 연산을 수행하여야 하고, 이를 위해서는 복소 함수에 대한 미분과 적분의 정의를 이해하여야 하고 복소 함수에 대한 이론을 알고 있을 필요가 있다. 이 책에서는 단순히 코시 적분 정리를 가지고 식 (3.42)를 유도하고자 한다. 더 자세한 이론과 풀잇법을 원하는 독자는 복소 함수에 대한 참고 문헌을 참조하기 바란다.

코시 적분 정리를 이용하면 다음 관계를 얻는다.

$$\frac{1}{2\pi j} \oint_C z^{-k} dz = \begin{cases} 1, & k=1 \\ 0, & k \neq 1 \end{cases} \tag{3.43}$$

여기서 C는 반시계 방향의 경로이고 원점을 반드시 포함한다. 식 (3.43)의 관계를 이용하면 식 (3.42)의 우변의 경로 적분을 쉽게 구할 수 있다. 즉,

$$\frac{1}{2\pi j}\oint_C X(z)z^{k-1}dz = x(k) \tag{3.44}$$

가 되고 다시 정리하면 식 (3.39)를 구할 수 있다.

$$x(n) = \frac{1}{2\pi j}\oint_C X(z)z^{n-1}dz \tag{3.45}$$

3.4.2 멱급수 전개에 의한 z-역변환 구하는 방법

멱급수 전개(power series expansion)를 이용하여 $x(n)$을 구하는 방법에서는 z-변환 정의를 이용한다. 즉, 수렴 영역과 함께 주어진 $X(z)$를 먼저 z-변환의 정의식 (3.6)과 유사하도록 멱급수 형태로 전개한다. 이때 멱급수 또한 수렴 영역 안에서 수렴하여야 한다.

$$X(z) = \sum_{n=-\infty}^{\infty} c_n z^{-n} \tag{3.46}$$

수렴 영역과 함께 주어진 z-변환의 역변환은 하나만 존재하므로 식 (3.46)으로 표현된 역변환은 식 (3.6)으로부터 모든 n에 대하여 $x(n) = c_n$을 만족한다. $X(z)$가 유리 함수일 경우에는 다음 예제와 같이 장제법(long division method)을 이용하여 멱급수 형태로 바꾼다.

[예제 3.11] 다음 z-변환의 역변환을 구하여라.

$$X(z) = \frac{1}{1 - \frac{3}{2}z^{-1} + \frac{1}{2}z^{-2}}$$

(a) 수렴 영역 : $|z| > 1$
(b) 수렴 영역 : $|z| < 0.5$

풀이

(a) 수렴 영역이 원의 외부이므로 $x(n)$이 인과 신호라는 것을 예상할 수 있다. 따라서 전개하려는 멱급수에서는 z에 대한 지수 항이 음이 되도록 하여야 한다. $X(z)$를 다시 쓰면

$$X(z) = \frac{z^2}{z^2 - \frac{3}{2}z + \frac{1}{2}} \tag{3.47}$$

이 되고 장제법을 이용하여 분자를 분모로 나누면 다음과 같이 된다.

$$z^2 - \frac{3}{2}z + \frac{1}{2} \overline{\smash{\big)}\, z^2} \quad \underset{}{\overset{1 + \frac{3}{2}z^{-1} + \frac{7}{4}z^{-2} + \frac{15}{8}z^{-3} + \frac{31}{16}z^{-4} + \cdots}{}}$$

$$\begin{array}{l}
z^2 - \frac{3}{2}z + \frac{1}{2} \\[2pt]
\hline
\frac{3}{2}z - \frac{1}{2} \\[2pt]
\frac{3}{2}z - \frac{9}{4} + \frac{3}{4}z^{-1} \\[2pt]
\hline
\frac{7}{4} - \frac{3}{4}z^{-1} \\[2pt]
\frac{7}{4} - \frac{21}{8}z^{-1} + \frac{7}{8}z^{-2} \\[2pt]
\hline
\frac{15}{8}z^{-1} - \frac{7}{8}z^{-2} \\[2pt]
\frac{15}{8}z^{-1} - \frac{45}{16}z^{-2} + \frac{15}{16}z^{-3} \\[2pt]
\hline
\frac{31}{16}z^{-2} - \frac{15}{16}z^{-3}
\end{array}$$

그러므로 $X(z)$를 다음의 멱급수 형태로 다시 쓸 수 있다.

$$X(z) = 1 + \frac{3}{2}z^{-1} + \frac{7}{4}z^{-2} + \frac{15}{8}z^{-3} + \frac{31}{16}z^{-4} + \cdots$$

z의 지수 항은 시간 정보를 의미하므로 식 (3.47)의 z-역변환을 다음과 같이 쉽게 구할 수 있다.

$$x(n) = \left\{ 1, \frac{3}{2}, \frac{7}{4}, \frac{15}{8}, \frac{31}{16}, \cdots \right\}$$

(b) 이 경우는 수렴 영역이 원의 내부이다. 따라서 신호는 반인과 신호이고 반인과 신호가 되기 위해서는 z의 지수 항이 모두 양이 되어야 한다. 장제법을 사용하여 이번에는 다음과 같이 식 (3.47)의 분자를 분모로 나누면

$$\frac{1}{2}z^{-2} - \frac{3}{2}z^{-1} + 1\overline{\smash{\big)}1} \quad \overset{\displaystyle 2z^2 + 6z^3 + 14z^4 + 30z^5 + 62z^6 + \cdots}{}$$

$$\underline{1 - 3z + 2z^2}$$
$$3z - 2z^2$$
$$\underline{3z - 9z^2 + 6z^3}$$
$$7z^2 - 6z^3$$
$$\underline{7z^2 - 21z^3 + 14z^4}$$
$$15z^3 - 14z^4$$
$$\underline{15z^3 - 45z^4 + 30z^5}$$
$$31z^3 - 30z^4$$

이 된다. 그러므로

$$X(z) = \frac{1}{1 - \frac{3}{2}z^{-1} + \frac{1}{2}z^{-2}} = 2z^2 + 6z^3 + 14z^4 + 30z^5 + 62z^6 + \cdots$$

이 되고, 식 (3.6)과 비교해보면 $x(n)$이 다음과 같이 됨을 알 수 있다.

$$x(n) = \{\cdots, 62, 30, 14, 6, 2, 0, 0\}$$
$$\uparrow$$

이 예제처럼 장제법을 이용하면 n의 값이 큰 경우에 $x(n)$의 값을 구하는 것이 어렵다. 왜냐하면 그만큼 나누기를 반복해야 하기 때문이다. 또한 $x(n)$의 값을 직접 구할 수는 있지만 일반적으로 폐쇄 형태(closed form)로 표현하는 것이 불가능하다. 따라서 멱급수를 이용하여 z-역변환을 구하는 방법은 신호의 처음 몇 개의 샘플 값을 구하는 데 주로 사용된다.

3.4.3 부분 분수 전개에 의한 z-역변환 구하는 방법

z-역변환을 구하는 또 한 가지 방법은 표를 이용하는 방법이다. 즉, $X(z)$를

$$X(z) = a_1 X_1(z) + a_2 X_2(z) + \cdots + a_K X_K(z) \tag{3.48}$$

와 같이 간단한 형태의 z-변환의 선형 조합으로 표현한 후 $X_1(z), \cdots, X_k(z)$의

역변환 $x_1(n), \cdots, x_K(n)$을 표에서 찾는 방법이다. 일반적으로 많이 사용되는 신호의 z-변환 관계식을 표 3.1에 정리하였다. 만약 $X(z)$를 식 (3.48)과 같이 분해할 수 있다면 $X(z)$의 역변환인 $x(n)$은 앞에서 배운 z-변환의 선형성 때문에 다음과 같이 된다.

$$x(n) = a_1 x_1(n) + a_2 x_2(n) + \cdots + a_K x_K(n) \tag{3.49}$$

이 방법은 $X(z)$가 유리 함수의 형태로 주어졌을 때 유효하게 사용되며 주어진 유리 함수를 부분 함수로 전개하여 간단한 형태의 신호 합으로 표현한다. 부분 분수 전개에 의한 z-역변환이라고 부르는 이유도 바로 이 때문이다.

[예제 3.12] 다음 z-변환의 역변환을 부분 분수 전개를 이용한 방법으로 구하여라.

$$X(z) = \frac{1}{1 - 1.5z^{-1} + 0.5z^{-2}}, \quad |z|>1$$

풀이

먼저 분모와 분자에 z^2을 곱해서 z의 지수 항이 양의 값이 되도록 한다.

$$X(z) = \frac{z^2}{z^2 - 1.5z + 0.5}$$

$X(z)$의 극점(pole)을 찾으면 $p_1 = 1$과 $p_2 = 0.5$이다. 따라서 부분 분수로 전개하면

$$X(z) = \frac{z^2}{(z-1)(z-0.5)} = \frac{A_1 z}{z-1} + \frac{A_2 z}{z-0.5} \tag{3.50}$$

이 되고, A_1과 A_2를 구하기 위해 식 (3.50)의 양변에 $(z-1)(z-0.5)$를 곱하면

$$z^2 = (z-0.5)A_1 z + (z-1)A_2 z \tag{3.51}$$

가 되고 A_2가 포함된 항을 없애기 위해 식 (3.51)에 $z=1$을 삽입하면 $1 = (1-0.5)A_1$이 되어 $A_1 = 2$가 된다. 다시 식 (3.51)에 $z=0.5$를 삽입하면 A_2가 포함된 항이 없어지게 되고

$$0.5^2 = (0.5 - 1)A_2(0.5)$$

가 되어 $A_2 = -1$의 값을 얻는다. 따라서 부분 분수 전개한 결과는

$$X(z) = \frac{2z}{z-1} - \frac{z}{z-0.5} \tag{3.52}$$

이 된다. 이제 주어진 수렴 영역 $|z| > 1$에 대하여 표 3.1에서 식 (3.52)의 각 항에 대응하는 역 변환을 찾으면

$$x(n) = 2u(n) - (0.5)^n u(n)$$

이 된다.

❸.5 단방향 z-변환

앞에서 배운 z-변환은 모든 시간 영역($-\infty < n < \infty$)에서 정의되었다. 그러나 신호가 인과 신호일 경우, 즉 $n \geq 0$의 구간에서만 값이 존재할 경우에는 z-변환을 다음과 같이 정의할 수 있다.

$$X_u(z) = \sum_{n=0}^{\infty} x(n)z^{-n} \tag{3.53}$$

앞에서 배운 z-변환을 양방향(bilateral) z-변환이라고 부르는 반면에 식 (3.53)의 z-변환은 단방향(unilateral) z-변환이라고 정의한다. 또한 양방향 z-변환 $X(z)$과 구분하기 위해 $X_u(z)$의 기호를 사용한다. 양방향 z-변환과 단방향 z-변환은 주어진 신호 $x(n)$이 인과 신호이면 같게 된다. z-변환이라 할 때 보통은 양방향 z-변환을 지칭하며 단방향 z-변환은 주로 차분 방정식을 푸는 데 이용된다.

3.5.1 단방향 z-변환의 성질

식 (3.53)의 단방향 z-변환은 $x(n)$에 대하여 음의 시간에 대한 정보를 포함하지 않고 있다. 따라서 $x(n)$의 단방향 z-변환은 일반적으로 임의의 $x(n)$에 대하여 $x(n)u(n)$의 양방향 z-변환과 같다. 또한 $x(n)u(n)$이 인과 신호이므로 $X_u(z)$의 수렴 영역은 복소 평면에서 반드시 원의 외부가 된다. 따라서 단방향 z-변환의 경우에는 수렴 영역을 특별히 언급할 필요가 없다.

[예제 3.13] 다음 신호의 단방향 z-변환을 구하여라.

(a) $x_1(n) = \{1, 2, 3, 4, 0, 2\}$

(b) $x_2(n) = \{1, 2, 3, 4, 0, 2\}$
　　　　　　　　↑

(c) $x_3(n) = \{7, 8, 3, 4, 0, 2\}$
　　　　　　　　↑

(d) $x_4(n) = \delta(n-k), \quad k > 0$

(e) $x_5(n) = \delta(n+k), \quad k > 0$

풀이

식 (3.53)의 단방향 z-변환의 정의로부터

(a) $x_1(n) = \{1, 2, 3, 4, 0, 2\} \xleftrightarrow{\ z^+\ } X_{1u}(z) = 1 + 2z^{-1} + 3z^{-2} + 4z^{-3} + 2z^{-5}$

(b) $x_2(n) = \{1, 2, 3, 4, 0, 2\} \xleftrightarrow{\ z^+\ } X_{2u}(z) = 3z^{-2} + 4z^{-3} + 2z^{-5}$
　　　　　　　　↑

(c) $x_3(n) = \{7, 8, 3, 4, 0, 2\} \xleftrightarrow{\ z^+\ } X_{3u}(z) = 3z^{-2} + 4z^{-3} + 2z^{-5}$
　　　　　　　　↑

(d) $x_4(n) = \delta(n-k), \quad k > 0 \xleftrightarrow{\ z^+\ } X_{4u}(z) = z^{-k}$

(e) $x_5(n) = \delta(n+k), \quad k > 0 \xleftrightarrow{\ z^+\ } X_{5u}(z) = 0$

인과 신호가 아닌 경우에도 인과 성분에 대해서는 변환이 존재하므로 이 경우 주어진 신호가 달라도 대응하는 z-변환은 같을 수 있다. 이 예제에서 보면 $x_2(n) \neq x_3(n)$이지만 $X_2(z) = X_3(z)$임을 알 수 있다.

단방향 z-변환의 성질을 알아보자. 양방향 z-변환의 성질과 단방향 z-변환

의 성질은 시간 이동성을 제외하고는 거의 같다.

(1) 시간 이동성

(i) 시간 지연

만약 $x(n) \xleftrightarrow{Z^+} X_u(z)$ 이면

$$x(n-k) \xleftrightarrow{Z^+} z^{-k}\left[X_u(z) + \sum_{n=1}^{k} x(-n)z^n\right], \quad k > 0 \tag{3.54}$$

이다. 만약 $x(n)$이 인과 신호일 경우에는

$$x(n-k) \xleftrightarrow{Z^+} z^{-k}X_u(z) \tag{3.55}$$

가 된다. 시간 지연(time delay) 성질의 증명은 다음과 같다. z-변환 성질의 증명은 항상 정의에서 시작한다.

$$\begin{aligned}
Z_u\{x(n-k)\} &= \sum_{n=0}^{\infty} x(n-k)z^{-n} \\
&= \sum_{l=-k}^{\infty} x(l)z^{-(k+l)} \\
&= z^{-k}\left[\sum_{l=0}^{\infty} x(l)z^{-l} + \sum_{l=-k}^{-1} x(l)z^{-l}\right] \\
&= z^{-k}\left[X_u(z) + \sum_{n=1}^{k} x(-n)z^n\right]
\end{aligned} \tag{3.56}$$

단방향 z-변환의 시간 이동성을 이해하기 위해서는 식 (3.54)를 다음과 같이 쓸 필요가 있다.

$$\begin{aligned}
Z_u\{x(n-k)\} &= \{x(-k) + x(-k+1)z^{-1} + \cdots \\
&\quad + x(-1)z^{-k+1}\} + z^{-k}X_u(z), \quad k > 0
\end{aligned} \tag{3.57}$$

$x(n)$으로부터 $x(n-k)$를 얻기 위해서는 $x(n)$을 k 샘플만큼 우측 양의 방향으로

이동하여야 하며 따라서 좌측에 있던 k개의 샘플, $x(-k)$, $x(-k+1)$, ⋯, $x(-1)$이 양의 시간대를 채운다. 식 (3.57)의 처음 항들이 바로 이 성분에 해당한다.

(ii) 시간 선행

만약 $x(n) \xleftrightarrow{Z^+} X_u(z)$이면

$$x(n+k) \xleftrightarrow{Z^+} z^k \left[X_u(z) - \sum_{n=0}^{k-1} x(n)z^{-n} \right], \quad k > 0 \tag{3.58}$$

가 된다. 시간 선행(time advance) 성질의 증명은 시간 지연의 경우와 마찬가지 방법으로 할 수 있다.

3.5.2 단방향 z-변환을 이용한 차분 방정식의 풀이 방법

앞에서 z-변환을 가지고 차분 방정식으로 표현되는 시스템의 전달 함수를 정의하는 경우 시스템의 초기 조건은 모두 0이라고 가정했었다. 이제 단방향 z-변환을 이용하면 시간 이동성 때문에 초기 조건이 0이 아닌 경우에도 차분 방정식의 해를 쉽게 구할 수 있다. 먼저 주어진 시스템의 차분 방정식을 z-변환하고, 구하고자 하는 출력을 z-변환한 형태로 표현한다. z-변환된 출력을 시간 영역에서 다시 표현하려면 z-역변환하면 된다.

[예제 3.14] 다음과 같이 차분 방정식으로 표현되는 이산 시스템이 있다. 시스템의 출력 $y(n)$을 z-변환을 이용하여 구해보자.

$$y(n) - \frac{1}{2}y(n-1) = \delta(n), \quad y(-1) = 3$$

풀이

주어진 차분 방정식의 출력 $y(n)$은 2장에서 배운 차분 방정식의 풀잇법을 이용해서 구할 수 있으나 여기서는 z-변환을 이용하여 차분 방정식을 풀어보자. 먼저 주어진 차분 방정식 양

변에 단방향 z-변환을 취하면 다음과 같다.

$$Z_u\{y(n) - \frac{1}{2}y(n-1)\} = Z_u\{\delta(n)\} \tag{3.59}$$

식 (3.59)의 좌변에 단방향 z-변환의 선형성과 시간 이동성을 적용하면 다음과 같이 된다.

$$Y_u(z) - \frac{1}{2}z^{-1}\{Y_u(z) + y(-1)z\} = 1 \tag{3.60}$$

여기서 초기 조건 $y(-1)$이 식에 포함되는 것을 알 수 있다. 만약 모든 초기 조건이 0이라면 양방향 z-변환을 사용해도 결과는 같아진다. 식 (3.60)에 주어진 초기 조건을 삽입하고 다시 정리하면

$$Y_u(z) = \frac{\frac{5}{2}}{1 - \frac{1}{2}z^{-1}} = \frac{5}{2}\frac{z}{z - \frac{1}{2}}$$

이 된다. 표 3.1로부터 $Y_u(z)$의 역변환을 찾으면

$$y(n) = \frac{5}{2}\left(\frac{1}{2}\right)^n, \quad n \geq 0$$

이 된다. 이 결과는 물론 차분 방정식의 풀잇법을 이용하였을 때와 같은 결과이다.

[예제 3.15] 다음 차분 방정식을 z-변환을 이용하여 구하여라.

$$y(n+2) - y(n+1) + \frac{2}{9}y(n) = u(n), \quad y(1) = 1, \quad y(0) = 1$$

풀이

주어진 차분 방정식의 양변에 단방향 z-변환을 취하고, 식 (3.58)의 시간 선행성을 이용하면 다음과 같다.

$$z^2\{Y_u(z) - y(0) - y(1)z^{-1}\} - z\{Y_u(z) - y(0)\} + \frac{2}{9}Y_u(z) = X_u(z)$$

표 3.1로부터 단위 계단 함수의 z-변환은 $X_u(z) = \frac{z}{(z-1)}$이고 문제에서 주어진 초기 조

건을 대입하면

$$\left(z^2 - z + \frac{2}{9}\right) Y_u(z) = \frac{z}{z-1} + z^2 = z\frac{z^2 - z + 1}{z - 1}$$

이 된다. 다시 정리하면

$$Y_u(z) = z\frac{z^2 - z + 1}{(z-1)\left(z - \frac{1}{3}\right)\left(z - \frac{2}{3}\right)}$$

이 된다. 앞에서 배운 부분 분수 전개에 의한 역변환 방법을 이용하여 $y(n)$을 구할 수 있다.

$$Y_u(z) = z\left[\frac{\frac{9}{2}}{z-1} + \frac{\frac{7}{2}}{z - \frac{1}{3}} - \frac{7}{z - \frac{2}{3}}\right]$$

가 되고, 다시 표 3.1을 이용하여 각각의 역변환을 구하면

$$y(n) = \frac{9}{2}u(n) + \frac{7}{2}\left(\frac{1}{3}\right)^n u(n) - 7\left(\frac{2}{3}\right)^n u(n)$$

이 된다.

위 예제와 같이 단방향 z-변환을 이용하여 차분 방정식을 푸는 방법이 직접 푸는 방법보다 훨씬 간단하다는 것을 알 수 있다.

❸.6 z-영역에서의 선형 시불변 시스템의 특성

3.2절에서 이산 선형 시불변(LTI) 시스템의 전달 함수는 임펄스 응답 $h(n)$을 z-변환한 것이라고 하였고, 이산 선형 시불변 시스템의 출력은 시스템의 임펄스 응답 $h(n)$과 입력 $x(n)$의 컨벌루션 연산으로 표현된다고 하였다.

$$y(n) = x(n) * h(n) \tag{3.61}$$

앞에서 배운 z-변환의 컨벌루션 성질을 이용하여 식 (3.61)의 양변에 z-변환을 취하여 다음 식을 얻을 수 있었다.

$$Y(z) = X(z) H(z) \tag{3.62}$$

여기서 전달 함수 $H(z)$는 이산 선형 시불변 시스템의 입출력 관계의 특성을 갖고 있다. 식 (3.62)를 다시 정리하면 전달 함수는 다음과 같이 된다.

$$H(z) = \frac{Y(z)}{X(z)} \tag{3.63}$$

3.6.1 전달 함수와 차분 방정식과의 관계

전달 함수는 시스템을 표현하는 차분 방정식을 z-변환하여 구할 수 있다. 3.3.2절에서 N차 차분 방정식으로 표현되는 선형 시불변 시스템의 전달 함수를 구하고 구한 전달 함수의 특성에 따라 시스템을 3종류로 분류하였다. 전달 함수는 다음과 같이 표현된다.

$$H(z) = \frac{\displaystyle\sum_{k=0}^{N} b_k z^{-k}}{\displaystyle\sum_{k=0}^{M} a_k z^{-k}} \tag{3.64}$$

식 (3.64)를 보면 차분 방정식으로 표현되는 시스템의 전달 함수는 z^{-1}의 다항식의 비(유리 함수)로 표현할 수 있다. 이때 계수 a_k와 b_k는 시스템의 특성을 결정하는 매개 변수이다.

[예제 3.16] 다음 전달 함수를 갖는 시스템의 차분 방정식을 구하여라.

$$H(z) = \frac{5z + 2}{z^2 + 3z + 2}$$

풀이

$H(z)$를 z^{-1}의 다항식의 비로 다시 표현하면

$$H(z) = \frac{5z^{-1} + 2z^{-2}}{1 + 3z^{-1} + 2z^{-2}}$$

가 되고 식 (3.35)와 식 (3.64)를 참고하면 시스템의 차분 방정식은 다음과 같다.

$$y(n) + 3y(n-1) + 2y(n-2) = 5x(n-1) + 2x(n-2)$$

3.6.2 전달 함수의 수렴 영역에 따른 시스템의 안정도와 인과성

선형 시불변 시스템이 인과적이면 임펄스 응답은 다음 조건을 만족한다.

$$h(n) = 0, \quad n < 0 \tag{3.65}$$

$h(n)$은 시스템의 임펄스 응답이지만 하나의 이산 신호로 생각할 수 있고 이 경우 인과 신호(causal sequence)가 된다. 인과 신호의 z-변환 수렴 영역은 원의 외부가 된다는 것은 이미 알고 있는 사실이다. 결과적으로 임펄스 응답을 z-변환한 시스템의 전달 함수의 수렴 영역이 반지름 $r < \infty$인 원의 외부가 된다면 그 시스템은 반드시 인과적이어야 한다. 다시 말하면 모든 인과 시스템의 전달 함수는 수렴 영역이 원의 외부가 된다.

선형 시불변 시스템이 안정하기 위한 조건도 시스템의 전달 함수를 가지고 설명할 수 있다. 2.2절에서 설명한 바와 같이 어느 시스템의 입력이 유한한 값을 갖는 경우 출력의 값도 모두 유한하다면 그 시스템은 BIBO 안정이라고 정의하였다. 즉, 모든 n에 대하여 유한한 M_x와 M_y가 존재하고

$$|x(n)| \leqq M_x < \infty, \quad |y(n)| \leqq M_y < \infty \tag{3.66}$$

를 만족하면 시스템은 BIBO 안정하다. 여기서 식 (3.66)의 BIBO 안정도 조건을 시스템 임펄스 응답에 적용해보자. 먼저 시스템의 입출력 관계식인 컨벌루션 합

의 연산은

$$y(n) = \sum_{k=-\infty}^{\infty} h(k)x(n-k) \tag{3.67}$$

이고 이 식의 양변에 절댓값을 취하면

$$
\begin{aligned}
|y(n)| &= \left| \sum_{k=-\infty}^{\infty} h(k)x(n-k) \right| \\
&\leq \sum_{k=-\infty}^{\infty} |h(k)| |x(n-k)| \\
&\leq M_x \sum_{k=-\infty}^{\infty} |h(k)|
\end{aligned} \tag{3.68}
$$

이 된다. 따라서 식 (3.68)에서 출력 값이 유한하기 위해서는 시스템의 임펄스 응답이 다음 관계를 만족하여야 한다.

$$\sum_{k=-\infty}^{\infty} |h(k)| < \infty \tag{3.69}$$

선형 시불변 시스템이 BIBO 안정하기 위한 필요충분조건이 바로 식 (3.69)에 주어진 관계이다. 즉, 임펄스 응답의 절댓값을 모든 시각에서 다 더한 값이 유한해야 한다. 한편, 이 조건은 전달 함수 $H(z)$가 단위원을 수렴 영역 안에 포함한다는 것을 의미한다. 왜냐하면 임펄스 응답을 z-변환하면

$$H(z) = \sum_{n=-\infty}^{\infty} h(n)z^{-n} \tag{3.70}$$

이고 식 (3.70)의 양변에 절댓값을 취하면

$$|H(z)| \leq \sum_{n=-\infty}^{\infty} |h(n)z^{-n}| = \sum_{n=-\infty}^{\infty} |h(n)| |z^{-n}| \tag{3.71}$$

이 된다. 식 (3.71)을 복소 평면의 단위원(즉 $|z|=1$)상에서 계산하면 다음과 같다.

$$|H(z)| \leqq \sum_{n=-\infty}^{\infty} |h(n)| \tag{3.72}$$

식 (3.69)가 만족하려면 식(3.72)의 우변이 유한해야 하고 따라서 $H(z)$가 유한 값을 가지며 존재하게 되고 이것은 단위원이 $H(z)$의 수렴 영역 안에 포함된다는 것을 의미한다. 결론적으로 말하면 선형 시불변 시스템이 BIBO 안정하기 위한 필요충분조건은 시스템의 전달 함수 $H(z)$의 수렴 영역 안에 반드시 단위원이 포함되어야 한다는 것이다.

만약 시스템이 인과적이며 동시에 안정하다면 전달 함수의 수렴 영역은 원의 외부이면서 단위원을 포함하여야 하므로 반드시 그림 3.6의 (a)와 같다. 반면에 시스템이 인과적이지만 안정하지 못한 경우는 전달 함수의 수렴 영역이 원의 외부이면서 단위원을 포함하지 않아야 하므로 그림 3.6의 (b)와 같다.

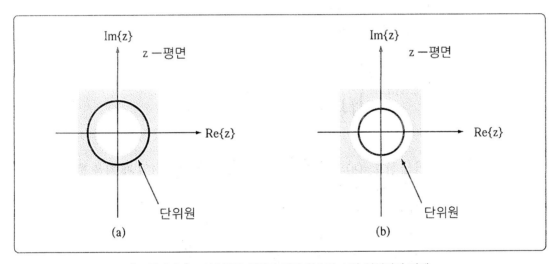

| 그림 3.6 | 시스템의 성질과 전달 함수의 수렴 영역과의 관계
(a) 안정적이며 인과적인 시스템
(b) 비안정적이며 인과적인 시스템

연 / 습 / 문 / 제

01 다음 신호들의 z-변환을 구하시오.

(a) $x(n) = \{-1, 0, 0, 2, 1, 3, 2, -5\}$
$\uparrow$

(b) $x(n) = u(n)u(-n+4)$

02 다음 이산 신호들의 z-변환과 수렴 영역을 구하시오.

(a) $x(n) = (-4)^n u(n)$

(b) $x(n) = 3^n u(-n-1)$

(c) $x(n) = \begin{cases} \left(\dfrac{1}{4}\right)^n, & n \geqq 0 \\ \left(\dfrac{1}{2}\right)^n, & n < 0 \end{cases}$

03 이산 신호 $x(n)$의 z-변환의 수렴 영역이 $s < |z| < t$일 때 다음 문장이 참인지 거짓인지를 판단하시오.

(a) 이산 신호는 $x(n) = t^n u(n) + s^n u(-n-1)$이다.

(b) 이산 신호는 비인과(noncausal) 신호이다.

(c) 수렴 영역 안에서 이산 신호는 BIBO 안정이다.

04 이산 신호 $x(n)$의 z-변환이 다음과 같다.

$$X(z) = \frac{A}{1 - \frac{1}{2}z^{-1}} + \frac{B}{1 - \frac{1}{5}z^{-1}}$$

이때 다음 두 조건을 만족할 수 있도록 A와 B의 값을 구하시오.

(a) 수렴 영역이 $|z| > \dfrac{1}{2}$일때, $x(1) = 0$이다.

(b) 수렴 영역이 $\dfrac{1}{5} < |z| < \dfrac{1}{2}$일때, $x(1) = -25$이다.

05 $X(z)$가 다음과 같을 때, 다음 조건에 따라 $X(z)$와 수렴 영역을 구하시오.

$$X(z) = \frac{1}{1 - \dfrac{1}{4}z^{-1}}, \quad \text{ROC: } |z| > \frac{1}{4}$$

(a) $x_1(n) = x(n+2)$

(b) $x_2(n) = x(-n)$

(c) $x_3(n) = \left(\dfrac{1}{2}\right)^n x(n)$

(d) $x_4(n) = nx(n)$

06 장제법(long division)을 이용하여, 다음 z-변환의 역변환을 구하시오.

$$X(z) = \frac{1 - 4z^{-1}}{1 - 5z^{-1} + 3z^{-2}}$$

(a) ROC: $|z| > \dfrac{1}{2}$

(b) ROC: $|z| < 1$

07 다음 이산 신호의 컨벌루션을 z-변환을 이용하여 구하시오. (단, 주어진 이산 신호는 인과 신호라고 가정한다.)

(a) $h(n) = 2^n, \quad x(n) = u(n)u(-n+4)$

(b) $h(n) = \{1, -1, 0, 0, 2, 1, 4\}, \quad x(n) = \{0, 1, 3, 2, -1\}$
　　　　　 $\uparrow$

08 이산 신호 $x(n)$의 극점과 영점을 복소 평면에 나타내시오.

$$x(n) = \left(\frac{1}{2}\right)^n \{u(n+4) - u(n-4)\}$$

09 다음 z-변환의 역변환을 (a) 멱급수 전개와 (b) 부분 분수 전개 방법으로 구하시오. (단, 주어진 이산 신호는 인과 신호라고 가정한다.)

$$X(z) = \frac{z(z+2)}{z^2 + 4z + 3}$$

10 단방향 z-변환을 이용해서, 시간 영역에서 주어진 두 신호의 컨벌루션을 구하시오.

(a) $x_1(n) = \left(\frac{1}{4}\right)^n u(n), \quad x_2(n) = \left(\frac{1}{7}\right)^n u(n)$

(b) $x_1(n) = \{1, 2, 3, 4, 5\}, \quad x_2(n) = \{1, 1, 1, 1\}$

11 z-변환을 이용하여 다음 차분 방정식을 푸시오.

$$y(n) - 2y(n-1) + \frac{3}{4}y(n-2) = u(n)$$

$$y(-1) = \frac{1}{2}, \quad y(-2) = 1$$

12 다음은 선형 시불변 인과 시스템의 입력과 출력 관계를 나타낸 식이다.

$$x(n) = \left(-\frac{1}{3}\right)^n u(n) \quad y(n) = 3(-1)^n u(n) + \left(\frac{1}{3}\right)^n u(n)$$

시스템의 (a) 임펄스 응답과 (b) 전달 함수를 구하시오.

13 다음 전달 함수 $H(z)$로부터 선형 시불변 시스템의 차분 방정식을 구하시오.

$$H(z) = \frac{-z^2 + 4z + 3}{z^3 - \frac{1}{4}z + 2}$$

14 다음 전달 함수를 가지는 시스템의 안정도를 판별하시오.

$$H(z) = \frac{1}{1 - \frac{1}{6} z^{-1} - \frac{1}{6} z^{-2}}$$

15 아래 그림에서 주어진 시스템의 출력을 구하시오. (단, $x(n) = u(n+1)$이다.)

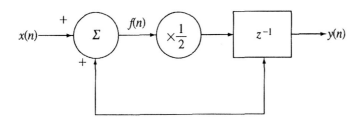

16 이산 신호 $x(n)$의 자기 상관 함수(autocorrelation function)는 다음 식으로 정의 된다.

$$R_x(n) \triangleq \sum_{k=-\infty}^{\infty} x(k) x(n+k)$$

다음의 z-변환쌍이 성립됨을 증명하시오.

$$R_x(z) = R_x(n) \Leftrightarrow X(z) X(z^{-1})$$

17 문제 16의 결과를 이용하여 $x(n) = \left(\frac{1}{5}\right)^n u(n)$일 때, $u(n)$의 자기 상관 함수의 z-변환의 수렴 영역을 구하시오. 이것을 다시 z-역변환하여 자기 상관 함수를 구하시오.

18 이산 신호 시스템의 전달 함수가 다음 그림과 같이 단순 극점을 가질 때, 이 시스템의 안정성 여부를 판단하시오.

디지털 신호 처리

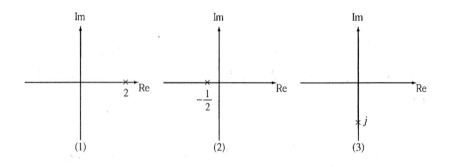

(1)　　　　　　　(2)　　　　　　　(3)

19 다음 $X(z)$의 z-역변환을 구하시오.

$$X(z) = \frac{1 + z^{-1} - z^{-2}}{1 - \frac{1}{4}z^{-1} - \frac{1}{8}z^{-2}}, \quad |z| > \frac{1}{2}$$

20 아래 그림의 전달 함수를 구하고 안정성 여부를 확인하시오.

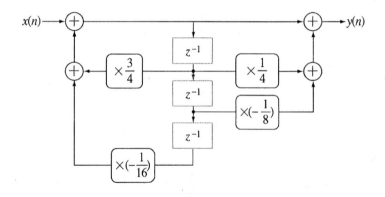

신호 및 시스템의 주파수 해석

04

신호 및 시스템의 주파수 해석

❹.1 개요

연속 신호(continuous-time signal) $x(t)$가 임의의 T에 대하여 $x(t) = x(t + T)$를 만족하면 $x(t)$를 주기 신호라 한다. 이때, T를 $x(t)$의 주기, $1/T$을 $x(t)$의 주파수라 하며, 이를 만족하는 T 중에서 가장 작은 값 T_0를 $x(t)$의 기본 주기(fundamental period), $F_0 = 1/T_0$을 기본 주파수(fundamental frequency)라 한다. T와 $1/T$은 각각 초(sec)와 Hz 단위를 가지며, Hz 단위의 주파수는 1초에 동일한 모양이 반복되는 횟수를 나타내는데, 주파수가 증가하면 동일 시간에서 반복 횟수가 증가하므로 시간에 따른 신호의 변화 속도가 증가한다.

주파수는 신호의 고유 성질을 나타내는 중요한 특성 중의 하나이다. 그림 4.1 (a)와 (b)는 모두 기본 주파수 1Hz를 가지는 신호이다. 그러나 (b) 신호는 분명 (a) 신호보다 신호의 변화 속도가 빠른 것을 알 수 있다. 그 이유는 (b) 신호의 기본 주파수가 1Hz이지만 (b) 신호는 1Hz보다 높은 주파수 성분을 동시에 포함하고 있기 때문이다. 그렇다면 (b) 신호는 어떠한 주파수 성분을 얼마의 크기로 가지고 있을까? 이 문제를 다루는 것이 신호의 주파수 해석이며, 4장의 주요 내용이다. 반면, (a) 신호는 기본 주파수 1Hz인 코사인(cosine) 신호인데, 유일하게 1Hz 주파수 성분만을 가지는 신호이다. 이런 이유로 코사인 신호가 주파수에 대한 기본 신호가 되며, 기본 주파수 F_0, 진폭(amplitude) A, 위상(phase) ϕ를 가지는 코사인 신호는 $A\cos(2\pi F_0 t + \phi)$이다.

그림 4.1 (c) 신호는 기본 주파수 2Hz, 진폭 1, 위상 $\pi/3$를 가지는 코사인 신호이다. 만일 (a)와 (c) 신호를 더하여 새로운 신호를 만들면 (b) 신호가 된다. 즉, 앞에서 던졌던 질문에 대한 답이 쉽게 구해지는데, (b) 신호는 1H와 2Hz 주파수 성분을 동시에 포함하고 1Hz 성분의 진폭과 위상은 각각 1과 0이고, 2Hz 성분의 진폭과 위상은 각각 1과 $\pi/3$이다. 또한 (c) 신호의 진폭을 3으로 변경한 후에 (a)와 더하면 (d) 신호가 된다. 즉, (d) 신호도 1Hz와 2Hz 성분을 가지는 신호이

지만 (b) 신호와는 2Hz 주파수 성분의 진폭에서 차이를 가지는 다른 신호이다. 마지막으로 (e) 신호는 (c) 신호의 위상을 $4\pi/3$로 변경한 후 (a) 신호와 더한 신호이며, (b) 및 (d) 신호와는 또 다른 신호가 된다.

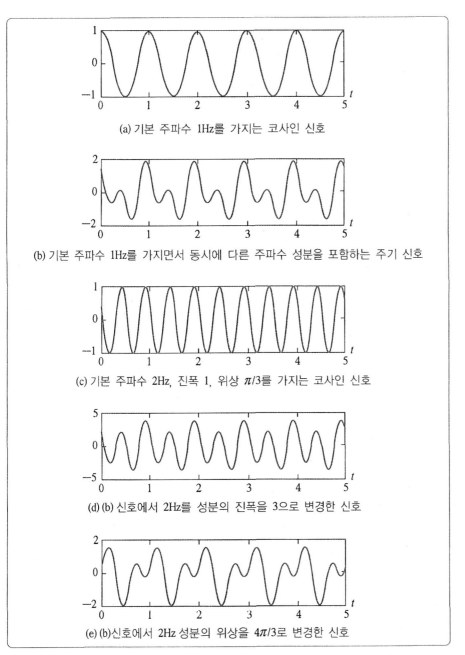

(a) 기본 주파수 1Hz를 가지는 코사인 신호

(b) 기본 주파수 1Hz를 가지면서 동시에 다른 주파수 성분을 포함하는 주기 신호

(c) 기본 주파수 2Hz, 진폭 1, 위상 $\pi/3$를 가지는 코사인 신호

(d) (b) 신호에서 2Hz를 성분의 진폭을 3으로 변경한 신호

(e) (b)신호에서 2Hz 성분의 위상을 $4\pi/3$로 변경한 신호

| 그림 4.1 | 기본 주파수 1Hz를 가지는 다양한 신호의 예

이와 같이 주파수, 진폭, 위상을 달리하는 여러 개의 코사인 신호를 더하면 다양한 모양의 주기 신호 $x(t)$를 생성할 수 있으며, 이 과정은

$$x(t) = \sum_{k=0}^{N} A_k \cos\left(2\pi F_k t + \phi_k\right) \tag{4.1}$$

로 표현되고 주파수 합성(frequency synthesis)이라 한다. 예로, 그림 4.2 (b)는 (a)에 정의된 5개의 코사인 신호를 더하여 만든 신호이다.

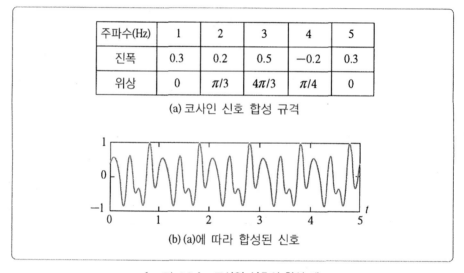

주파수(Hz)	1	2	3	4	5
진폭	0.3	0.2	0.5	−0.2	0.3
위상	0	$\pi/3$	$4\pi/3$	$\pi/4$	0

(a) 코사인 신호 합성 규격

(b) (a)에 따라 합성된 신호

| 그림 4.2 | 코사인 신호의 합성 예

이제는 주파수 합성의 개념을 반대로 이해하여보자. 즉, 임의의 신호가 주어질 때 신호를 분석하여 신호에 포함되어 있는 주파수 성분을 찾는 주파수 분석 (frequency analysis)을 다루어보자. 예로, 그림 4.1의 (b) 신호를 분석하여 이 신호가 $(F, A, \phi) = (1, 1, 0)$와 $(F, A, \phi) = (2, 1, \pi/3)$ 성분을 가지고, 그림 4.2의 (b) 신호를 분석하여 그림 4.2의 (a) 성분을 가진다는 것을 찾는 것이다. 물론, 우리는 각 신호가 만들어진 방법을 알고 있으므로 쉽게 주파수 성분을 찾을 수 있었지만, 임의의 신호에 대하여 주파수 성분을 찾는 것은 매우 어려운 작업이다. 4장에서는 연속 신호 $x(t)$와 이산 신호(discrete-time signal) $x(n)$에 대하여 각각 주파수 분석을 위한 수학적 방법을 배우고, 주파수 분석 결과를 활

용하여 신호의 성질을 파악하고 시스템의 입출력 문제를 다루는 방법을 배운다.

우리는 이미 물리학에서 빛의 주파수 분석을 배운 경험이 있다. 예로, 그림 4.3과 같이 백색광선을 프리즘에 입력시키면 무지개 색깔별로 분리된 빛이 보이고, 그 결과를 빛의 스펙트럼(spectrum)이라 하였다. 각 빛의 색깔 차이는 주파수 차이에 의하여 나타나므로 프리즘을 이용하여 백색광선을 주파수별로 분해하여 무지개 색깔로 보여주는 것이다. 물론, 분홍색 빛을 프리즘에 입력하면 백색광선의 스펙트럼과는 다른 스펙트럼을 얻게 된다. 이와 같은 프리즘의 동작이 주파수 분석이다. 반대로, 스펙트럼으로 분리된 각 주파수 성분을 프리즘으로 다시 합성하여 원 백색과정을 만드는 과정이 주파수 합성이다. 이처럼 프리즘이 빛의 주파수 성분을 분석/합성해 주는 도구이듯이, 우리는 앞으로 신호에 대하여 프리즘의 역할을 하는 수학적 도구를 배울 것이다.

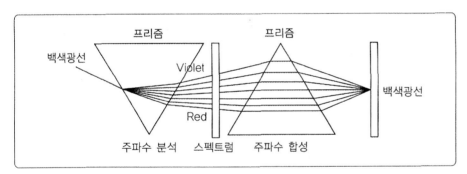

| 그림 4.3 | 프리즘을 이용한 백색광선의 주파수 분석 및 합성

④.2 신호의 주파수 영역 표현

우리는 지금까지 신호를 각 시간 t에서의 값을 나타내는 시간의 함수 $x(t)$로 정의하고, 그림 4.1과 같이 시간 영역에서 그래프로 나타내었다. 그런데 그림 4.1의 (a)와 같은 코사인 신호의 시간 영역 그래프를 보면 이것이 매우 비효율적인 표현이라는 것을 알게 된다. 우리는 이 신호를 보면서 결코 각 시간에서의 신호 값에 관심을 가지지 않고, 대신 코사인 신호임을 먼저 인지하고 코사인 신호의 주파수, 진폭, 위상의 개념으로 신호 전체의 성질을 파악하고 있다. 또한 주파수, 진폭, 위상을 알면 굳이 각 시간에서의 신호 값은 몰라도(실제로 정확한 값을 알지도 못함) 신호를 완벽하게 정의하게 되므로 절대 정보 손실이 있는 것도 아니다. 즉, 우리는 이 신호를 보면서 무의식적으로 주파수 분석을 실시하여 $(F, A, \phi) = (1, 1, 0)$를 확인하고 이 형태로 신호의 특성을 정의하고 기억한다. 절대로 각 시간에서의 값을 기억하지는 않는다.

그렇다면 코사인 신호를 보다 효율적으로 나타낼 수 있는 방법은 없을까? 우리가 직접 확인하였듯이 이 신호는 (F, A, ϕ)만으로 정의되므로, 이를 주파수의 함수로 나타날 수 있다. 오일러 공식(Euler's formula)에 따라

$$x(t) = A\cos\left(2\pi F_0 t + \phi\right) = \frac{A}{2} e^{j\phi} e^{j2\pi F_0 t} + \frac{A}{2} e^{-j\phi} e^{-j2\pi F_0 t} \tag{4.2}$$

이 되고 이 식의 의미를 "신호 $x(t)$는 주파수 F_0 성분을 $\frac{A}{2} e^{j\phi}$ 만큼, 주파수 $-F_0$ 성분을 $\frac{A}{2} e^{-j\phi}$ 만큼 포함한다."라고 이해한다. 이를 주파수 변수 F에 대한 함수로 개념적으로 표시하면

$$X(F) = \begin{cases} \frac{A}{2} e^{j\phi} , & F = F_0 \\ \frac{A}{2} e^{-j\phi} , & F = -F_0 \\ 0 , & \text{다른 경우} \end{cases} \tag{4.3}$$

이 되고, 정확한 수학적 표현은

$$X(F) = \frac{A}{2} e^{j\phi} \delta(F - F_0) + \frac{A}{2} e^{-j\phi} \delta(F + F_0) \tag{4.4}$$

이고, 이를 F에 대한 그래프로 나타내면 그림 4.4의 임펄스 형태가 된다. 이와 같이 시간 영역 신호 $x(t)$를 주파수 영역 신호 $X(F)$로 나타낸 것을 신호의 스펙트럼이라 한다. 앞으로 시간 영역 신호는 소문자, 주파수 영역 신호(즉 스펙트럼)는 대문자로 표현한다.

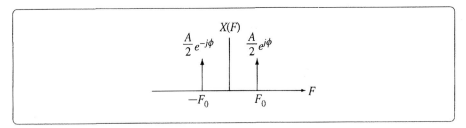

| 그림 4.4 |　코사인 신호를 주파수의 함수로 표현한 그래프

이 개념에 따라 그림 4.1 (b), (d), (e)의 각 신호를 주파수의 함수로 그리면 그림 4.5가 된다. 그림 4.1과 그림 4.5는 동일한 신호를 서로 다른 방법으로 나타낸 것인데, 두 그래프 중에서 어느 것이 신호 정보를 효율적이고 명료하게 표현하는지는 쉽게 판정된다. 이와 같이 신호 $x(t)$를 스펙트럼 $X(F)$로 표현하면 신호의 특성을 직접적으로 표현하고 신호를 분석하는 데 많은 도움을 주며, 신호 $x(t)$의 주파수 성분으로 분석하여 스펙트럼 $X(F)$를 구하는 과정이 신호의 주파수 해석이 된다.

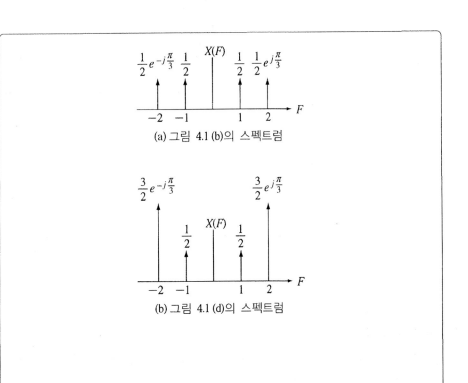

(a) 그림 4.1 (b)의 스펙트럼

(b) 그림 4.1 (d)의 스펙트럼

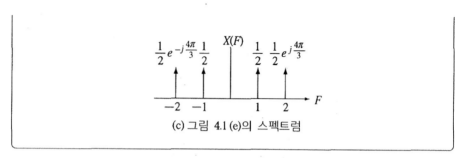

(c) 그림 4.1 (e)의 스펙트럼

| 그림 4.5 | 4.1 신호의 스펙트럼

물론, 모든 신호에 대하여 스펙트럼 표현이 더 효율적인 것은 아니다. 그림 4.6 (a)의 구형파 신호의 스펙트럼은 (b)인데(구하는 방법은 [예제 4.4]에 있음), 이 신호는 주파수 영역보다 시간 영역에서 더 간단하게 설명되기 때문에 시간 함수로 표현하는 것이 더 효율적이다.

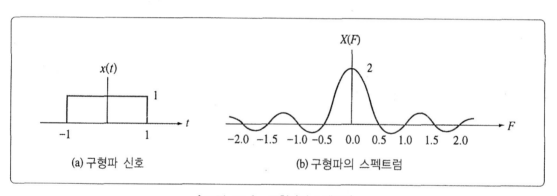

(a) 구형파 신호   (b) 구형파의 스펙트럼

| 그림 4.6 | 구형파의 스펙트럼

이상의 설명을 정리하면, 연속 신호는 시간 영역(time domain)과 주파수 영역(frequency domain)에서 각각 표현이 가능하고 신호를 서로 다른 시각에서 정의하여 준다. 예로, 우리가 한 물체를 볼 때 보는 시각에 따라 모양이 다르고 하나의 시각으로는 보지 못하였던 특징이 다른 시각으로 보면 더 쉽게 보인다. 마찬가지로, 신호를 보는 시각도 두 가지가 있으며 각 시각별로 서로 다른 형태로 신호 정보를 제공하므로 우리가 원하는 정보를 쉽게 얻을 수 있는 영역에서 신호를 다루는 기법이 요구된다. 이를 위하여 신호의 주파수 분석이 필수적으로 필요하다. 이 장에서는 연속 신호와 이산 신호에 대하여 각각 주기 신호와 비주

기 신호로 구분하여 신호의 주파수 분석을 통하여 스펙트럼을 구하는 수학적 이론을 배우고, 스펙트럼을 이용하여 신호의 특성을 분석하는 다양한 기법들을 배운다.

④.3 연속 신호의 주파수 해석

4.3.1. 연속 주기 신호의 주파수 해석

기본 주파수 F_1과 기본 주파수 F_2를 가지는 연속 주기 신호를 더하면 새로운 주기 신호가 만들어지고, 합 신호의 기본 주파수는 F_1과 F_2의 최대공약수이다. 간단한 예로, $F_2 = 2F_1$이면 합 신호의 기본 주파수는 F_1이 된다. 이를 규칙적으로 확장하여 주파수 F_0, $2F_0$, $3F_0$, $\cdots$, NF_0를 가지는 N개의 코사인 신호를 더하면 기본 주파수 F_0를 가지는 새로운 주기 신호가 만들어진다. 물론 각 코사인 신호의 진폭 A_k와 위상 ϕ_k는 다양하게 변할 수 있다. 이를 일반화하여 식으로 표현하면

$$x(t) = \sum_{k=0}^{N} A_k \cos\left(2\pi k F_0 t + \phi_k\right) \qquad (4.5)$$

이 된다($k = 0$ 항은 DC 성분을 위한 것임). 이와 같이 F_0의 정수배 주파수 kF_0를 k번째 하모닉 주파수(harmonic frequency)라 하며, 식 (4.5)를 하모닉 주파수를 가지는 코사인 신호의 선형 조합(linear combination)이라 한다.

이것의 역 문제를 살펴보자. 먼저, 기본 주파수 F_0를 가지는 임의의 주기 신호 $x(t)$가 주어질 때, $x(t)$는 항상 식 (4.5)와 같은 하모닉 주파수를 가지는 코사인 신호의 조합으로 표현될까? 프랑스의 수학자 푸리에(Joseph Fourier, 1768~1830)가 이에 대한 연구를 통하여 이 문제의 수학적 답을 정리하였다. 먼저 식 (4.5)에서 합의 범위를 무한대로 확장시키고, 코사인 신호를 최소 단위인 $e^{j2\pi k F_0 t}$ 로 분해하여 사용하기로 한다. 그러면 기본 주파수 F_0를 가지는 임의의 주기 신호 $x(t)$는

$$\text{CTFS 합성} : x(t) = \sum_{k=-\infty}^{\infty} c_k e^{j2\pi kF_0 t} \tag{4.6}$$

로 표현된다. 식 (4.6)을 연속 시간 푸리에 급수(continuous-time Fourier series, CTFS) 합성식이라 정의하고, c_k를 $x(t)$의 연속 시간 푸리에 급수 계수 (CTFS coefficient)라 한다. c_k는 일반적으로 복소수(complex) 값을 가진다. 만일, 신호 $x(t)$에 대하여 식 (4.6)이 구해지면 $x(t)$의 주파수 분석이 완벽하게 이루어진 것이다. 즉, $x(t)$는 주파수 kF_0 성분을 c_k 크기로 포함하는 신호이고, 따라서 $x(t)$의 주파수 분석은 CTFS 계수 c_k를 구하는 문제로 귀결된다.

$x(t)$의 CTFS 계수 c_k는

$$\text{CTFS 분해} : c_k = \frac{1}{T} \int_{<T>} x(t) e^{-j2\pi kF_0 t} dt \tag{4.7}$$

와 같이 하나의 적분식으로 주어지고, 이를 연속 시간 푸리에 급수 분해식이라 한다. 여기서 $T = 1/F_0$은 $x(t)$의 기본 주기이고, 시간에 대한 적분 구간 $<T>$는 임의의 출발점으로부터 T 영역에서의 적분을 의미한다. 예로, $\int_0^T (\cdot) dt = \int_{-\frac{T}{2}}^{\frac{T}{2}} (\cdot) dt = \int_{2T}^{3T} (\cdot) dt$ 등이 모두 가능하며 동일한 적분 결과를 제공한다.

주기 신호 $x(t)$의 푸리에 급수 계수 c_k를 구하면 스펙트럼 $X(F)$는 간단히 구해진다. 그림 4.4에서 보았듯이 $c_k e^{j2\pi kF_0 t}$에 해당하는 스펙트럼이 $c_k \delta(F - kF_0)$이므로 식 (4.6)에 따라 $x(t)$의 스펙트럼은 그림 4.7의 (a)가 된다. 만일 주파수 축을 F가 아니라 $\Omega = 2\pi F (\text{rad/sec})$로 하면 $c_k e^{j2\pi kF_0 t}$에 해당하는 스펙트럼이 $2\pi c_k \delta(\Omega - k\Omega_0)$이 되어 스펙트럼 $X(\Omega)$는 그림 4.7의 (b)가 된다. 주기 신호에 대한 스펙트럼의 가장 큰 특징은 기본 주파수 F_0의 정수배에 해당하는 주파수에만 성분을 가지는 것이며, 이 성질을 가지는 스펙트럼을 선 스펙트럼(line spectrum)이라 한다.

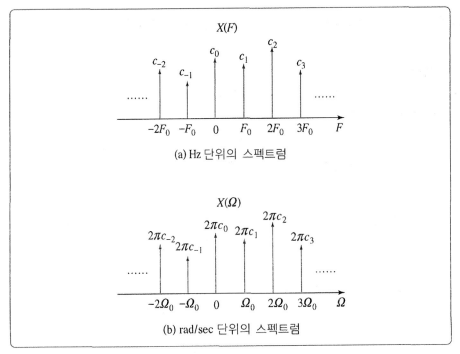

(a) Hz 단위의 스펙트럼

(b) rad/sec 단위의 스펙트럼

| 그림 4.7 | 기본 주파수 F_0를 가지는 주기 신호 $x(t)$의 스펙트럼

주기 신호 $x(t)$의 주파수 성분을 스펙트럼 $X(F)$ 대신에 그림 4.8과 같이 k 축에 대한 푸리에 시리즈 계수 c_k 그래프로 표현하기도 하는데, 단지 그래프의 축이 연속 변수인 주파수 F인지, 아니면 이산 변수인 푸리에 시리즈 계수 인덱스 k인지에 대한 차이만을 가질 뿐이다. 둘 사이의 상호 변환은 축 변환의 개념으로 $c_k \xrightarrow{F = kF_0} X(F)$와 $X(F) \xrightarrow{k = F/F_0} c_k$로 표시 가능하다. 단, c_k 그래프에는 반드시 기본 주파수 F_0를 명시하여야 하고, 그렇지 않으면 해당 신호를 완전히 정의할 수 없다.

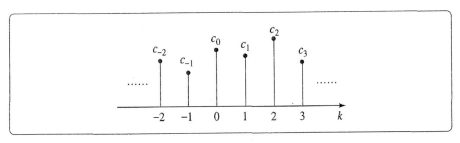

| 그림 4.8 | 푸리에 급수 계수 그래프

[예제 4.1] $x(t) = 2\cos\left(2\pi3t + \dfrac{\pi}{2}\right)$의 푸리에 급수 계수를 구하시오.

풀이

기본 주파수가 3Hz이고, 이를 직접 식 (4.7)의 CTFS 계수 공식에 대입하여 c_k를 구할 수 있다. 그러나 우리는 이미 오일러 공식에 따라

$$x(t) = 2\cos\left(2\pi3t + \frac{\pi}{2}\right) = e^{j\frac{\pi}{2}}e^{j2\pi3t} + e^{-j\frac{\pi}{2}}e^{-j2\pi3t}$$

를 알고, 이 결과를 식 (4.6)과 비교하면 간단히 $c_1 = e^{j\frac{\pi}{2}}$, $c_{-1} = e^{-j\frac{\pi}{2}}$, 나머지 모든 c_k는 0 임을 알 수 있다. 따라서 c_k는 다음 형식으로 표현한다.

$$c_k = \begin{cases} e^{j\frac{\pi}{2}} & , \quad k = 1 \\ e^{-j\frac{\pi}{2}} & , \quad k = -1 \\ 0 & , \quad \text{다른 경우} \end{cases}$$

[예제 4.2] 그림 4.9의 (a)에 주어진 주기 구형파 신호의 푸리에 급수 계수를 구하시오.

풀이

기본 주기 = 0.5, 기본 주파수 = 2Hz이고, 이 신호를 식 (4.7)에 대입하여 적분식을 풀면,

$$c_k = \frac{1}{T}\int_{<T>} x(t)e^{-j2\pi kF_0 t}\,dt$$

$$= 2\int_{-0.25}^{0.25} x(t)e^{-j2\pi k2t}\,dt$$

$$= 2\int_{-0.125}^{0.125} e^{-j2\pi k2t}\,dt$$

$$= 2\frac{1}{-j2\pi k2}e^{-j2\pi k2t}\bigg|_{-0.125}^{0.125}$$

$$= 2\frac{e^{j2\pi\frac{k}{4}} - e^{-j2\pi\frac{k}{4}}}{j2\pi k2}$$

$$= \frac{\sin\left(\dfrac{2\pi}{4}k\right)}{\pi k}$$

이다. 만일 $k = 0$이면 $c_0 = 2 \int_{-0.125}^{0.125} (1) \, dt = \frac{1}{2}$이다. 이로부터 $x(t)$는 무한개의 주파수 성분을 포함하고 있는 것을 알 수 있고, 스펙트럼은 그림 4.9의 (b)이다.

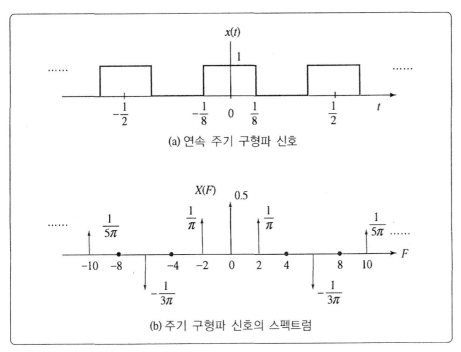

(a) 연속 주기 구형파 신호

(b) 주기 구형파 신호의 스펙트럼

| 그림 4.9 | 연속 주기 구형파 신호와 그의 스펙트럼

만일, 주기 신호 $x(t)$가 실수(real) 신호이면, 즉 $x(t) = x^*(t)$이면, 식 (4.7)로부터

$$
\begin{aligned}
c_{-k} &= \frac{1}{T} \int_{<T>} x(t) e^{-j2\pi(-k)F_0 t} \, dt \\
&= \left[\frac{1}{T} \int_{<T>} x(t) e^{-j2\pi kF_0 t} \, dt \right]^* \\
&= c_k^*
\end{aligned}
\tag{4.8}
$$

가 된다. c_k를 다시 크기와 위상으로 분리하면; $c_k = |c_k| e^{j\phi_k}$, $c_{-k} = |c_{-k}| e^{-j\phi_k}$ $= |c_k| e^{-j\phi_k}$이고, 이 성질을 식 (4.6)에 대입하면

$$x(t) = \sum_{k=-\infty}^{\infty} c_k e^{j2\pi kF_0 t}$$

$$= \sum_{k=-\infty}^{-1} c_k e^{j2\pi kF_0 t} + c_0 + \sum_{k=1}^{\infty} c_k e^{j2\pi kF_0 t}$$

$$= \sum_{k=\infty}^{1} c_{-k} e^{-j2\pi kF_0 t} + c_0 + \sum_{k=1}^{\infty} c_k e^{j2\pi kF_0 t} \qquad (4.9)$$

$$= c_0 + \sum_{k=\infty}^{1} |c_k| e^{-j\phi_k} e^{-j2\pi kF_0 t} + \sum_{k=1}^{\infty} |c_k| e^{j\phi_k} e^{j2\pi kF_0 t}$$

$$= c_0 + 2 \sum_{k=1}^{\infty} |c_k| \cos(2\pi kF_0 t + \phi_k)$$

이 되어 모든 합성 과정을 실수만의 연산으로 표현할 수 있다. 다시, 위상을 가지는 코사인 신호를 코사인과 사인의 합으로 표현하면

$$x(t) = c_0 + 2 \sum_{k=1}^{\infty} |c_k| \cos(\phi_k) \cos(2\pi kF_0 t) - 2 \sum_{k=1}^{\infty} |c_k| \sin(\phi_k) \sin(2\pi kF_0 t)$$

$$(4.10)$$

이 된다.

4.3.2. 전력 밀도 스펙트럼

일반적으로 푸리에 시리즈 계수는 복소수 값을 가지는데, 2차원 공간에는 복소 함수 그래프를 표현할 수 없으므로 계수 또는 스펙트럼 그래프를 표현하는 데 어려움이 있다. 대신에 c_k의 크기만을 취하면 실수 값이 되므로 주파수 영역에서 $|c_k|^2$ 그래프를 표현하는 경우가 많다. 그러면 $|c_k|^2$ 그래프는 물리적으로 어떤 의미를 가질까?

주기 신호는 전력 신호이므로 $x(t)$의 전력 P는 $P = \frac{1}{T} \int_{<T>} |x(t)|^2 dt$이고, 이 적분식에 포함되는 $x(t)$에 식 (4.6)을 대입하여 적분을 정리하면

$$\text{파서벌 정리} : P = \frac{1}{T} \int_{<T>} |x(t)|^2 dt = \sum_{k=-\infty}^{\infty} |c_k|^2 \qquad (4.11)$$

이 된다. 즉, $|c_k|^2$를 모든 k에 대하여 더하면 신호의 전력이 되고, c_k는 주파수 $F = kF_0$에 해당하는 값이므로 $|c_k|^2$는 신호 전력 P가 주파수에 따라 어떻게 분포하는지를 보여준다. 이에 따라 $|c_k|^2$ 그래프를 전력 밀도 스펙트럼(power density spectrum 또는 power spectral density)이라 한다. 식 (4.11)과 같은 관계를 파서벌(Parseval) 정리라 하며, 전력은 시간 영역 값의 제곱 합, 또는 주파수 영역(실제로는 k 축) 값의 제곱 합으로 구할 수 있음을 보여준다. 파서벌 정리를 이용하면 시간 영역에서뿐만 아니라 주파수 영역에서도 신호의 스펙트럼을 이용하여 신호 전력을 구할 수 있다.

[예제 4.3] $x(t) = A \cos\left(2\pi 3t + \dfrac{\pi}{2}\right)$ 의 전력을 구하시오.

풀이

$P = 3 \displaystyle\int_0^{1/3} |x(t)|^2 \, dt$ 에 대입하여 적분을 구하면 되지만, 보다 간단히 [예제 4.1]의 결과로부터 $|c_1| = |c_{-1}| = \dfrac{A}{2}$ 이므로 $P = |c_1|^2 + |c_{-1}|^2 = \dfrac{A^2}{2}$ 이다.

4.3.3. 연속 비주기 신호의 주파수 해석

앞 절에서 배운 연속 주기 신호의 주파수 해석을 위한 푸리에 급수를 기반으로 비주기 신호의 주파수 해석 방법을 배운다. 그림 4.10과 같이 주기 신호 $x(t)$의 기본 주기 T를 점차 크게 하여 무한대로 하면 비주기 신호가 된다. 즉, 비주기 신호를 기본 주기가 무한대인 특별한 주기 신호로 이해하고, 앞에서 배운 주기 신호에 대한 이론에서 $T \to \infty$로 하여 비주기 신호의 주파수 해석 방법을 유도하도록 한다.

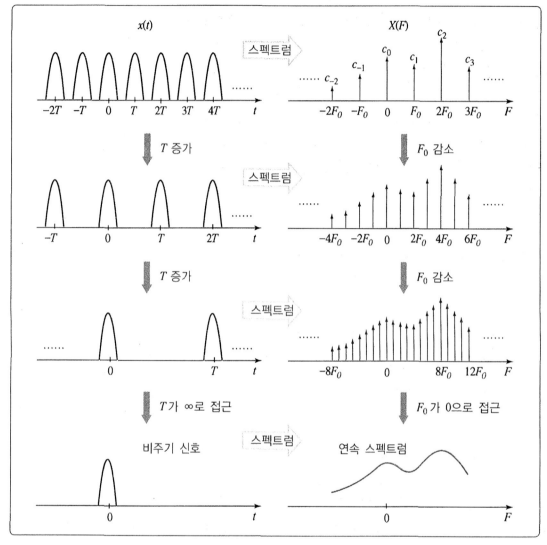

| 그림 4.10 | 주기 신호의 기본 주기를 증가시켜 비주기 신호를 정의하는 과정과 그에 따른 스펙트럼 변화

주기 신호의 스펙트럼은 선 구조이고 각 선의 간격은 기본 주파수 F_0이다. 만일 그림 4.10과 같이 $x(t)$에서 한 주기의 신호는 동일하게 유지하면서 주기를 증가시키면 스펙트럼 선 사이의 간격이 점점 줄어들며, 기본 주기가 무한대로 접근하면 선 간격은 0으로 접근하여 극한적으로 모든 선이 연속으로 연결되어 결국선 구조가 없어지고 연속적으로 변하는 스펙트럼 모양을 가지게 될 것이다. 이와 같은 개념에 따라, 푸리에 급수에서 주기를 무한대로 접근하도록 하여 식을 정리

하면 다음과 같이 비주기 신호에 대한 주파수 해석 공식이 유도된다.

$$\text{CTFT} : X(F) = \int_{-\infty}^{\infty} x(t) e^{-j2\pi Ft} \, dt \qquad (4.12)$$

$$\text{ICTFT} : x(t) = \int_{-\infty}^{\infty} X(F) e^{j2\pi Ft} \, dF \qquad (4.13)$$

식 (4.12)를 연속 시간 푸리에 변환(continuous-time Fourier transform, CTFT), 식 (4.13)을 연속 시간 푸리에 역변환(inverse continuous-time Fourier transform, ICTFT)이라 하고, $X(F)$가 $x(t)$의 주파수 영역에서의 성분을 직접적으로 보여주므로 스펙트럼이 된다.

식 (4.12) 및 식 (4.13)을 푸리에 급수에 해당하는 식 (4.7) 및 식 (4.8)과 비교하면 기본 개념은 동일하고 단지 기본 주기의 차이에 따라 식을 변형한 것임을 알 수 있다. 예로, $X(F)$는 연속 변수 F에 대한 함수로 표시되고 푸리에 급수 계수는 이산 변수 k의 함수 c_k로 표시하는 차이를 가진다. 만일 주파수를 Hz 단위가 아니라 rad/sec 단위인 Ω으로 표현하면 푸리에 역변환 식은 $dF = \dfrac{d\Omega}{2\pi}$에 따라

$$x(t) = \frac{1}{2\pi} \int_{-\infty}^{\infty} X(\Omega) e^{j\Omega t} \, d\Omega \qquad (4.14)$$

가 된다.

[예제 4.4] 그림 4.6 (a)의 구형파의 스펙트럼을 구하시오.

풀이

신호를 식 (4.12)에 그대로 대입하여 적분을 구하면

$$X(F) = \int_{-1}^{1} (1) e^{-j2\pi Ft} \, dt$$

$$= \frac{1}{-j2\pi F} e^{-j2\pi Ft} \Big|_{-1}^{1}$$

$$= \frac{e^{j2\pi F} - e^{-j2\pi F}}{j2\pi F}$$

$$= \frac{\sin(2\pi F)}{\pi F}$$

이고, 그래프로 나타내면 그림 4.6 (b)가 된다.

4.3.4. 에너지 밀도 스펙트럼

일반적으로 $X(F)$는 복소수 값을 가지므로 2차원에서 스펙트럼 그래프를 그리는 것은 불가능하고, $X(F) = |X(F)|e^{j\phi(F)}$와 같이 크기와 위상으로 분해하고, 실수 값인 $|X(F)|^2$ 그래프를 보통 사용한다. 비주기 신호 $x(t)$를 에너지 신호라 가정할 때, 신호의 에너지 E는

$$\text{파서벌 정리}: E = \int_{-\infty}^{\infty} |x(t)|^2 \, dt = \int_{-\infty}^{\infty} |X(F)|^2 \, dF \qquad (4.15)$$

이다. 즉, $|X(F)|^2$은 전체 에너지가 각 주파수 F에 어떻게 분포하는지를 보여준다. 따라서 이를 에너지 밀도 스펙트럼(energy density spectrum)이라 한다. 이 성질은 주기 신호의 전력에 대한 내용과 동일하다는 것을 쉽게 볼 수 있다(식 (4.11) 참조).

[예제 4.5] 그림 4.6 (b) 신호를 $X(F)$라 할 때, $\int_{-\infty}^{\infty} |X(F)|^2 \, dF$ 값을 구하시오.

풀이

$X(F)$를 직접 대입하여 적분을 구하면 되지만, 이는 너무 복잡하여 불가능하다. 대신, 식 (4.15)의 파서벌 정리를 이용하면 $\int_{-\infty}^{\infty} |X(F)|^2 \, dF = \int_{-\infty}^{\infty} |x(t)|^2 \, dt = 2$이다.

④.4　이산 신호의 주파수 해석

4.4.1. 이산 주기 신호의 주파수 해석

앞에서 배운 연속 신호에 대한 푸리에 급수 및 푸리에 변환을 기반으로 이산 신호에 대한 주파수 해석 문제를 배운다. 이 내용은 절대 새로운 것이 아니라 연속 신호에 대한 개념과 동일하며, 단지 연속 시간과 이산 시간의 차이에 따라 나타나는 수학적 차이만을 적용하면 된다. 앞에서, 연속 주기 신호의 기본 주기를 무한대로 변형하여 연속 비주기 신호 문제를 다루었다. 마찬가지로, 연속 신호를 시간 영역에서 샘플링하여 이산 신호를 만들 수 있으므로 시간 영역 샘플링에 의하여 나타나는 주파수 영역 성질의 차이점을 연속 시간 주파수 해석 이론에 적용하면 이산 신호의 주파수 해석을 쉽게 유도할 수 있다.

연속 시간의 주파수와 이산 시간의 주파수는 큰 성질 차이를 가지므로 이를 먼저 설명한다. 그림 4.11의 (a)는 기본 주파수 2Hz를 가지는 연속 코사인 신호이다. 이 신호를 5Hz로 샘플링하면 (b) 신호가 되고, 다시 이 신호를 이산 신호로 변환하면 (c) 신호가 되고 기본 주기는 $N = 5$이다. 이 과정을 식으로 표현하면

$$x(t) = \cos 2\pi 2t \xrightarrow[t=\frac{n}{5}]{\text{샘플링}} x(n) = \cos 2\pi \frac{2}{5} n \qquad (4.16)$$

이다. $x(n)$의 주파수는 2/5인데, 이 값의 단위는 절대로 Hz가 아니라 '샘플당 반복 수' 단위를 가지는 새로운 주파수 변수가 되고, 이를 앞으로 f로 표현하기로 한다(Hz 단위의 연속 신호의 주파수를 F로 표현하였던 것과 구별함). 즉, 식 (4.16)의 $x(n)$는 주파수 $f = \frac{2}{5}$를 가지는 이산 코사인 신호이고, 기본 주기가 $N = 5$이므로 기본 주파수는 $f_0 = \frac{1}{N} = \frac{1}{5}$이며, 코사인 신호의 주파수는 $f = 2 \times$ 기본 주파수에 해당한다.

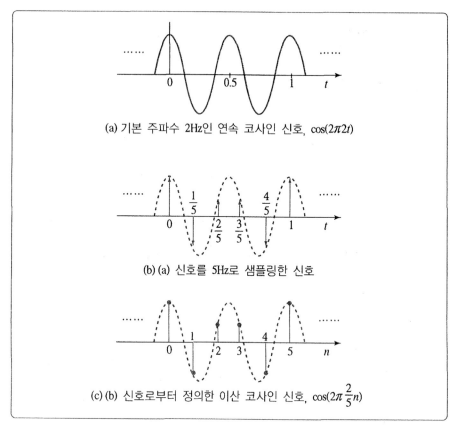

(a) 기본 주파수 2Hz인 연속 코사인 신호, $\cos(2\pi 2t)$

(b) (a) 신호를 5Hz로 샘플링한 신호

(c) (b) 신호로부터 정의한 이산 코사인 신호, $\cos(2\pi \frac{2}{5}n)$

| 그림 4.11 | 연속 코사인 신호를 샘플링하여 정의한 이산 코사인 신호

1장에서 설명한 바와 같이 이산 코사인 신호는 연속 코사인 신호가 가지지 않는 특별한 성질을 가진다. 첫째, 이산 코사인 신호 $\cos(2\pi f_0 n)$이 주기 신호가 되려면

$$\cos(2\pi f_0 n) = \cos\{2\pi f_0(n+N)\} \tag{4.17}$$

을 만족하는 정수 N이 존재해야 하고, $\cos(2\pi f_0 n) = \cos(2\pi f_0 n + 2\pi f_0 N)$이므로 $f_0 N$이 정수가 되어야 하며, f_0는 유리수가 되어야 한다. 즉, $\cos(2\pi f_0 n)$가 항상 주기 신호가 되는 것이 아니며, 예로 $\cos(2\pi \sqrt{2} n)$은 절대 주기 신호가 아니다. 주기 코사인 신호에서 $f_0 N$가 정수이므로 $f_0 = \dfrac{m}{N}$(m은 임의의 정수)이고, f_0를 가장 간단한 형태의 유리수로 표시할 때 f_0의 분모가 해당 코사인 신호의 기

본 주기가 된다. 예로, $\cos\left(2\pi\dfrac{5}{7}n+\dfrac{\pi}{4}\right)$의 기본 주기는 $N=7$이다.

둘째,

$$\cos\left(2\pi\frac{A}{B}n\right)=\cos\left\{2\pi\left(\frac{A}{B}+1\right)n\right\}=\cos\left\{2\pi\left(\frac{A}{B}+2\right)n\right\}=\cdots \quad (4.18)$$

이다. 즉, 주파수가 정수만큼 변하면 결국은 동일한 코사인 신호가 되고, 주파수 f는 1 단위로 반복되는 성질을 가진다. 따라서 $\cos(2\pi f_0 n)$에서 f_0 값이 크다고 주파수가 높은 것이 절대 아니다. 그렇다면 이산 신호에서 가장 높은 주파수는 얼마인가? 가장 빨리 변하는 이산 코사인 신호를 그림으로 나타내면 그림 4.12가 되고, 이 식은 $f=0.5$를 가지는 코사인 신호이며 가장 높은 주파수 신호를 나타낸다. 예로, $\cos(2\pi 0.51n)=\cos(2\pi(0.51-1)n)=\cos(2\pi 0.49n)$가 되어 실제로는 약간 낮은 주파수를 나타낸다. 이와 같이 이산 코사인 신호를 다룰 때, $\cos(2\pi f_0 n)$, $|f_0|<0.5$로 변환하여 사용하는 것이 편리하다.

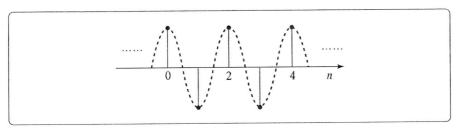

| 그림 4.12 |　기본 주파수 0.5를 가지는 이산 코사인 신호

이산 코사인 신호의 스펙트럼을 구하기 위하여 오일러 공식에 따라

$$x(n)=A\cos(2\pi f_0 n+\phi)=\frac{A}{2}e^{j\phi}e^{j2\pi f_0 n}+\frac{A}{2}e^{-j\phi}e^{-j2\pi f_0 n} \quad (4.19)$$

로 표현하고, 식 (4.4)와 동일하게 이 신호를 f의 함수로 표현하면

$$X(f) = \frac{A}{2} e^{j\phi} \sum_{k=-\infty}^{\infty} \delta(f - f_0 - k) + \frac{A}{2} e^{-j\phi} \sum_{k=-\infty}^{\infty} \delta(f + f_0 - k) \qquad (4.20)$$

이 된다. 여기서 $f = \pm f_0$뿐만 아니라 $f = \pm f_0 + k$에도 성분이 존재하는 것은 앞에서 설명하였듯이 주파수가 1마다 반복되는 성질을 가지기 때문이다. 식 (4.20)을 그림으로 나타내면 그림 4.13의 스펙트럼이 된다.

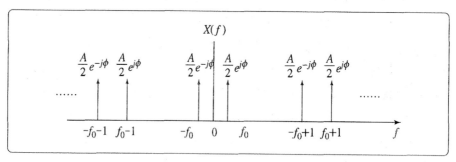

| 그림 4.13 | 이산 코사인 신호의 스펙트럼($0 < f_0 < 0.5$)

연속 신호에서와 동일한 방법으로 이산 신호의 주파수 합성을 설명하면, 기본 주파수 $f_0 = 1/N$의 정수배 주파수를 가지는 이산 코사인 신호를 더하면 다시 주기 N를 가지는 주기 신호가 만들어진다. 이 동작을 식 (4.5)와 동일하게 그대로 표현하면

$$x(n) = \sum_{k=0}^{\infty} A_k \cos\left(2\pi \frac{k}{N} n + \phi_k\right) \qquad (4.21)$$

이 되는데, $k = N$이 되면 주파수는 $f = \frac{N}{N} = 1$이 되어 $f = 0$과 동일한 주파수에 해당한다. 마찬가지로 $k = N + 1$이면 주파수는 $f = \frac{1}{N} + 1$이 되어 $f = \frac{1}{N}$과 동일한 주파수이다. 이와 같이 $k = N$ 이상이 되면 이는 이미 앞에서 포함하였던 코사인 신호를 중복하여 무한 번 더하는 것이 되므로 이는 수학적으로 잘못된 표현이 된다. 따라서 이산 코사인 신호를 더하는 합성 과정은 식 (4.21)처럼 무한개의 성분을 더하면 안 되고

$$x(n) = \sum_{k=0}^{N-1} A_k \cos\left(2\pi \frac{k}{N} n + \phi_k\right) \qquad (4.22)$$

와 같이 N개의 코사인 신호만 더해야 한다. 이를 복소 신호로 일반화시키면

$$\text{DTFS 합성} : x(n) = \sum_{k=<N>} c_k e^{j2\pi \frac{k}{N} n} = \sum_{k=<N>} c_k e^{j2\pi k f_0 n} \qquad (4.23)$$

이 되고, 이를 이산 시간 푸리에 급수(discrete-time Fourier series, DTFS) 합성식이라 한다. $\sum_{n=<N>}(\cdot)$은 임의의 시작점으로부터 N개만을 더한다는 의미이다.

이에 대한 분해식은 역시 연속 시간 푸리에 급수 분해식을 기반으로 차이점을 적용하면 되는데, 식 (4.7)에서 t에 대한 적분을 n에 대한 합으로만 변형하면

$$\text{DTFS 분해} : c_k = \frac{1}{N} \sum_{k=<N>} x(n) e^{-j2\pi \frac{k}{N} n} \qquad (4.24)$$

이 유도되고, 이 식을 이산 시간 푸리에 급수 분해식이라 한다. 이때 c_k를 이산 시간 푸리에 급수 계수(DTFS coefficient)라 하는데 주파수 $f = \frac{k}{N}$에서의 성분 크기에 해당한다. 그런데 앞에서 이미 확인하였듯이 이산 시간의 주파수는 반복 성질이 있으므로 $c_k = c_{k+N}$을 만족하여야 하고 이는

$$c_{k+N} = \frac{1}{N} \sum_{n=<N>} x(n) e^{-j2\pi \frac{k}{N}(n+N)} = \frac{1}{N} \sum_{n=<N>} x(n) e^{-j2\pi \frac{k}{N} n} e^{-j2\pi k} = c_k \,(4.25)$$

를 통하여 쉽게 확인된다. 따라서 기본 주기 N를 가지는 이산 주기 신호의 푸리에 급수 계수를 N개만 구하면 모든 주파수 성분 분석이 완료된다.

이산 주기 신호의 스펙트럼도 연속 시간의 경우와 동일하게 $f = \frac{k}{N}$에서만 값을 가지는 선 스펙트럼 모양을 가지며, 그림 4.14와 같이 푸리에 급수 계수로부터 쉽게 구해진다.

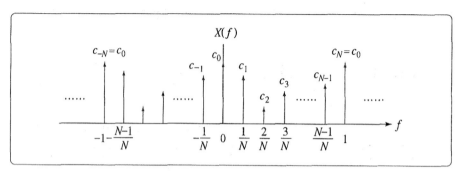

| 그림 4.14 | 기본 주기 N을 가지는 이산 주기 신호의 스펙트럼

[예제 4.6] $x(n) = 2\cos\left(2\pi \frac{1}{3} n\right) + \sin\left(2\pi \frac{2}{5} n + \frac{\pi}{3}\right)$의 푸리에 급수 계수를 구하시오.

풀이

[예제 4.1]과 동일하게 계수 공식에 대입하여 구하지 않고 오일러 공식에 따라 식을 분해하고 식 (4.23)과 비교하여 구하도록 한다. $x(n)$는 두 신호의 합이고 각 신호의 기본 주기는 각각 3과 5이다. 따라서 $x(n)$의 기본 주기는 3과 5의 최소공배수인 15이고, 기본 주파수는 $f_0 = 1/15$이다. 오일러 공식에 따라

$$x(n) = e^{j2\pi \frac{1}{3} n} + e^{-j2\pi \frac{1}{3} n} + \frac{1}{2j} e^{j\frac{\pi}{3}} e^{j2\pi \frac{2}{5} n} - \frac{1}{2j} e^{-j\frac{\pi}{3}} e^{-j2\pi \frac{2}{5} n}$$

$$= e^{j2\pi 5 \frac{1}{15} n} + e^{j2\pi(-5)\frac{1}{15} n} + \frac{1}{2j} e^{j\frac{\pi}{3}} e^{j2\pi 6 \frac{1}{15} n} - \frac{1}{2j} e^{-j\frac{\pi}{3}} e^{j2\pi(-6)\frac{1}{15} n}$$

이 되고, 각 항은 차례로 $k = 5, -5, 6, -6$에 해당하므로 c_k는

$$c_5 = c_{-5} = 1, \quad c_6 = \frac{1}{2j} e^{j\frac{\pi}{3}}, \quad c_{-6} = -\frac{1}{2j} e^{-j\frac{\pi}{3}}, \quad c_k = c_{k+15}$$

이다.

[예제 4.7] 그림 4.15의 주기 구형파 신호의 푸리에 급수 계수를 구하시오.

풀이

기본 주기 $N = 5$이고, 이 신호를 식 (4.24)에 직접 대입하여 합을 구하면 된다.

$$c_k = \frac{1}{N} \sum_{n = <N>} x(n) e^{-j \frac{2\pi}{N} kn}$$

$$= \frac{1}{5} \sum_{n = -1}^{1} (1) e^{-j \frac{2\pi}{5} kn}$$

$$= \frac{1}{5} \frac{e^{j \frac{2\pi}{5} k} \left(1 - e^{-j \frac{2\pi}{5} k3} \right)}{1 - e^{-j \frac{2\pi}{5} k}}$$

$$= \frac{1}{5} \frac{e^{j \frac{2\pi}{5} k} e^{-j \frac{2\pi}{5} \frac{3k}{2}} \left(e^{j \frac{2\pi}{5} \frac{3k}{2}} - e^{-j \frac{2\pi}{5} \frac{3k}{2}} \right)}{e^{-j \frac{2\pi}{5} \frac{k}{2}} \left(e^{j \frac{2\pi}{5} \frac{k}{2}} - e^{-j \frac{2\pi}{5} \frac{k}{2}} \right)}$$

$$= \frac{1}{5} \frac{e^{-j \frac{2\pi}{5} \frac{k}{2}} 2j \sin\left(\frac{2\pi}{5} \frac{3k}{2} \right)}{e^{-j \frac{2\pi}{5} \frac{k}{2}} 2j \sin\left(\frac{2\pi}{5} \frac{k}{2} \right)}$$

$$= \frac{1}{5} \frac{\sin\left(\frac{3\pi}{5} k \right)}{\sin\left(\frac{\pi}{5} k \right)}$$

$$c_0 = \frac{1}{5} \sum_{n = 0}^{4} x(n) = \frac{3}{5}$$

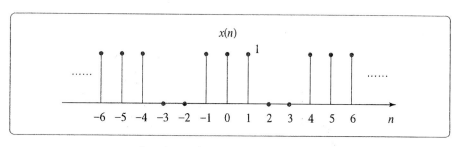

$x(n)$

1

-6 -5 -4 -3 -2 -1 0 1 2 3 4 5 6 n

| 그림 4.15 | 주기 이산 구형파 신호

[예제 4.7]의 결과를 식 (4.23)에 대입하여 DTFS 합성에 따라 신호가 만들어지는 과정을 구체적으로 확인하여보자. c_k가 실수 대칭 신호이므로

$$\sum_{k = -2}^{2} c_k e^{j2\pi \frac{k}{5} n} = \sum_{k = -2}^{2} c_k \cos\left(2\pi \frac{k}{5} n \right) + j \sum_{k = -2}^{2} c_k \sin\left(2\pi \frac{k}{5} n \right)$$에서 두 번째 합

은 영이 된다. 따라서 DTFS 합성은 진폭 $c_k = \dfrac{1}{5}\dfrac{\sin\dfrac{3\pi k}{5}}{\sin\dfrac{\pi k}{5}}$ 을 가지는 5개의 코사

인 신호(각각 $k = 0, \pm 1, \pm 2$에 해당)를 더하는 과정이며, 그림 4.16에 정리되어 있다. (a)는 $k = 0$, 즉 $f = 0$ 에 해당하는 신호로서 단순히 c_0 값을 가지는 상수 신호이다. (b)는 $k = \pm 1$, 즉 $f = \pm\dfrac{1}{5}$에 해당하는 코사인 신호이고, (c)는 $\displaystyle\sum_{k=0}^{1}(\cdot)$에 해당하는 신호로서 주파수 $f = 0$ 와 $f = \dfrac{1}{5}$ 성분에 해당하는 (a)와 (b)를 더한 신호이다. (d)는 $\displaystyle\sum_{k=-1}^{1}(\cdot)$, 즉 주파수 $f = 0, \pm\dfrac{1}{5}$ 성분을 포함하도록 (c)와 (b)를 더한 신호이다. (e)는 $k = \pm 2$, 즉 $f = \pm\dfrac{2}{5}$에 해당하는 코사인 신호이고, (f)는 $\displaystyle\sum_{k=-1}^{2}(\cdot)$, 즉 주파수 $f = 0, \pm\dfrac{1}{5}, \dfrac{2}{5}$ 성분을 포함하도록 (d)와 (e)를 더한 신호이다. 마지막으로 모든 k를 포함하도록 (f)와 (e)를 더하면 $f = 0, \pm\dfrac{1}{5}, \pm\dfrac{2}{5}$ 주파수 성분을 모두 포함하고 원 신호 (g)가 완벽하게 만들어진다. (a) $\to$ (c) $\to$ (d) $\to$ (f) $\to$ (g)의 신호 변화는 점차 주파수가 높은 코사인 신호가 더하여져 최종 신호가 완성되는 과정을 보여준다.

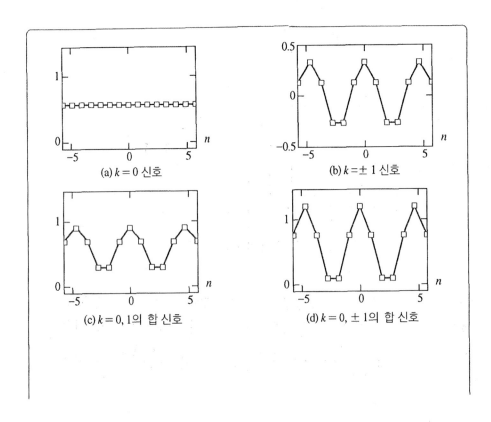

(a) $k = 0$ 신호

(b) $k = \pm 1$ 신호

(c) $k = 0, 1$의 합 신호

(d) $k = 0, \pm 1$의 합 신호

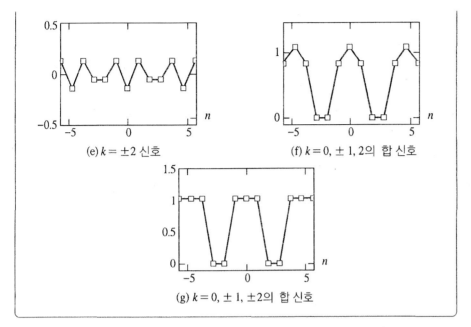

(e) $k = \pm 2$ 신호

(f) $k = 0, \pm 1, 2$의 합 신호

(g) $k = 0, \pm 1, \pm 2$의 합 신호

| 그림 4.16 | DTFS 합성에 따라 주기 구형파가 합성되는 과정

4.4.2. 전력 밀도 스펙트럼

DTFS 계수는 일반적으로 복소수 값을 가지므로 이산 주기 신호의 주파수 성질은 주로 $|c_k|^2$ 형태의 그래프로 나타낸다. 이를 전력 밀도 스펙트럼이라 하고 다음의 파서벌 정리가 성립한다.

$$\text{파서벌 정리} : P = \frac{1}{N}\sum_{n=0}^{N-1}|x(n)|^2 = \sum_{k=0}^{N-1}|c_k|^2 \tag{4.26}$$

[예제 4.8] $x(n) = 2\cos\left(2\pi\frac{1}{3}n\right) + \sin\left(2\pi\frac{2}{5}n + \frac{\pi}{3}\right)$의 전력을 구하시오.

풀이

[예제 4.6]에서 푸리에 급수 계수를 구하였으므로, 식 (4.26)에 의하여 전력은 $1 + 1 + 1/4 + 1/4 = 2.5$이다.

4.4.3. 이산 비주기 신호의 주파수 해석

이산 주기 신호의 기본 주기 N을 무한대로 접근시키면 이산 비주기 신호가 만들어지고, 이를 주파수 해석 과정에 적용시키면 비주기 신호의 주파수 해석 이론이 유도된다. 즉, 이산 신호의 주파수 f가 특정 위치 k/N가 아니라 모든 값에 대하여 존재하며, f의 반복 성질 때문에 f 값이 1 이상이 되면 이는 이전의 동일한 주파수에 해당하여 새로운 의미를 가지지 못하므로 f에 대한 적분은 1 영역만큼만 진행하면 된다. 이 성질을 적용하여 이산 비주기 신호에 대한 푸리에 변환을 정리하면

$$\text{DTFT} : X(f) = \sum_{n=-\infty}^{\infty} x(n) e^{-j2\pi f n} \qquad (4.27)$$

$$\text{IDTFT} : x(n) = \int_{<1>} X(f) e^{j2\pi f n} df \qquad (4.28)$$

이 된다. 식 (4.27)을 이산 시간 푸리에 변환(discrete-time Fourier transform, DTFT)이라 하고, 식 (4.28)을 이산 시간 푸리에 역변환(inverse DTFT)이라 한다. 이들을 식 (4.12) 및 식 (4.13)과 비교하면 동일한 동작을 수행하며, 단지 시간 영역이 연속이 아니라 이산이므로 적분 대신에 합을 사용하고, 주파수의 반복 성질에 따라 주파수 적분 범위를 1로 한정시킨 차이만 있을 뿐이다.

[예제 4.9] 아래 신호 $x(n)$의 스펙트럼을 구하시오.

$$x(n) = \begin{cases} 1, & -4 \leq n \leq -2, \quad 2 \leq n \leq 4 \\ 2, & -1 \leq n \leq 1 \\ 0, & \text{다른 경우} \end{cases}$$

풀이

$x(n)$을 식 (4.27)에 그대로 대입하여 $X(f)$를 구해도 되지만, 합 연산을 간단히 진행하기 위하여 $X(f)$ 연산을

$$X(f) = \sum_{n=-4}^{4} e^{-j2\pi fn} + \sum_{n=-1}^{1} e^{-j2\pi fn}$$

과 같이 두 개의 합으로 나누어 구한다. [예제 4.7]의 풀이과정을 참조하여 첫 항을 구하면

$$\sum_{n=-4}^{4} e^{-j2\pi fn} = \frac{e^{j2\pi 4f}\left(1 - e^{j2\pi 9f}\right)}{1 - e^{-j2\pi f}}$$

$$= \frac{\sin\left(2\pi \frac{9}{2} f\right)}{\sin\left(2\pi \frac{1}{2} f\right)}$$

이고, 두 번째 항을 구하면 $\dfrac{\sin\left(2\pi \frac{3}{2} f\right)}{\sin\left(2\pi \frac{1}{2} f\right)}$ 이 되어 최종적으로

$$X(f) = \frac{\sin\left(2\pi \frac{9}{2} f\right) + \left(2\pi \frac{3}{2} f\right)}{\sin\left(2\pi \frac{1}{2} f\right)}$$

이다.

4.4.4. 에너지 밀도 스펙트럼

$x(n)$이 에너지 신호이면 $|X(f)|^2$을 에너지 밀도 스펙트럼이라 하고, 신호의 에너지는

$$\text{파서벌 정리} : E = \sum_{n-\infty}^{\infty} |x(n)|^2 = \int_{<1>} |X(f)|^2 \, df \tag{4.29}$$

관계를 가지고, 또 다른 파서벌 정리가 유도된다.

❹.5 푸리에 급수 및 푸리에 변환 성질

푸리에 급수 및 푸리에 변환이 가지는 성질을 알아보고 이 성질을 활용하여 신호의 스펙트럼을 보다 쉽게 구하고 신호의 주파수 특성을 효율적으로 분석할 수 있는 과정을 설명한다. 기본 설명은 DTFT를 중심으로 하고, 동등한 개념의 성질이 나머지 푸리에 관계에도 적용된다.

(1) 대칭 성질

실수 $x(n)$에 대하여 $X(f)$의 실수 성분 $X_R(f)$와 허수 성분 $X_I(f)$는 다음의 성질을 가진다. 식 (4.27)로부터

$$X(f) = \sum_{n=-\infty}^{\infty} x(n) e^{-j2\pi fn} = \sum_{n=-\infty}^{\infty} \{ x(n)\cos 2\pi fn - jx(n)\sin 2\pi fn \} \quad (4.30)$$

이므로, $X_R(f) = \sum_{n=-\infty}^{\infty} x(n)\cos 2\pi fn$, $X_I(f) = -\sum_{n=-\infty}^{\infty} x(n)\sin 2\pi fn$ 이 되어

$$X_R(-f) = X_R(f)$$
$$X_I(-f) = -X_I(f) \quad (4.31)$$

를 만족한다. 즉, 실수 성분은 우함수(even), 허수 성분은 기함수(odd) 성질을 가지며, 두 성질을 하나로 결합하면 $X(-f) = X^*(f)$이고 이를 Hermitian 대칭 성질이라 한다. 또한 $|X(-f)| = |X(f)|$를 만족한다.

만일 실수 $x(n)$이 우함수이면 $x(n)\cos 2\pi fn$도 역시 우함수이므로

$$X_R(f) = x(0) + 2\sum_{n=1}^{\infty} x(n)\cos 2\pi fn \quad (4.32)$$

이 되고, $x(n)\sin 2\pi fn$는 기함수이므로

$$X_I(f) = -\sum_{n=-\infty}^{\infty} x(n)\sin 2\pi fn = 0 \tag{4.33}$$

이 된다. 즉, $X_I(f) = 0$이 되어 스펙트럼 $X(f)$가 완전한 실수 함수가 된다.

(2) 시간 반전 성질

신호 $x(-n)$에 대한 DTFT를 구하면 $X(-f)$이 된다. 만일 $x(n)$이 실수이면 대칭 성질에 의하여 $X(-f) = X^*(f)$이므로, 신호를 시간 영역에서 반전시키면 스펙트럼의 크기는 변하지 않는다.

(3) 시간 이동성

신호 $x(n)$를 시간 영역에서 k 이동하여 새로운 신호 $x(n-k)$를 정의하면

$$x(n-k) \longleftrightarrow e^{-j2\pi fk} X(f) \tag{4.34}$$

이다. 즉, 신호를 시간 영역에서 이동을 하면 스펙트럼의 위상이 변한다.

(4) 주파수 이동성

주파수 영역에서 스펙트럼을 g 이동하면 $e^{j2\pi gn}x(n) \longleftrightarrow X(f-g)$ 관계를 얻는다. 즉, 시간 영역에서의 위상 변화는 스펙트럼의 주파수 영역 이동에 해당한다.

(5) 컨벌루션 성질

두 이산 비주기 신호 $x_1(n)$, $x_2(n)$와 각각의 스펙트럼 $X_1(f)$, $X_2(f)$이 주어질 때

$$x_1(n) * x_2(n) \longleftrightarrow X_1(f)X_2(f) \tag{4.35}$$

성질을 가진다. 이 성질을 이용하면 두 이산 비주기 신호의 컨벌루션(convolution)을 새로운 방법으로 얻을 수 있다. 즉, 두 신호의 스펙트럼을 먼저 각각 구하고 두 스펙트럼의 곱을 구하여 역변환하면 최종 컨벌루션 신호를 구할 수 있다.

[예제 4.10] $y(n) = \cos\left(2\pi \frac{1}{5} n\right) * \sin\left(2\pi \frac{2}{3} n\right)$을 구하시오

풀이

컨벌루션 식을 직접 이용하면 매우 복잡한 연산이 필요하지만, 두 신호의 스펙트럼을 각각 구하면 코사인 신호는 $f = \pm \frac{1}{5} + k$에만 성분이 있고 사인 신호는 $f = \pm \frac{2}{3} + k$에만 성분이 있으므로 두 스펙트럼을 곱하면 $Y(f) = 0$을 얻고, $y(n) = 0$이 된다.

(6) 곱하기 성질

두 신호를 곱하여 스펙트럼을 구하면

$$x_1(n) x_2(n) \longleftrightarrow \int_{<1>} X_1(\lambda) X_2(f - \lambda) d\lambda \tag{4.36}$$

가 된다. 우변은 주파수 영역에서의 컨벌루션과 유사한 동작을 하지만, $X(f)$가 $f = 1$마다 반복되는 성질을 가지므로 적분 구간도 1로 한정한 차이점을 가진다. 이와 같이 변형된 형태의 컨벌루션을 주기 컨벌루션(periodic convolution)이라 한다.

그림 4.17이 곱하기 성질에 대한 예를 보여준다. 이산 주기 신호 $x(n)$과 이산 신호 $w(n)$의 스펙트럼이 (a)일 때, $x(n)w(n)$의 스펙트럼은 (b)가 된다. 이 예는 신호에 윈도우를 적용하여 시간 영역을 제한할 때, 스펙트럼의 변화 형태를 보여 준다.

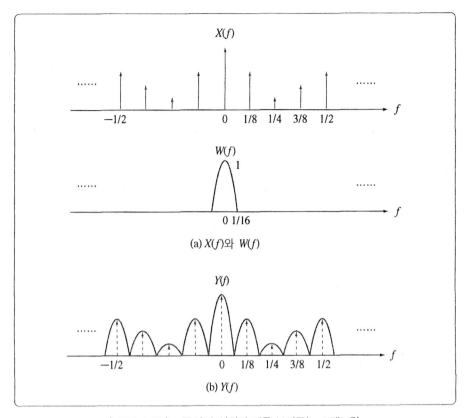

| 그림 4.17 | 곱하기 성질의 예를 보여주는 스펙트럼

(7) 상관관계 성질

두 신호 $x(n)$과 $y(n)$ 사이의 상관관계 $r_{xy}(n) = \sum_{k=-\infty}^{\infty} x(k)y(k-n)$의 스펙트럼
은 $X(f)Y(-f)$이다. 특별한 경우로서, 실수 신호 $x(n)$의 자기상관관계
(autocorrelation) $r_{xx}(n)$의 스펙트럼은 $X(f)X(-f) = X(f)X^*(f) = |X(f)|^2$가
된다. 결국, 실수 에너지 신호 $x(n)$의 에너지 밀도 스펙트럼을 푸리에 역변환하
면 $x(n)$의 자기상관관계가 구해지고, 이 성질을 Wiener-Khintchine 정리라고
한다.

(8) 변조 성질

$x(n)$와 주파수 f_0를 가지는 코사인 신호를 곱하면 $x(n)\cos 2\pi f_0 n$
$= \frac{1}{2} e^{j2\pi f_0 n} x(n) + \frac{1}{2} e^{-j2\pi f_0 n} x(n)$이 되므로 주파수 이동 성질에 따라 이 신호의

스펙트럼은

$$\frac{1}{2}X(f-f_0)+\frac{1}{2}X(f+f_0) \tag{4.37}$$

이 되어 원 스펙트럼을 주파수 영역에서 좌우로 각각 f_0만큼 이동시킨 결과를 얻는다. 이 성질을 이용하면 $f=0$ 부근에 에너지가 모여 있는 신호에 대하여 에너지를 특정 주파수로 이동시킬 수 있으며, 진폭 변조(amplitude modulation) 방식의 통신이 가능하다. 그림 4.18은 변조 성질에 대한 예를 보여준다. $x(n)$의 스펙트럼이 (a)일 때, (b)와 (c)는 각각 $f_0=\frac{1}{8}$와 $f_0=\frac{1}{2}$에 대한 진폭 변조된 신호 $y(n)=Ax(n)\cos(2\pi f_0 n)$의 스펙트럼을 보여준다. 주파수 f_0 값에 따라 주파수 이동량이 결정되고, 그에 따라 전체 형태가 다르게 나타난다.

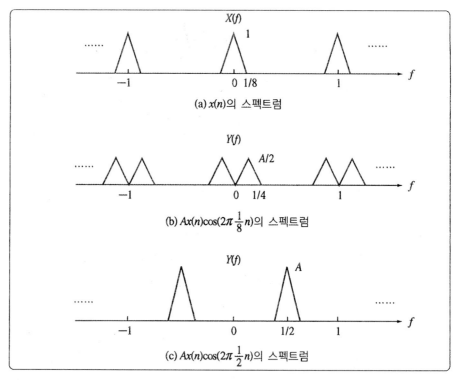

| 그림 4.18 | 변조 성질의 예를 보여주는 스펙트럼

(9) z-변환과의 관계

이산 신호 $x(n)$에 대한 z-변환은 $X(z) = \sum_{n=-\infty}^{\infty} x(n) z^{-n}$이고, 복소 변수 z를 $z = re^{j\omega} = re^{j2\pi f}$로 표시하면 z-변환은

$$X(z) = \sum_{n=-\infty}^{\infty} x(n)(re^{j\omega})^{-n} = \sum_{n=-\infty}^{\infty} \left[x(n) r^{-n} \right] e^{-j\omega n} \qquad (4.38)$$
$$= \sum_{n=-\infty}^{\infty} \left[x(n) r^{-n} \right] e^{-j2\pi fn}$$

이 된다. 식 (4.27)과 식 (4.38)의 비교를 통하여, $X(z)$에서 $r = 1$에 해당하는 복소 평면의 단위원(unit circle)에서의 값을 구하면 $X(f)$가 얻어지는 것을 알 수 있다. 이 결과는 $X(f) = X(z)|_{z=e^{j\omega}}$로 표현된다.

이상의 성질을 살펴보면, (3)과 (4)는 동일한 성질을 나타낸다. 즉, 시간 영역과 주파수 영역에 관계없이 한 영역에서 이동을 하면 다른 영역에서 위상이 변한다. 물론, 위상 부호에 차이가 있는데 이는 식 (4.27)과 (4.28)에서 exp의 부호가 다르기 때문에 나타나는 것일 뿐이다. (5)와 (6)도 동일한 성질이며, 각 영역에서 곱하기와 컨벌루션이 서로 대응되는 것을 보여준다. (7)은 (2)와 (5) 성질을 결합한 것이며, $r_{xy}(n) = x(n) * y(-n)$이고 $y(-n) \leftrightarrow Y(-f)$인 성질로부터 쉽게 유도된다. (8)은 곱하기 성질의 특별한 경우로 이해할 수 있는데, 코사인 신호의 스펙트럼이 $|f| < \frac{1}{2}$ 구간에서 두 개의 임펄스로 구성되므로 $X(f)$와 임펄스 스펙트럼 사이의 컨벌루션을 구하면 식 (4.37)을 얻는다.

④.6 샘플링과 복원

연속 신호 $x(t)$를 디지털 신호 처리 기법으로 처리하기 위하여 $x(t)$를 샘플링하여 이산 신호 $x(n)$로 변환시켜야 한다. 또한 디지털 영역에서 구한 출력 $y(n)$를 다시 연속 신호 $y(t)$로 변환하는 과정(이를 샘플링 복원이라 함)도 필요하다. 이를 위하여 본 절에서는 샘플링과 복원 과정을 시간 영역과 주파수 영역에서 각

각 설명하고, 샘플링 및 복원에 의한 신호 변화를 살펴본다.

$x(t)$를 일정한 시간 간격 T로 샘플링하여 $x(n)$를 얻는 과정은 두 단계로 구성된다. 먼저 $x(t)$를 샘플링하여 샘플링된 연속 신호 $x_s(t) = \sum_{n=-\infty}^{\infty} x(nT)\delta(t - nT)$를 구하고, 다음 $x_s(t)$의 각 샘플 값으로부터 $x(n) = x_s(t)|_{t=nT}$를 구한다. 샘플링에서 가장 중요한 내용은 $x_s(t)$ 또는 $x(n)$로부터 다시 원 신호 $x(t)$를 완벽하게 복원할 수 있는지를 분석하고 복원 방법을 구하는 것이다. 이 문제는 주파수 영역에서 간단히 설명되므로 샘플링에 의한 스펙트럼의 변화를 정리해보자.

그림 4.19를 이용하여 먼저 $x(t)$와 $x_s(t)$ 사이의 스펙트럼 관계를 설명한다. $x(t)$를 T 간격으로 샘플링하는 과정은 $x(t)$와 (b)에 주어진 $p(t)$를 곱하는 과정이다. 그런데 푸리에 변환의 곱하기 성질에 따라 $X_s(F) = X(F) * P(F)$가 된다. 또한 $p(t)$가 주기 신호이고, CTFS 계수를 구하면 $c_k = \frac{1}{T}$이므로 $P(F)$는 (b)가 된다. 따라서 $X_s(F) = X(F) * P(F)$ 결과는 (c)가 된다. 즉, 시간 영역에서 T 간격으로 샘플링을 하면 스펙트럼이 주파수 영역에서 $F_s = \frac{1}{T}$ 간격으로 반복되고 크기가 $F_s = \frac{1}{T}$배 된다. $X_s(F)$는 단지 $X(F)$를 주기적으로 반복시킨 것에 불과하므로, (c)의 $X_s(F)$가 주어질 때 $-F_s/2 < F < F_s/2$의 한 구간만 취하면 $X(F)$를 다시 구할 수 있어 샘플링 복원이 이루어진다. 따라서 샘플링 복원 과정은 그림 4.20의 시스템을 사용하는 저역 통과 동작으로 설명된다.

그러나 위와 같이 항상 샘플링 복원이 가능한 것은 아니다. 만일 T가 클 경우, 샘플링에 의하여 스펙트럼이 F_s 간격으로 반복될 때 그림 4.19의 (d)와 같이 충분한 간격을 유지하지 못하여 서로 겹치는 경우가 발생한다. 이와 같이 주파수 영역에서 스펙트럼이 반복될 때 서로 겹치는 현상을 주파수 영역 에일리어싱(aliasing)이라 한다. (d)에서 같이 에일리어싱이 발생하면 $X_s(F)$는 (e)가 되고, 샘플링 복원을 위하여 그림 4.20의 저역 통과 시스템을 적용하면 (f)가 복원된다. 따라서 이 경우에는 샘플링 복원을 통하여 원 신호를 얻지 못하고, 원하는 샘플링 복원이 불가능하다.

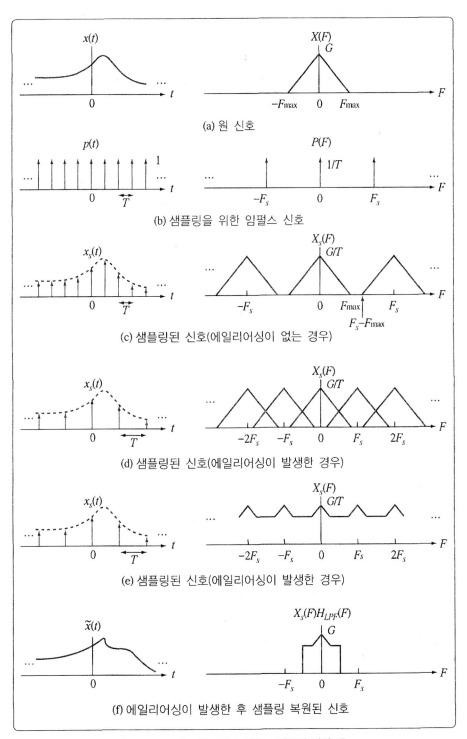

(a) 원 신호

(b) 샘플링을 위한 임펄스 신호

(c) 샘플링된 신호(에일리어싱이 없는 경우)

(d) 샘플링된 신호(에일리어싱이 발생한 경우)

(e) 샘플링된 신호(에일리어싱이 발생한 경우)

(f) 에일리어싱이 발생한 후 샘플링 복원된 신호

| 그림 4.19 |　샘플링에 의한 스펙트럼 변화 예

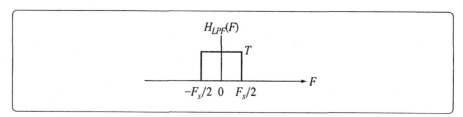

| 그림 4.20 | 샘플링 복원을 위한 저역 통과 시스템

위의 두 예에서 볼 수 있듯이, 샘플링 복원이 가능하려면 그림 4.19의 (c)처럼 에일리어싱이 발생하지 않아야 한다. 이 조건은 $F_{max} \leq F_s - F_{max}$로 표현되고,

$$F_s \geq 2F_{max} \tag{4.39}$$

로 최종 정리된다. 식 (4.39)는 샘플링 복원이 가능한 샘플링 주파수 F_s의 조건이고, 나이퀴스트(Nyquist) 샘플링 정리라 하고 $2F_{max}$를 나이퀴스트 주파수라한다.

$F_s < 2F_{max}$로 샘플링을 하면 그림 4.19의 (d)와 같이 에일리어싱이 발생하고 복원된 신호 (f)는 원 신호와 많은 차이를 가진다. 샘플링 주파수는 그대로 사용하면서 복원 후에 신호가 덜 왜곡되도록 할 수는 없을까? 샘플링 전에 신호의 스펙트럼에서 $\frac{F_s}{2}$ 이상의 고주파 성분을 제거하면 이 문제가 해결된다. 즉, 그림 4.19의 (a)에 그림 4.21의 (a)의 저역 통과 시스템을 적용한 후 샘플링한다. 저역 통과된 신호는 4.21의 (b)가 되며, 고주파 성분이 제거되어 원 신호와 분명 차이를 가진다. 그러나 이 신호를 $F_s < 2F_{max}$로 샘플링하면 (c)가 되는데, $F_s < 2F_{max}$이지만 에일리어싱이 발생하지 않으며, 이로부터 샘플링 복원을 하면 다시 (b)를 얻는다. (b)를 그림 4.19의 (f)와 비교하면 원 신호와 더 비슷한 것을 알 수 있다. 따라서 샘플링을 적용하기 전에 그림 4.21의 (a) 시스템을 적용하는 것이 필요하고, 이를 에일리어싱 방지 필터(anti-aliasing filter)라 한다. 샘플링을 하기 전에 에일리어싱 방지 필터를 적용하는 것이 일반적인 과정이다. 물론, $F_s \geq 2F_{max}$이면 에일리어싱 방지 필터는 입력의 모든 주파수 성분을 통과시키므로 아무 동작을 하지 않는다.

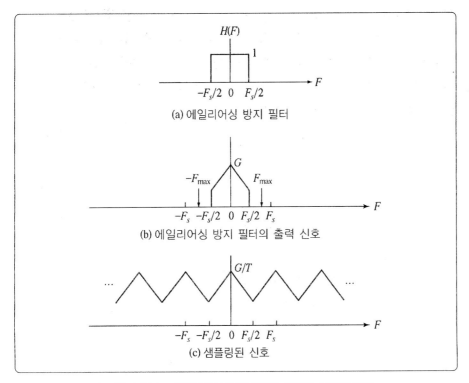

| 그림 4.21 |　에일리어싱 방지 필터를 적용한 샘플링 과정

샘플링 복원 과정을 주파수 동작으로 표현하면 $F = \dfrac{F_s}{2}$ 이상을 제거하는 저역 통과 과정이다. 이제, 샘플링 복원 과정을 시간 영역에서 샘플 값 사이의 빈 영역을 연속 신호로 채우는 개념으로 다시 살펴보자. 샘플링 복원된 신호는 $X_s(F)H_{LPF}(F)$ 이고, 이를 시간 영역 동작으로 보면 푸리에 변환의 컨벌루션 성질에 따라 $x_s(t) * h_{LPF}(t)$이다. 푸리에 역변환에 의하여 $h_{LPF}(t) = \dfrac{\sin\left(\dfrac{\pi}{T}t\right)}{\dfrac{\pi}{T}t} = \mathrm{sinc}\left(\dfrac{t}{T}\right)$이 고, 그림 4.22 (a)의 모양을 가진다. $x_s(t) = \displaystyle\sum_{n=-\infty}^{\infty} x_s(nT)\,\delta(t-nT)$이므로 $x_s(t)$와 $h_{LPT}(t)$ 사이의 컨벌루션은

$$
\begin{aligned}
x_s(t) * h_{LPF}(t) &= \int_{-\infty}^{\infty} x_s(\tau)\,h_{LPF}(t-\tau)\,d\tau \\
&= \sum_{n=-\infty}^{\infty} x_s(nT)\,h_{LPF}(t-nT)
\end{aligned}
\tag{4.40}
$$

가 되고, 이 과정을 그림으로 표현하면 (b)이다. 즉, 두 샘플 사이의 연속 신호는 무수히 많은 sinc 함수의 조각들의 합으로 구해지고, 한 샘플 사이를 복원하기 위하여 모든 샘플 값을 알아야 한다. 이와 같이 샘플 값들을 이용하여 샘플 값 사이를 연속 신호로 채우는 과정을 보간(interpolation)이라 하며, 샘플링 복원 과정은 sinc 함수를 이용한 보간에 해당한다.

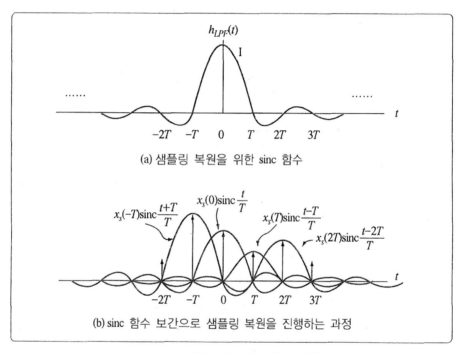

(a) 샘플링 복원을 위한 sinc 함수

(b) sinc 함수 보간으로 샘플링 복원을 진행하는 과정

| 그림 4.22 | 시간 영역에서의 샘플링 복원 과정

[예제 4.11] $x(t) = \cos(2\pi 4t)$ 와 $y(t) = \sin(2\pi 4t)$ 를 각각 샘플링 주파수 $F_s = 5$Hz로 샘플링한 후, 그림 4.20의 $H_{LPF}(F)$ 를 사용하여 복원할 경우, 복원된 신호를 구하시오.

풀이

$x(t)$ 와 $y(t)$ 의 스펙트럼은 그림 4.23의 (a)이고, 5Hz로 샘플링을 하면 각각의 스펙트럼은 (b)가 된다. 이때, 샘플링 주파수가 식 (4.39) 조건을 만족하지 못하므로 에일리어싱이 발생한 것을 볼 수 있다. 각 스펙트럼에 $H_{LPF}(F)$ 를 적용하면 (b)의 점선 내부의 성분만 남으므로 각각 $\cos(2\pi t)$ 와 $-\sin(2\pi t)$ 가 되어, 두 신호의 주파수가 4Hz에서 1Hz로 변하고, 사인 신

호는 부호도 변한다.

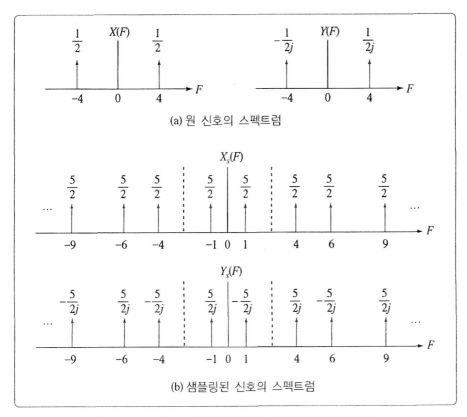

| 그림 4.23 | 코사인 신호와 사인 신호의 샘플링 및 복원

앞에서 $x(t)$와 $x_s(t)$의 스펙트럼 관계를 설명하였는데, 이제 $x_s(t)$와 $x(n)$의 스펙트럼 관계를 구해보자. $x(n) = x_s(t)|_{t=nT}$이므로 시간 영역에서 $n = \dfrac{t}{T}$ 관계를 가지고, 스펙트럼도 역시 $f = \dfrac{F}{F_s}$ 관계에 따라 주파수 영역의 척도 조절로 구해진다. 그림 4.19 (c), (d) (e)에서 볼 수 있듯이 샘플링된 신호의 스펙트럼은 $F = F_s$마다 반복되므로 $f = \dfrac{F}{F_s}$ 관계로부터 $X(f)$는 $f = 1$마다 반복되는 성질을 가지게 된다. 이 성질은 4.4.1절에서 이산 신호 스펙트럼의 고유 성질로 이미 배운 내용이다. 예로, 그림 4.19 (c)의 $x_s(t)$를 $x(n)$으로 변환하면 그림 4.24를 얻는다. 따라서 $x(t)$와 $x(n)$의 관계를 직접적으로 보면, 그림 4.19의 (a) 신호를 샘플링 주파수 F_s로 샘플링하여 $x(n)$을 정의하면 그림 4.24 스펙트럼 $X(f)$를

얻는다.

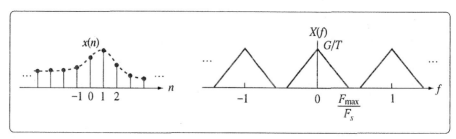

| 그림 4.24 | $x(t)$를 샘플링하여 얻은 이산 신호

❹.7 푸리에 급수 및 변환의 상호 관계

앞에서 신호의 주파수를 해석하는 다양한 방법을 배웠으며, 연속 신호와 이산 신호, 주기 신호와 비주기 신호를 구별하여 각각 연속 시간 푸리에 급수, 연속 시간 푸리에 변환, 이산 시간 푸리에 급수, 이산 시간 푸리에 변환 등의 서로 다른 방법을 적용하였다. 그러나 신호의 주파수를 분석하는 방법은 모두 동일한 이론에 근거하며, 식 (4.12)의 연속 시간 푸리에 변환을 가장 기본으로 하여 각 신호의 성질에 맞도록 변형한 것으로 이해할 수 있다. 이에 따라 이 절에서는 지금까지 배운 모든 종류의 신호에 대하여 통합된 푸리에 변환 개념을 적용하여 스펙트럼을 구하고 스펙트럼 사이의 상호 관계를 정리하여본다.

4.7.1. 주기 신호와 비주기 신호의 스펙트럼 관계

주기 신호와 비주기 신호의 스펙트럼을 비교하여보자. 비주기 신호를 일정한 시간 간격으로 반복하면 주기 신호가 되는데, 비주기 신호 $x(t)$ 또는 $x(n)$을 그림 4.25의 (a) 또는 (b) 신호와 컨벌루션하면 $x(t)$에 대하여 $t = T$마다 반복, $x(n)$에 대하여 $n = N$마다 반복된 주기 신호 $y(t)$ 또는 $y(n)$이 만들어진다. 또한 푸리에 변환의 컨벌루션 성질에 따라 주기 신호의 스펙트럼은 비주기 신호의 스펙트럼에 $P(F)$ 또는 $P(f)$를 곱하면 되고, $P(F)$와 $P(f)$는 (c)와 (d)에 주어진다. 따라서 시간 영역에서의 반복 동작에 의하여 주파수 영역에서는 $F = \frac{1}{T}$ 또는 $f = \frac{1}{N}$ 간격의 샘플링과 크기 변화가 일어나며, 그림 4.25의 (e)와 같이 정리된다.

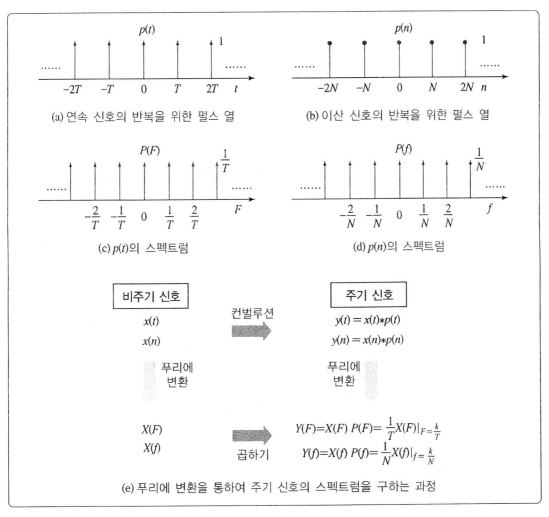

(a) 연속 신호의 반복을 위한 펄스 열

(b) 이산 신호의 반복을 위한 펄스 열

(c) $p(t)$의 스펙트럼

(d) $p(n)$의 스펙트럼

(e) 푸리에 변환을 통하여 주기 신호의 스펙트럼을 구하는 과정

| 그림 4.25 | 비주기 신호와 주기 신호의 스펙트럼 관계

그림 4.26이 이산 신호에 대한 예제를 보여준다. 그림 4.26의 (a)에 주어진 이산 주기 신호 $x(n)$의 스펙트럼을 구하려 한다. 먼저, 이 신호의 한 주기($N = 6$) 만을 취하여 (b)에 주어진 이산 비주기 신호 $y(n)$를 정의한다. 다음 DTFT를 이

용하여 $y(n)$의 스펙트럼을 구하는데, 설명을 간단히 하기 위하여 (c)에 주어진 $Y(f)$를 얻는다고 가정한다. 그러면 $X(f)$는 (c) 신호를 $\frac{1}{6}$마다 샘플링하고 $\frac{1}{6}$ 크기 조정하여 구하면 되고, 그 결과는 (d)에 주어진다.

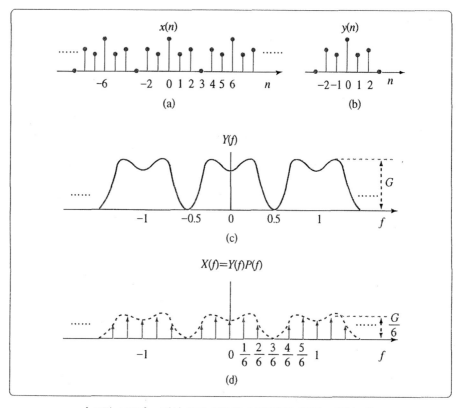

| 그림 4.26 | 이산 주기 신호의 스펙트럼을 구하는 예($N=6$)

4.7.2. 연속 신호와 이산 신호의 스펙트럼 관계

연속 신호를 샘플링 주파수 $F_s = \frac{1}{T}$로 샘플링하고 시간 축을 n으로 변환하면 이산 신호가 된다. 4.6절에서 설명하였듯이, 연속 시간에 대한 시간 영역 샘플링은 연속 신호 $x(t)$에 그림 4.19의 (b) 신호를 곱하는 것이고, 푸리에 변환의 곱하기 성질에 따라 주파수 영역에서는 그림 4.19의 (b)의 스펙트럼과 컨벌루션 연산을 하는 것이다. 그 결과, 주파수 영역에서 동일한 모양이 $F = F_s$ 간격으로 반복되는 스펙트럼이 된다. 또한 시간 축을 n축으로 변환하는 과정은 시간 척도 조절이므로 이는 주파수 영역에서도 척도 조절이 되며, 이산 시간 주파수가 $f = 1$ 주기를 가지도록 $f = \dfrac{F}{F_s}$에 의한 척도 조절을 하면 된다.

　이상의 과정에 대한 예제는 그림 4.27에 있다. (a)는 연속 신호 $x(t)$이고 (b)는 (a)를 $F_s = 3\text{Hz}$로 샘플링하여 구한 연속 신호 $x_s(t)$이고, (c)가 이로부터 구한 이산 신호 $x(n)$이다. 만일, (a)의 스펙트럼을 (d)라고 간단히 가정하면, (b)의 스펙트럼은 $F = 3$마다의 반복 동작에 의하여 (e)가 되고, 마지막으로 $f = \dfrac{F}{3}$에 따라 $X_s(F)$를 $X(f)$로 변환시키면 (f)가 되며, 이것이 (c)에 주어진 이산 신호의 스펙트럼이다. 이렇게 구한 $X(f)$는 반드시 $f = 1$마다 반복되는 성질을 가지는 것을 확인할 수 있다.

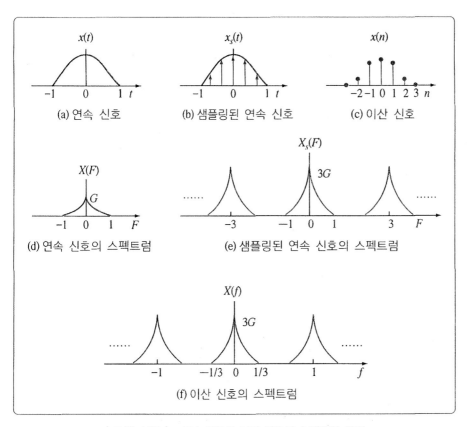

| 그림 4.27 |　연속 신호와 이산 신호의 스펙트럼 관계

4.7.3. 신호와 스펙트럼의 성질 관계

모든 종류의 신호와 스펙트럼의 관계를 하나의 그림으로 정리하면 그림 4.28 이 된다. (a)에서 시간 영역에서의 샘플링 동작과 반복 동작을 통하여 연속 주기, 연속 비주기, 이산 주기, 이산 비주기 신호 사이의 관계를 정의할 수 있고, 이에 따른 주파수 영역에서의 상호 관계를 유도할 수 있다. $x(t)$와 $x(n)$은 비주기 신호 이고 $g(t)$와 $g(n)$은 주기 신호를 나타낸다. 여기서 가장 핵심이 되는 성질은 한

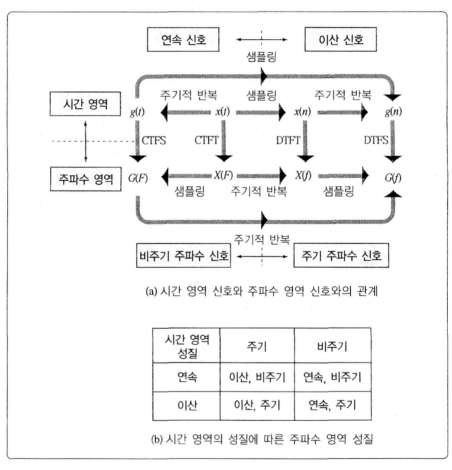

(a) 시간 영역 신호와 주파수 영역 신호와의 관계

시간 영역 성질	주기	비주기
연속	이산, 비주기	연속, 비주기
이산	이산, 주기	연속, 주기

(b) 시간 영역의 성질에 따른 주파수 영역 성질

| 그림 4.28 | 신호와 스펙트럼의 성질 관계

영역에서의 샘플링은 다른 영역에서의 반복 동작이고, 샘플링 간격과 반복 간격은 역수 관계를 가진다는 것이다. 이에 따라 시간 영역 신호와 스펙트럼의 성질이 결정되며 그림 4.28의 (b)에 정리되어 있다. 예로, 시간 영역 신호가 주기/이산 신호이면 이 신호의 스펙트럼은 반드시 이산/주기 신호이고, 만일 스펙트럼이 연속/비주기 신호이면 여기에 해당하는 시간 영역 신호는 비주기/연속 신호이다. 마지막으로 이들의 관계를 보여주는 예제가 그림 4.29에 있다. 이론적으로 $x(t)$의 스펙트럼이 $X(f)$ 모양을 가질 수 없지만 설명을 간단히 하기 위하여 사용한다.

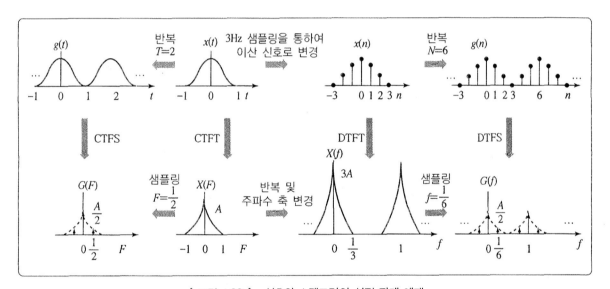

| 그림 4.29 | 신호와 스펙트럼의 성질 관계 예제

❹.8 주파수 영역에서의 이산 LTI 시스템 분석

4.8.1. 주파수 응답

이산 신호 $x(n)$이 임펄스 응답(impulse response) $h(n)$을 가지는 이산 LTI 시스템에 입력될 때, 출력 $y(n)$를 구하는 문제를 지금까지는 컨벌루션 연산 또는

차분 방정식을 통하여 구하였다. 앞에서 신호를 주파수 영역에서 분석하는 새로운 방법을 배웠으므로, 이 절에서는 이를 기반으로 시스템의 동작도 주파수 영역에서 분석하는 기법을 배운다. 시스템 동작을 주파수 영역에서 다루면 기존의 시간 영역 분석에서 보기 어려웠던 새로운 성질을 볼 수 있고, 시스템 동작을 새로운 개념으로 정의하는 것이 가능해진다.

시간 영역에서 LTI 시스템의 출력을 구하는 과정은 다음과 같다. 단위 임펄스 함수 $\delta(n)$에 대한 시스템 출력인 임펄스 응답 $h(n)$를 정의하고, 입력 신호를

$$x(n) = \sum_{k=-\infty}^{\infty} x(k)\,\delta(n-k) \tag{4.41}$$

처럼 위치를 달리하는 $\delta(n-k)$의 선형 조합으로 표현한다. 그러면 시스템의 LTI 성질에 따라 출력 신호가 $y(n) = \sum_{k=-\infty}^{\infty} x(k)h(n-k)$가 되고, 이것이 $x(n)$와 $h(n)$ 사이의 컨벌루션 연산이다.

이제, 동등한 개념을 주파수 영역에서 진행하도록 한다. 시간 영역에서 $\delta(n-k)$의 의미는 시간 축의 한 위치 $n=k$에서 유일하게 값을 가지는 것이다. 주파수 영역에서 동일한 의미를 가지는 신호는 $f=f_0$에서만 값을 가지는 신호이므로 $e^{j2\pi f_0 n}$이다. 시간 영역에서 $\delta(n-k)$에 대한 출력을 구하였듯이, 여기서는 $e^{j2\pi f_0 n}$에 대한 시스템의 출력을 구해보자. 출력 신호 $y(n)$를 컨벌루션 공식에 따라 구하면

$$\begin{aligned} y(n) &= e^{j2\pi f_0 n} * h(n) \\ &= \sum_{k=-\infty}^{\infty} h(k)\,e^{j2\pi f_0 (n-k)} \\ &= \left[\sum_{k=-\infty}^{\infty} h(k)\,e^{-j2\pi f_0 k} \right] e^{j2\pi f_0 n} \end{aligned} \tag{4.42}$$

이 되고,

$$H(f_0) = \sum_{k=-\infty}^{\infty} h(k)\,e^{-j2\pi f_0 k} \tag{4.43}$$

라 정의하면 $y(n) = H(f_0)e^{j2\pi f_0 n}$이 된다. 즉, $e^{j2\pi f_0 n}$에 대한 시스템 출력은 단지 입력에 $H(f_0)$가 곱해진 결과이다. 따라서 $H(f_0)$는 단일 주파수 $f = f_0$를 가지는 신호 $e^{j2\pi f_0 n}$이 시스템을 통과할 때 얻는 이득을 의미하고, 식 (4.43)에서 보듯이 임펄스 응답 스펙트럼 $H(f)$의 $f = f_0$에서의 값이다. 만일 다른 주파수 f_1을 가지는 $e^{j2\pi f_1 n}$이 입력되면 출력은 $H(f_1)e^{j2\pi f_1 n}$이 된다.

이제 모든 주파수로 확장시키면, 임펄스 응답 $h(n)$의 스펙트럼 $H(f)$는 각각의 주파수 f에 대한 시스템의 이득을 의미하고, 이러한 의미에 따라 $H(f)$를 시스템의 주파수 응답(frequency response)이라 한다. 주파수 응답은 일반적으로 복소수 값이므로 $H(f) = |H(f)|e^{j\phi(f)}$와 같이 크기와 위상으로 분리하여 표현하고, 크기와 위상의 분리를 강조하여 시스템 출력을 표현하면

$$y(n) = H(f)e^{j2\pi fn} = |H(f)|e^{j\phi(f)}e^{j2\pi fn} = |H(f)|e^{j(2\pi fn + \phi(f))} \qquad (4.44)$$

이 되어 입력 신호에서 크기와 위상이 변한 결과가 된다. $|H(f)|$를 시스템의 진폭 응답(magnitude response), $\phi(f)$를 시스템의 위상응답(phase response)이라 한다.

LTI 시스템에서 $e^{j2\pi f_0 n}$는 매우 중요한 의미를 가진다. $e^{j2\pi f_0 n}$은 시스템을 통과하여도 동일한 형태가 유지되고 단지 크기만 변하는 성질을 가지며, 이를 시스템의 eigenfunction이라 한다. 또한 시스템에 의하여 유일하게 변하는 양이 $H(f_0)$인데, 이를 해당 eigenfunction의 eigenvalue라 한다.

시간 영역에서 식 (4.41)과 같이 신호를 $\delta(n-k)$의 선형 조합으로 표현하였듯이, 주파수 영역에서 신호 $x(n)$를 기본 신호 $e^{j2\pi fn}$의 선형 조합으로 표현하면

$$x(n) = \int_{<1>} X(f)e^{j2\pi fn} df \qquad (4.45)$$

이 되며, 이는 식 (4.28)의 IDTFT 식이다. 식 (4.45)로 표현된 신호를 LTI 시스템에 입력하면, 시스템의 선형 성질에 따라

$$y(n) = S\{x(n)\}$$
$$= S\left\{\int_{<1>} X(f) e^{j2\pi fn} df\right\}$$
$$= \int_{<1>} X(f) S\{e^{j2\pi fn}\} df \qquad (4.46)$$
$$= \int_{<1>} X(f) H(f) e^{j2\pi fn} df$$

이 된다. 이를 IDTFT 관점으로 보면 단순하게 $Y(f) = X(f)H(f)$이고, 이 성질은 이미 푸리에 변환의 컨벌루션 성질에서 다루었던 내용이다. 결국, 시스템 동작을 주파수 영역에서 분석하면, 출력 스펙트럼은 입력 스펙트럼과 시스템 주파수 응답의 곱으로 표현된다.

시스템 동작을 임펄스 응답이 아니라 주파수 응답으로 정의하고 시스템의 출력을 주파수 영역에서 구하면, 시스템의 물리적 의미를 보다 쉽게 이해할 수 있다. 예로, 시스템의 주파수 응답이 그림 4.30의 (a)로 주어지면 이 시스템의 동작은 입력 신호 중에서 주파수가 1/4보다 높은 성분은 제거하고 1/4보다 낮은 성분은 크기를 2배하여 출력하는 과정이다. $H(f)$에서 동일한 구형파 모양이 반복되는 것은 이산 신호의 스펙트럼이 $f = 1$마다 반복되는 성질에 의한 것일 뿐이며,

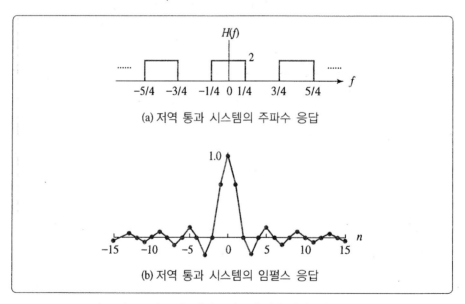

(a) 저역 통과 시스템의 주파수 응답

(b) 저역 통과 시스템의 임펄스 응답

| 그림 4.30 | 시스템의 주파수 응답과 임펄스 응답의 예

$|f| < 0.5$로 한정하고 $f = 0.5$가 최대 주파수이므로 이 시스템은 $f = 1/4$ 이상의 모든 주파수 성분을 제거하게 된다. 이와 같은 시스템 동작을 시간 영역에서 설명하면, 이에 해당하는 임펄스 응답은 (b) 신호이므로 출력은 입력 신호와 이 신호와의 컨벌루션이 되는데, 이 연산에서는 위와 같은 주파수별 선택적 이득 적용을 인지하는 것이 거의 불가능하다.

이와 같이 입력 신호의 주파수 성분 중에서 특정 주파수 이상을 제거하고 낮은 주파수 성분만 통과시키는 시스템을 저역 통과 필터(low-pass filter)라 한다. 반면, 저주파 성분을 제거하고 고주파 성분을 통과시키는 시스템을 고역 통과 필터(high-pass filter)라 하고, 특정 대역의 주파수 성분만을 통과시키는 시스템을 대역 통과 필터(band-pass filter)라 한다. 그림 4.31의 (a)와 (b)가 고역 통과 필터와 대역 통과 필터의 주파수 응답 예를 보여준다.

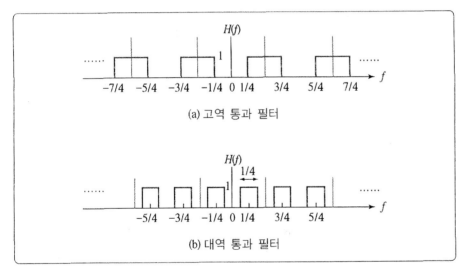

(a) 고역 통과 필터

(b) 대역 통과 필터

| 그림 4.31 | 고역 통과 필터와 대역 통과 필터의 주파수 응답의 예

[예제 4.12] 그림 4.15에 주어진 이산 주기 신호 $x(n)$가 그림 4.30의 (a)와 그림 4.31의 (b)의 주파수 응답을 가지는 시스템에 입력될 때, 출력 신호 $y(n)$를 각각 구하시오.

풀이

입력 신호가 기본 주기 $N = 5$를 가지는 주기 신호이므로 스펙트럼은 $f = \dfrac{k}{5}$에서만 값을 가

지는 선 스펙트럼이 된다. 그림 4.30의 (a) 시스템은 $f = \frac{1}{4}$ 이상의 주파수를 제거하므로 입력의 주파수 성분 중에서 $f = -\frac{1}{5}, 0, \frac{1}{5}$ 성분만 2배 증폭되어 통과되어(반복 성분은 제외), 출력의 스펙트럼은 그림 4.32의 (a)가 된다. [예제 4.7]에서 입력의 푸리에 급수 계수가 $c_k = \frac{1}{5} \frac{\sin \frac{3\pi}{5} k}{\sin \frac{\pi}{5} k}$ 이므로 출력 신호는 $y(n) = \frac{6}{5} + \frac{4}{5} \frac{\sin \frac{3\pi}{5}}{\sin \frac{\pi}{5}} \cos \left(2\pi \frac{1}{5} n \right)$ 이 된다.

그림 4.31의 (b) 시스템은 $\frac{1}{8} < |f| < \frac{3}{8}$ 대역만을 통과시키므로, 출력 스펙트럼은 그림 4.32의 (b)가 되고, 출력 신호는 $y(n) = \frac{2}{5} \frac{\sin \frac{3\pi}{5}}{\sin \frac{\pi}{5}} \cos \left(2\pi \frac{1}{5} n \right)$ 이 된다.

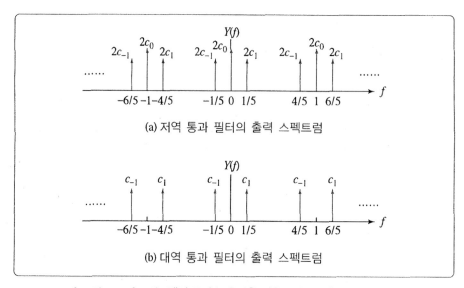

(a) 저역 통과 필터의 출력 스펙트럼

(b) 대역 통과 필터의 출력 스펙트럼

| 그림 4.32 | 시스템의 주파수 응답을 이용하여 출력을 구하는 예제

4.8.2. z-변환을 이용한 이산 LTI 시스템 분석

임펄스 응답 $h(n)$에 대한 z-변환을 $H(z)$라 하고 시스템의 전달 함수라고 정의하였다. z에 대한 다항식 함수 $A(z)$, $B(z)$를 이용하면 $H(z)$는

$$H(z) = \frac{B(z)}{A(z)} = \frac{\sum_{k=0}^{M} b_k z^{-k}}{1 + \sum_{k=1}^{N} a_k z^{-k}} \tag{4.47}$$

로 표현된다. 이때, $B(z)$는 M차 다항식, $A(z)$는 N차 다항식이고, $a_0 = 1$이 되도록 분모와 분자를 정규화시킨 결과이다. 분자와 분모의 다항식을 1차 다항식으로 각각 인수 분해하면

$$\begin{aligned} H(z) &= b_0 \frac{\prod_{k=1}^{M} \left(1 - z_k z^{-1}\right)}{\prod_{k=1}^{N} \left(1 - p_k z^{-1}\right)} \\ &= b_0 z^{(N-M)} \frac{\prod_{k=1}^{M} (z - z_k)}{\prod_{k=1}^{N} (z - p_k)} \end{aligned} \tag{4.48}$$

이고, p_k와 z_k는 일반적으로 복소수 값을 가진다. 만일 $z = z_k$이면 $H(z) = 0$이 되므로 z_k를 시스템의 영점(zero)이라 하고, 시스템은 M개의 영점을 가진다(중복 포함). 마찬가지로, $z = p_k$이면 $H(z) \rightarrow \infty$가 되므로 p_k를 시스템의 극점(pole)이라 하고, 시스템은 N개의 극점을 가진다(중복 포함).

[예제 4.13] 임펄스 응답 $h(n) = \left(\frac{1}{2}\right)^n u(n) + \left(\frac{1}{2}\right)^{n-1} u(n-1)$을 가지는 시스템의 영점과 극점을 구하고 z-영역에 표시하시오.

풀이

z-변환 공식에 대입하면 $H(z) = \dfrac{1}{1 - \frac{1}{2} z^{-1}} + \dfrac{z^{-1}}{1 - \frac{1}{2} z^{-1}} = \dfrac{z+1}{z - \frac{1}{2}}$이 되어 영점 $z = -1$, 극점 $z = 0.5$이며, 이를 z-영역에 표시하면 그림 4.33이 된다. 일반적으로 영점은 ○, 극점은 ×로 표시한다.

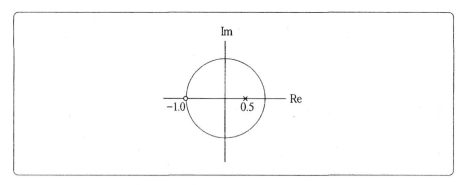

| 그림 4.33 | [예제 4.13]의 영점과 극점

시스템의 주파수 응답을 분석할 때, 일반적으로 위상응답은 무시하고 진폭응답 $|H(f)|$만을 구하여 입력의 주파수 성분별로 시스템에 의하여 크기가 어떻게 변하는지를 관찰하는 경우가 많다. 이를 위하여 z-변환을 이용하여 $|H(f)|$를 간단히 구하는 방법을 배워보자.

식 (4.38)과 식(4.48)에서 z-변환으로부터 푸리에 변환을 구하는 과정에 따라 주파수 응답은

$$H(f) = H(z)\big|_{z = e^{j2\pi f}}$$

$$= b_0 \, e^{j2\pi f (N - M)} \frac{\displaystyle\prod_{k=1}^{M} \left(e^{j2\pi f} - z_k \right)}{\displaystyle\prod_{k=1}^{N} \left(e^{j2\pi f} - p_k \right)} \tag{4.49}$$

이 되고, 진폭응답은

$$|H(f)| = |b_0| \frac{\displaystyle\prod_{k=1}^{M} \left| e^{j2\pi f} - z_k \right|}{\displaystyle\prod_{k=1}^{N} \left| e^{j2\pi f} - p_k \right|} \tag{4.50}$$

이 된다. 여기서 $e^{j2\pi f}$, z_k, p_k는 모두 복소수 값이므로 각각을 2차원 복소 평면에 표시하면 $\left| e^{j2\pi f} - z_k \right|$는 $e^{j2\pi f}$와 z_k 사이의 거리이고, $\left| e^{j2\pi f} - p_k \right|$는 $e^{j2\pi f}$와 p_k 사이의 거리이며, 각각의 거리는 f 값에 따라 변한다. 이와 같은 거리 개념을 도입

하면 식 (4.50)은

$$|H(f)| = |b_0| \frac{\prod\limits_{k=1}^{M} \left(e^{j2\pi f} \text{와 } z_k \text{ 사이의 거리} \right)}{\prod\limits_{k=1}^{N} \left(e^{j2\pi f} \text{와 } p_k \text{ 사이의 거리} \right)} \tag{4.51}$$

가 된다.

　$e^{j2\pi f}$는 f의 함수이며, f가 −0.5에서 0.5로 증가함에 따라 $e^{j2\pi f}$ 위치는 복소 평면에서 반지름 1을 가지는 단위원을 반시계 방향으로 한 바퀴 회전하게 된다. 따라서 단위원 위의 모든 위치에서 각각의 영점 및 극점까지의 거리를 계산하면 식 (4.51)을 이용하여 $|H(f)|$를 구할 수 있다. 예로, 그림 4.34와 같이 한 개의 극점과 두 개의 영점을 가질 경우, $|H(f_1)| = |b_0| \frac{c \times d}{e}$이고 $|H(f_2)| = |b_0| \frac{f \times g}{h}$이다. 이 방법을 이용하면 각 f에 해당하는 정확한 거리는 모르더라도 각각의 거리가 증가/감소하는 형태를 알 수 있으므로 $|H(f)|$ 그래프를 대략적으로 구할 수 있다. 반대로, 원하는 시스템의 주파수 응답이 주어지면 이를 구현하기 위한 영점 및 극점 위치를 결정하여 $H(z)$를 구할 수 있다. 상세한 내용은 7장에서 배운다.

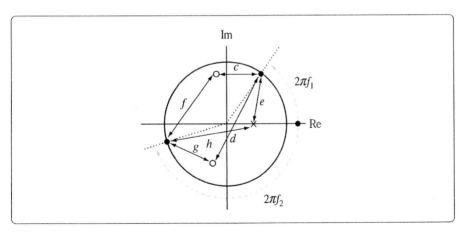

| 그림 4.34 |　영점과 극점까지의 거리를 이용하여 $|H(f)|$를 구하는 예

[예제 4.14] 임펄스 응답 $h(n) = 0.9^n u(n)$을 가지는 시스템의 진폭응답 $|H(f)|$를 구하시오.

풀이

$H(z) = \dfrac{1}{1 - 0.9z^{-1}} = \dfrac{z}{z - 0.9}$이므로 영점=0, 극점=0.9를 가지고, 복소 평면에 표시하면 그림 4.35의 (a)이다. $e^{j2\pi f}$와 영점까지의 거리는 항상 1로 고정이므로 $|H(f)|$에 영향을 미치지 못한다. f값의 변화에 따라 $e^{j2\pi f}$와 극점까지의 거리 변화를 보면 $f = 0$에 근접할 때 거리가 짧아지고 $f = 0$에서 멀어지면 거리가 길어진다. 또한 $f = 0$에서 극점까지의 거리가 0.1이므로 $|H(f = 0)| = \dfrac{1}{0.1} = 10$이고 $|h(f = \pm 0.5)| = \dfrac{1}{1.9} = 0.526$이다. 이 관계를 대략적으로 그래프로 나타내면 그림 4.35의 (b)가 되고, 전반적으로 저주파를 강화하고 고주파를 약화시키는 동작을 수행한다.

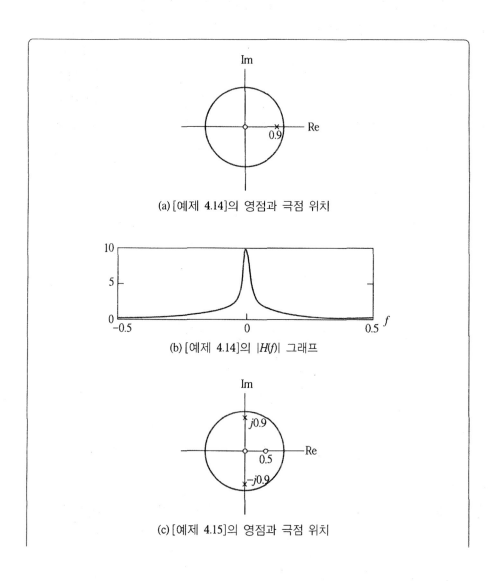

(a) [예제 4.14]의 영점과 극점 위치

(b) [예제 4.14]의 $|H(f)|$ 그래프

(c) [예제 4.15]의 영점과 극점 위치

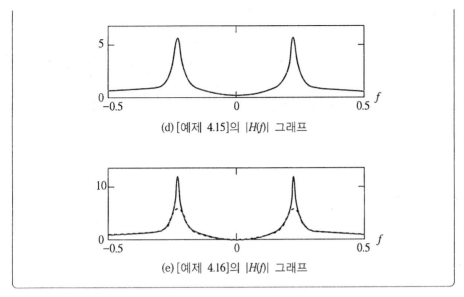

(d) [예제 4.15]의 |H(f)| 그래프

(e) [예제 4.16]의 |H(f)| 그래프

| 그림 4.35 |　영점과 극점 위치를 이용하여 |H(f)|를 구하는 예제

[예제 4.15] 시스템이 $H(z) = \dfrac{1 - 0.5z^{-1}}{1 + 0.81z^{-2}}$로 정의된다. 시스템의 진폭응답 |H(f)|를 구하시오.

풀이

$H(z) = \dfrac{1 - 0.5z^{-1}}{1 + 0.81z^{-2}} = \dfrac{z(z - 0.5)}{(z - j0.9)(z + j0.9)}$이므로 영점과 극점은 그림 4.35의 (c)이다. |H(f)|값은 $e^{j2\pi f}$와 두 개의 극점 및 한 개의 영점까지의 거리 조합으로 결정되는데(원점에 있는 영점은 제외), 최종 값은 각 길이 사이의 곱과 나누기로 정해지므로 매우 작거나 매우 큰 거리에 의하여 주도적으로 결정된다. $e^{j2\pi f}$와 영점까지의 거리는 최소 0.5부터 최대 1.5이므로 최종 값 결정에 주도적인 역할을 하지 못하지만, $e^{j2\pi f}$와 각 극점까지의 거리는 $f = \pm\dfrac{1}{4}$ 부근에서 매우 작은 값 0.1이 되므로 |H(f)| 값을 매우 크게 하는 역할을 한다. 따라서 극점에 근접하면 |H(f)|가 매우 커지고, 극점에서 멀어지면 점차 작아지는 형태를 가지게 되며, 정확한 |H(f)|를 그리면 그림 4.35의 (d)가 된다. 이 시스템은 $f = \pm0.25$ 부근의 성분을 크게 하는 대역 통과 시스템 동작을 한다.

[예제 4.16] [예제 4.15]에서 두 개의 극점을 각각 $\pm j0.95$로 이동시키면 |H(f)|가 어떻게 변하는지 구하시오.

극점이 단위원에 더 근접하므로 $f = \pm\frac{1}{4}$에서 $e^{j2\pi f}$와 극점 사이의 거리는 더 작아지고 $|H(f)|$는 더 커지게 되어, 전체 모양의 변화가 더 심하게 나타난다. 그림 4.35의 (e)에 $|H(f)|$ 그래프가 있으며, 점선으로 표시한 [예제 4.15]의 결과와 비교하면 $f = \pm\frac{1}{4}$ 근처에서 더 뾰족하고 높은 모양을 가지고 나머지 영역에서는 거의 동등한 모양을 가지며, 이에 따라 주파수별로 더 차별적인 대역 통과 동작을 수행한다.

[예제 4.17] 두 개의 극점을 이용하여 주파수 f_0에서 큰 응답을 가지는 시스템, 즉 2차 공명 장치(resonator)의 동작을 구하시오.

공명 주파수 f_0를 가지기 위하여 두 개의 극점은 $p = re^{\pm j2\pi f_0}$, $r \approx 1.0$, $r \leqq 1.0$이 되어야 하고, 이를 위한 2차 다항식은 $(z - re^{j2\pi f_0})(z - re^{-j2\pi f_0}) = z^2 - 2r\cos(2\pi f_0)z + r^2 = z^2(1 - 2r\cos(2\pi f_0)z^{-1} + r^2 z^{-2})$이 된다. 따라서 최종 2차 공명 장치의 전달함수는 $H(z) = \dfrac{b_0}{1 - 2r\cos(2\pi f_0)z^{-1} + r^2 z^{-2}}$이다. 물론 이 시스템은 원점 이외의 영점이 없는 경우에 해당한다. 그림 4.36은 이를 위한 블록도를 보여준다. 또한, $H(z)$에 대한 z-역변환을 통하여 시스템의 충격응답 $h(n)$을 구하면 $h(n) = \dfrac{b_0 r^n}{\sin(2\pi f_0)}\sin(2\pi f_0(n+1))u(n)$이 된다. 특별한 경우로서, 만일 두 극점이 단위원 위에 위치하고, 즉 $r = 1$이고, $b_0 = A\sin(2\pi f_0)$로 가정하면, $h(n) = A\sin(2\pi f_0(n+1))u(n)$이 되어 충격응답이 사인 형태를 가진다.

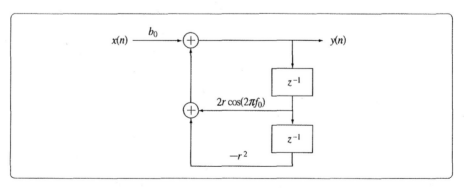

| 그림 4.36 | 2차 공명 장치의 블록도

이상의 예제에서 볼 수 있듯이, $|H(f)|$ 그래프는 시스템의 영점 및 극점의 위치와 밀접한 관계를 가진다. $|H(f)|$는 주로 단위원에 인접한 영점과 극점의 위치에 따라 결정되고, $e^{j2\pi f}$이 단위원 근처의 영점에 근접하면 $|H(f)|$가 작아지고 단위원 근처의 극점에 근접하면 $|H(f)|$가 커진다. 또한 영점과 극점이 단위원에 근접한 정도에 따라 $|H(f)|$가 작아지고 커지는 양이 결정된다.

4.8.3. 전역 통과 시스템

일반적으로 시스템의 주파수 응답 $H(f)$는 f에 따라 값이 변하지만, 특별한 경우로 모든 주파수 f에 대하여 진폭응답 $|H(f)|$가 일정한 시스템을 전역 통과 시스템(all-pass system)이라 한다. 대표적으로 $|H(f)| = 1$인 시스템은 입력 신호의 주파수에 관계없이 모든 성분을 크기 변화 없이 그대로 통과한다(물론 위상의 변화는 가능하다). 예로, 정수 k에 대하여 $H(z) = z^{-k}$ 또는 $H(f) = e^{-j2\pi fk}$는 전역 통과 시스템이다.

시스템 동작이 전역 통과이면 주파수에 따라 $|H(f)|$의 변화가 없으므로 시스템 동작의 의미가 없는 것처럼 보이지만, 가장 중요한 목적은 위상응답을 사용하는 것이다. 즉, $x(n)$ 신호가 주어질 때, 크기 변화는 없이 각 주파수 f별 위상을 원하는 형태로 변경하려면 특정 위상응답을 가지는 전역 통과 시스템을 이용하면 된다.

전역 통과 시스템의 중요한 수학적 성질은 다음과 같다. 먼저, 실수 임펄스 응답 $h(n)$에 대하여 푸리에 변환 성질에 의하여 $H^*(f) = H(-f)$이고, $H(-f) = H(z^{-1})|_{z = e^{j2\pi f}}$이므로

$$|H(f)|^2 = H(f)H^*(f) = H(f)H(-f) = H(z)H(z^{-1})|_{z = e^{j2\pi f}} \qquad (4.52)$$

이다. 한편, N차 다항식 $A(z) = \sum_{k=0}^{N} a_k z^{-k}$을 정의하고, 이로부터 전달 함수

$$H(z) = z^{-N} \frac{A(z^{-1})}{A(z)} \qquad (4.53)$$

을 가지는 시스템을 정의한다. 그러면,

$$H(z^{-1}) = z^N \frac{A(z)}{A(z^{-1})} \qquad (4.54)$$

이고, 식 (4.53)과 (4.54)를 식 (4.52)에 대입하면

$$|H(f)|^2 = H(z)H(z^{-1})|_{z=e^{j2\pi f}} = 1 \qquad (4.55)$$

이 된다. 따라서 식 (4.53)을 가지는 시스템은 항상 전역 통과 시스템이 된다.

이 성질에 따라 임의의 다항식 $A(z)$로부터 전역 통과 시스템을 정의할 수 있는데, 식 (4.53)과 같이 정의된 시스템의 영점과 극점은 특별한 성질을 가진다. 만일 p가 $H(z)$의 극점이라 하면, 즉 분모에서 $A(p) = 0$이면, $1/p$을 식 (4.53)의 분자에 적용하면 $A(z^{-1})|_{z=1/p} = 0$이 되므로 $1/p$은 영점이 된다. 즉, 식 (4.53) 시스템의 극점과 영점은 서로 역수 관계를 가진다. 반대로, 극점와 영점이 서로 역수 관계를 가지는 시스템은 전역 통과 시스템이 되며, 따라서 임의의 전역 통과 시스템을 매우 간단히 구현할 수 있다.

4.8.4. 역 시스템

시스템 $H(f)$가 주어지고 입력 $x(n)$에 대한 출력 $y(n)$가 있다. 다시 $y(n)$를 임의의 시스템 $Q(f)$에 입력하여 $x(n)$를 구할 수 있으면 $H(f)$는 가역 시스템(invertible system)이고, $Q(f)$가 역 시스템(inverse system)이다. 두 시스템을 하나의 시스템으로 통합하면 주파수 응답은 $H(f)Q(f)$가 되고 입력과 출력이 동일하므로 $H(f)Q(f) = 1$이 되어야 하고, $Q(f) = \dfrac{1}{H(f)}$ 관계를 가진다. 따라서 $Q(f)$의 영점과 극점은 $H(f)$의 극점와 영점에 각각 해당한다.

인과 시스템이 안정적이 되려면 모든 극점이 단위원 내부에 존재하여야 한다. 따라서 역 시스템이 안정적인 인과 시스템이 되려면 $H(f)$의 영점이 모두 단위원 내부에 존재하여야 한다. 이와 같이 모든 영점이 단위원 내부에 있는 시스템을 최소위상(minimum-phase) 시스템이라 한다. 반면, 모든 영점이 단위원 외부에 있으면 최대위상(maximum-phase) 시스템이라 하고, 원 내부와 외부에 동시에 위치하면 혼합위상(mixed-phase) 시스템이라 한다.

4.8.5 시스템 분해

임의의 시스템 $H(z)$는 항상 최소위상 시스템과 전역 통과 시스템의 곱으로 표현될 수 있다. 먼저, $H(z) = B(z)/A(z)$로 표현한다. 만일 $B(z)$가 단위원 밖에 하나 이상의 근을 가지면, $B(z) = B_1(z)B_2(z)$로 하여 $B_1(z)$의 모든 근은 단위원 내부에 존재하고 $B_2(z)$의 모든 근은 단위원 외부에 존재하도록 할 수 있다. 그러면, $B_2(z^{-1})$의 근은 $B_2(z)$ 근의 역수가 되므로 모두 단위원 내부에 존재하게 된다. 이제, $H_{\min}(z) = \dfrac{B_1(z)B_2(z^{-1})}{A(z)}$을 정의하면, 이 시스템의 영점은 모두 단위원 내부에 존재하므로 최소위상 시스템이 된다. 또한, $H_{ap}(z) = \dfrac{B_2(z)}{B_2(z^{-1})}$을 정의하면 이는 식 (4.53)에 따라 전역 통과 시스템이 된다. 마지막으로 $H(z) = H_{\min}(z)H_{ap}(z)$가 되므로 $H(z)$는 최소위상 시스템과 전역 통과 시스템의 곱으로 표현된다.

이와 같은 시스템 분해 과정을 영점/극점 그래프를 이용하여 간단히 설명할 수 있다. $H(z)$가 그림 4.37의 (a)의 영점/극점을 가진다고 가정하자. 2개의 영점 z_1, z_2가 단위 원 외부에 있는데, z_1과 z_2의 영점을 제거하고 각각의 역수인 $\dfrac{1}{z_1}$, $\dfrac{1}{z_2}$을 영점으로 가지도록 하면 (b)가 얻어진다. 만일, (b)의 영점/극점을 가지는 시스템을 $H_{\min}(z)$하면 이 시스템은 최소위상 조건을 만족한다. 다음, (c)와 같이 영점 z_1, z_2와 극점 $\dfrac{1}{z_1}$, $\dfrac{1}{z_2}$을 가지는 시스템 $H_{ap}(z)$을 정의하면 이 시스템은 영점과 극점이 서로 역 관계를 가지므로 전역 통과 조건을 만족한다. 마지막으로 $H_{\min}(z)$와 $H_{ap}(z)$를 곱하면 $\dfrac{1}{z_1}$, $\dfrac{1}{z_2}$에 위치하는 $H_{\min}(z)$의 영점과 $H_{ap}(z)$의 극점이 서로 상쇄되어 곱 시스템의 영점/극점은 다시 (a)가 된다. 즉, $H(z) = H_{\min}(z)H_{ap}(z)$이 되어 최소위상과 전역 통과 조건을 만족하는 두 개의 시스템으로 분해된다.

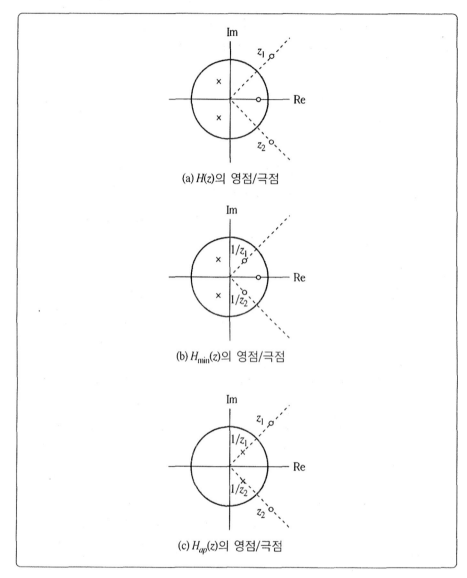

(a) $H(z)$의 영점/극점

(b) $H_{min}(z)$의 영점/극점

(c) $H_{ap}(z)$의 영점/극점

| 그림 4.37 |　영점과 극점을 이용하여 시스템의 분해 과정을 설명하는 예

최소위상 조건을 만족하지 않는 시스템 $H(z)$가 $H(z) = H_{min}(z)H_{ap}(z)$로 표현되면 $|H(z)| = |H_{min}(z)|$이므로, 그림 4.37의 (a)와 (b)에서 보듯이 단위원 외부의 모든 영점을 역으로 취하여 동일한 진폭응답을 가지는 최소위상 시스템을 구할 수 있다. 이 성질은 안정적인 역 시스템을 설계하는 데 이용된다. 그림 4.38과 같이 입력 $x(n)$이 시스템 $H(z)$를 통과하여 $y(n)$가 될 때, $y(n)$로부터 $x(n)$를 다시

복구하는 시스템 $H_r(z)$을 설계하고자 한다. 수학적으로 $H_r(z) = \dfrac{1}{H(z)}$로 하면 되지만, 만일 $H(z)$가 최소위상 조건을 만족하지 못하면 $H_r(z)$는 안정적 시스템이 되지 못하여 현실적으로 구현이 불가능하다. 이 경우에는 $H_r(z) = \dfrac{1}{H_{\min}(z)}$로 하면 $H_r(z)$는 안정적 시스템이 되며, $|H(z)H_r(z)| = 1$을 만족한다. 물론, 역 시스템의 최종 출력 $x_r(n)$은 정확히 $x(n)$가 되지는 못하고 위상 변화를 포함한다.

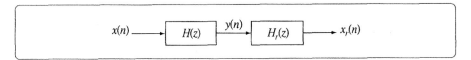

│ 그림 4.38 │ 최소위상 조건을 만족하지 못하는 시스템의 역 시스템 설계 예

연 / 습 / 문 / 제

01 다음 연속 신호의 스펙트럼을 구하시오

(a) $x(t) = 2\sin\left(2\pi t + \dfrac{\pi}{4}\right) + e^{j2\pi t}$

(b) $x(t) = \dfrac{\sin 10\pi t}{\pi t}$

(c) $x(t) = \displaystyle\sum_{k=-\infty}^{\infty} \left\{ \delta(t - 2k) + \delta(2t - k) \right\}$

(d) 그림 P4.1 (a) 신호

(e) 그림 P4.1 (b) 신호

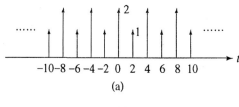

(a)

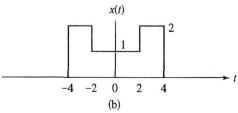

(b)

| 그림 P4.1 |

02 다음 이산 신호의 스펙트럼을 구하시오

(a) $x(n) = \cos(\pi n)$

(b) $x(n) = 2\cos\left(\dfrac{3\pi}{7}n + \dfrac{1}{7}\right)$

(c) $x(n) = \left(\dfrac{1}{2}\right)^{|n|}$

(d) 그림 P4.2 (a)

(e) 그림 P4.2 (b)

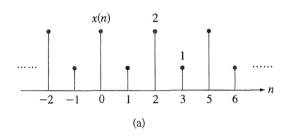

(a)

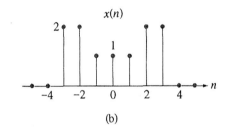

(b)

| 그림 P4.2 |

03 그림 P4.3의 이산 주기 신호 $x(n)$의 푸리에 급수 계수를 c_k라 한다.

(a) c_0 값을 구하시오

(b) $\displaystyle\sum_{k=-\infty}^{\infty} c_k$ 값을 구하시오.

(c) $x(n-2)$의 푸리에 급수 계수를 b_k라 할 때, c_k와 b_k의 관계를 구하시오.

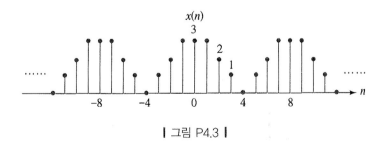

| 그림 P4.3 |

04 $x(t)$가 그림 P4.4의 스펙트럼을 가질 때, $y(t) = x(t)\sin(2\pi t)\sin(4\pi t)$의 스

펙트럼을 그리시오.

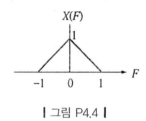

| 그림 P4.4 |

05 다음 값을 구하시오

(a) $\dfrac{\sin(2\pi t)}{\pi t} * \dfrac{\sin(2\pi 3t)}{\pi t}$

(b) $\cos\left(\dfrac{\pi}{2}n\right) * \sin\left(\dfrac{\pi}{6}n\right)$

(c) $\displaystyle\int_0^1 \left\{ \dfrac{\sin\left(2\pi\frac{5}{2}f\right)}{\sin\left(2\pi\frac{1}{2}f\right)} \right\}^2 df$

(d) $\displaystyle\sum_{k=0}^{4} \left\{ \dfrac{\sin\left(\frac{3\pi}{5}k\right)}{\sin\left(\frac{\pi}{5}k\right)} \right\}^2$

06 $x(t) = \begin{cases} \cos 2\pi t, & 0 < t < 1 \\ 0, & \text{다른 경우} \end{cases}$ 이다. $x(t)$의 스펙트럼을 $X(F)$라 할 때, $F = -2$, $-1, 0, 1, 2$에서의 $X(F)$ 값을 각각 구하시오.

07 $x(n)$의 스펙트럼이 그림 P4.5일 때, $(-1)^n x(n)$의 스펙트럼을 구하시오.

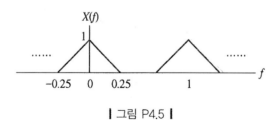

| 그림 P4.5 |

08 그림 P4.6의 스펙트럼을 가지는 $x(t)$를 샘플링 주파수 F_s로 샘플링한다. 주파수 영역 에일리어싱이 발생하지 않기 위한 최소 F_s를 구하시오.

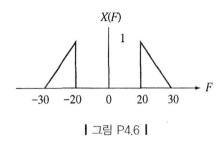

| 그림 P4.6 |

09 2차원 공간 (x, y)에서 한 물체가 $(x, y) = (\cos 2\pi 10t,\ \sin 2\pi 10t)$에 따라 움직인다. 이 물체의 위치를 15Hz로 샘플링하고 다시 연속 움직임으로 복원할 때, 물체가 움직이는 위치 좌표를 구하시오.

10 입력 신호 $x(t) = 1 + 2\sin\left(\dfrac{2\pi}{3}t + \dfrac{\pi}{2}\right) + \cos\left(\dfrac{\pi}{5}t\right)$와 그림 P4.7의 임펄스 응답 $h(t)$를 가지는 LTI 시스템에 대한 출력 신호 $y(t)$를 식으로 구하시오.

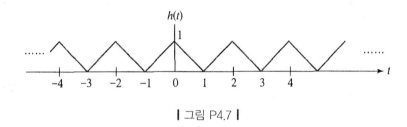

| 그림 P4.7 |

11 그림 P4.4의 스펙트럼을 가지는 $x(t)$를 $T = 0.5$초로 샘플링하여 이산 시간 신호 $x(n)$을 얻고, $x(n)$을 $N = 4$마다 반복하여 이산 주기 신호 $y(n)$을 얻었다. $y(n)$의 스펙트럼을 그리시오.

12 $h(n) = \left(\dfrac{1}{2}\right)^{n} u(n)$인 LTI 시스템에 $x(n) = \cos\left(2\pi\dfrac{1}{4}n\right)$를 입력한다. 출력 신호 $y(n)$를 $G\cos(2\pi f_0 t + \phi)$ 형태로 구할 경우, 실수 G, f_0, ϕ 값을 각각 구하시오.

13 그림 P4.8의 주기 입력 신호 $x(n)$와 임펄스 응답 $h(n) = \dfrac{\sin \frac{\pi}{3} n}{\pi n}$에 대한 출력 신호 $y(n)$을 식으로 구하시오.

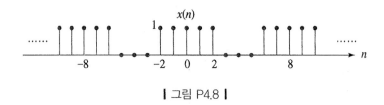

| 그림 P4.8 |

14 연속 신호 $x(t)$를 샘플링 주기 T초로 샘플링하여 이산 시간 신호 $x(n)$를 만들었다. 만일, $x(n)$를 그림 P4.9의 주파수 응답을 가지는 시스템에 통과시킨 후, 다시 연속 시간 신호를 복원하였더니 2kHz 이상의 성분이 모두 사라졌다. T를 구하시오.

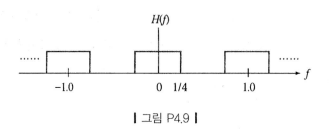

| 그림 P4.9 |

15 $x(t) = \cos(2\pi 4t) + \sin(2\pi 3t)$를 5Hz로 샘플링한 신호의 스펙트럼을 구하시오.

16 $x(n)$의 스펙트럼이 그림 P4.5이다. $y(n) = x(2n)$의 스펙트럼을 그리시오.

17 $H(z) = \dfrac{1 - 0.5z^{-1}}{1 - 1.4z^{-1} + 0.98z^{-2}}$의 진폭응답을 구하시오. 단, 영점과 극점의 위치를 이용하여 대략적인 모양을 구하면 된다.

18 $H(z) = \dfrac{1 + 2z^{-1}}{1 - \frac{3}{2}z^{-1} - z^{-2}}$ 시스템에 대하여, 새로운 시스템 $Y(z) = H(z)G(z)$이 전역 통과 시스템이 되기 위한 안정적 시스템 $G(z)$를 구하시오.

19 시스템이 $H(z) = \dfrac{1 - 2z^{-1}}{1 - \dfrac{3}{2}z^{-1} - z^{-2}}$ 일 때, 시스템의 DC 응답, 즉 $|H(f=0)|$

을 구하시오.

20 $H(z) = \dfrac{1 - \dfrac{5}{2}z^{-1} + x^{-2}}{1 - z^{-1} + \dfrac{1}{2}z^{-2}}$ 인 인과/안정적 시스템은 최소위상 시스템이 아니

다. 이 시스템과 동일한 진폭응답을 가지는 최소위상 시스템을 z-변환 형태
로 구하시오.

이산 푸리에 변환

05

이산 푸리에 변환

⑤.1 개요

4장에서 우리는 이산 신호 $x(n)$에 DTFT를 적용하여 스펙트럼 $X(f)$를 구하고 주파수를 분석하는 기법을 배웠다. 그러나 스펙트럼 $X(f)$는 연속 주파수 변수 f를 가지는 함수이고 디지털 방법으로 계산하는 것이 불가능하므로, DTFT를 사용하는 주파수 분석은 완전한 디지털 신호 처리라 할 수 없다. 이 장에서는 시간 영역뿐만 아니라 주파수 영역도 이산 변수를 가지도록 하여 시간과 주파수 영역에서의 모든 연산을 디지털로 처리하는 디지털 주파수 분석 도구를 배운다.

⑤.2 주파수 영역 샘플링

연속 신호 $x(t)$를 디지털 방법으로 처리하기 위하여 시간 영역에서 샘플링을 수행하여 $x(n)$를 구하는 과정을 거쳤다. 동일한 개념을 주파수 영역에 적용할 수 있는데, 그림 5.1에서 보듯이 $x(n)$의 스펙트럼 $X(f)$을 주파수 영역에서 샘플링을 하고, 각 샘플링된 주파수 위치에 이산 주파수 변수 k를 할당하여 주파수 영역 신호 $X(k)$를 새롭게 정의할 수 있다. 이렇게 $X(k)$를 정의하면 시간 영역과 주파수 영역이 모두 이산 변수를 가지므로 진정한 의미의 디지털 주파수 분석이 가능해진다.

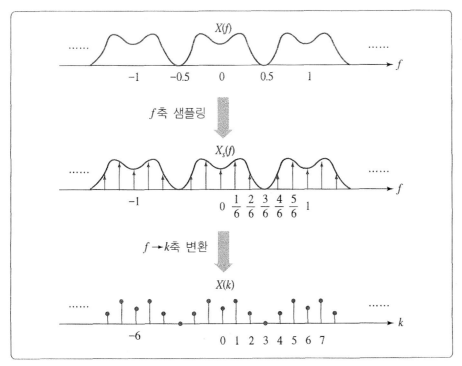

| 그림 5.1 |　주파수 영역 샘플링을 통하여 $X(k)$를 유도하는 과정

　주파수 영역에서 샘플링을 하면 시간 영역에서는 어떤 변화가 발생할까? 이를 구하기 위하여 주파수 영역 샘플링을 통하여 $X(k)$를 정의할 때, $X(k)$의 역변환에 해당하는 시간 영역 신호를 구해보자. $X(f)$를 $f = \dfrac{1}{N}$ 간격으로 샘플링하여 $X(k)$를 정의하는 과정은 $X(k) = X(f)\big|_{f = k/N}$로 표현되고, 여기에 $X(f)$ 공식을 대입하여 전개하면

$$
\begin{aligned}
X(k) &= X(f)\big|_{f = \frac{k}{N}} \\
&= \sum_{n = -\infty}^{\infty} x(n)\, e^{-j\frac{2\pi}{N}kn} \\
&= \sum_{r = -\infty}^{\infty} \left[\sum_{n = rN}^{rN + N - 1} x(n)\, e^{-j\frac{2\pi}{N}kn} \right],\ n \to n - rN \\
&= \sum_{r = -\infty}^{\infty} \left[\sum_{n = 0}^{N - 1} x(n - rN)\, e^{-j\frac{2\pi}{N}k(n - rN)} \right] \\
&= \sum_{n = 0}^{N - 1} \left[\sum_{r = -\infty}^{\infty} x(n - rN) \right] e^{-j\frac{2\pi}{N}kn}
\end{aligned}
\tag{5.1}
$$

이다. 마지막 등식에서

$$x_p(n) = \sum_{r=-\infty}^{\infty} x(n - rN) \tag{5.2}$$

을 정의하면 $x_p(n)$은 기본 주기 N을 가지는 주기 신호이고, $x_p(n)$의 푸리에 급수 계수 c_k는

$$c_k = \frac{1}{N} \sum_{n=0}^{N-1} x_p(n) e^{-j \frac{2\pi}{N} kn} \tag{5.3}$$

이다. 식 (5.3)을 식 (5.1)과 비교하면

$$c_k = \frac{1}{N} X(k) \tag{5.4}$$

의 관계식을 얻고, 식 (5.4)를 $x_p(n)$의 푸리에 급수 합성식에 대입하면

$$\begin{aligned} x_p(n) &= \sum_{k=0}^{N-1} c_k e^{j \frac{2\pi}{N} kn} \\ &= \frac{1}{N} \sum_{k=0}^{N-1} X(k) e^{j \frac{2\pi}{N} kn} \end{aligned} \tag{5.5}$$

이 된다. 따라서 $X(k)$를 시간 영역으로 역변환하면 주기적으로 반복된 신호 $x_p(n)$를 얻고, 이는 그림 4.28에서 설명하였듯이 주파수 영역에서 샘플링하면 시간 영역에서 신호가 반복되는 성질에 해당하는 결과이다.

최종적으로 식 (5.1)과 (5.5)를 함께 정리하면

$$X(k) = \sum_{n=0}^{N-1} x_p(n) e^{-j \frac{2\pi}{N} kn} \tag{5.6}$$

$$x_p(n) = \frac{1}{N} \sum_{k=0}^{N-1} X(k) e^{j \frac{2\pi}{N} kn} \tag{5.7}$$

을 얻는다. 지금까지 배웠던 모든 푸리에 관련 식과 유사하고, 특히 시간과 주파수 영역이 각각 이산 변수 n과 k로 표시되어 모두 디지털 연산들로 구성되는 특징을 가진다. 물론, 시간 영역이 $x(n)$이 아니므로 아직 $x(n)$에 대한 이산 주파수 영역에서의 스펙트럼을 구하는 이론이 완성된 것은 아니다.

$X(f)$를 주파수 영역에서 샘플링을 하여 $X(k)$를 구하면 이로부터 다시 $X(f)$를 복원할 수 있을까? 이를 위해 $x(n)$와 $x_p(n)$의 관계를 다시 살펴보자. 식 (5.2)의 $x_p(n)$는 $x(n)$를 N마다 반복하여 얻은 신호이므로, 구체적인 $x_p(n)$의 모양은 N에 따라 결정된다. 그림 5.2 (a)의 $x(n)$에 대하여 $N = 6$과 $N = 4$일 때의 $x_p(n)$을 각각 살펴보자. $N = 6$이면 시간 영역에서 반복 간격이 충분히 넓어 $x(n)$이 서로 겹치지 않고 반복된 $x_p(n)$를 얻는다. 이 경우, $x_p(n)$로부터 다시 $x(n)$을 얻는 것이 가능하므로 $X(f)$의 복원이 가능하다. 그러나 $N = 4$를 사용하면, 시간 영역에서 반복 간격이 좁아져 $x(n)$들이 서로 겹쳐지면서 반복되어 $x_p(n)$가 만들어진다. 이 경우에는 $x_p(n)$로부터 다시 $x(n)$을 얻을 수 없어 주파수 영역 샘플링의 복원이 불가능하다. 이와 같이 시간 영역에서 $x(n)$이 반복될 때, 이웃한 신호가 겹치는 현상을 시간 영역 에일리어싱이라 한다.

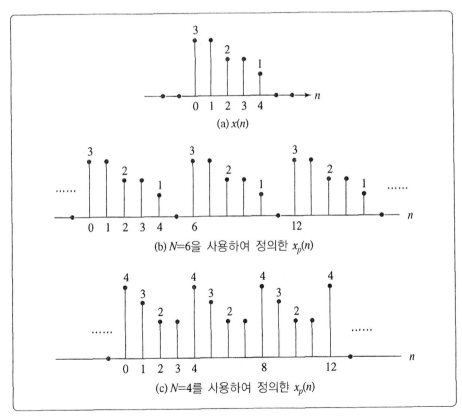

| 그림 5.2 | 주파수 영역 샘플링에 의한 시간 영역에서의 반복 동작의 예

이상의 설명은 4장에서 설명하였던 샘플링 이론과 동일한 것이며, 단지 시간 영역과 주파수 영역의 역할이 서로 바뀐 것에 불과하다. 즉, 주파수 영역에서 샘플링을 하면 시간 영역에서 신호가 주기적으로 반복되고, 만일 시간 영역 반복 과정에서 이웃 신호 사이에 겹침이 없으면 원 신호의 복원이 가능하다. 따라서 신호의 시간 영역 길이가 N일 때, 주파수 영역에서 $f \leqq \frac{1}{N}$ 간격으로 샘플링을 하면 신호 복원이 가능하다.

⑤.3 이산 푸리에 변환 유도

식 (5.6)과 (5.7)로부터 최종적으로 이산 스펙트럼 이론을 완성해보자. 식 (5.2)에 정의된 $x_p(n)$은 $x(n)$을 N마다 반복시킨 결과이다. 만일 특별한 경우로서, $x(n)$이

$$x(n) = 0, \, n < 0 \text{ 또는 } n \geqq N \tag{5.8}$$

조건을 만족한다고 가정하면

$$x(n) = x_p(n), \, 0 \leqq n < N \tag{5.9}$$

이다. 식 (5.8) 조건이 주어지면, 식 (5.6)의 $X(k)$를 구하는 과정에서 n의 범위가 $0 \leqq n < N$ 이므로 $x_p(n)$를 $x(n)$으로 치환하여도 식이 성립한다. 식 (5.7)에서는 n의 범위를 $0 \leqq n < N$ 로 한정시키면 $x_p(n) = x(n)$이 된다. 따라서 $x(n)$가 식 (5.8) 조건을 만족하면 식 (5.6)과 (5.7)은

$$\text{DFT}: X(k) = \sum_{n=0}^{N-1} x(n) e^{-j \frac{2\pi}{N} kn}, \quad 0 \leqq k < N \tag{5.10}$$

$$\text{IDFT}: x(n) = \frac{1}{N} \sum_{k=0}^{N-1} X(k) e^{j \frac{2\pi}{N} kn}, \, 0 \leqq n < N \tag{5.11}$$

으로 정리되고, 식 (5.10)을 이산 푸리에 변환(discrete Fourier transform, DFT), 식(5.11)을 이산 푸리에 역변환(inverse discrete Fourier transform, IDFT)이라 정의한다. 이것이 우리가 원하였던 이산 주파수 영역에서의 주파수 분석 및 스펙트럼을 다루는 이론이다. 여기서 변수 n과 k가 모두 $0 \sim N-1$로 한정되는 것에 유의하여야 한다. 식 (5.8)에 의하여 $x(n)$의 길이가 N이고 $X(f)$를 $\frac{1}{N}$ 간격으로 샘플링하므로, 복원 가능한 샘플링 조건을 만족하고 따라서 DFT에 의한 정보 손실은 없다.

앞에서 주파수 영역 샘플링 과정을 통하여 DFT를 유도하였는데, DTFS 개념을 사용하여 다시 유도해보자. 우리의 목표는 그림 5.3의 (a)와 같이 $0 \leq n < N$으로 한정된 $x(n)$이 주어질 때, 이산 주파수 성질을 가지는 스펙트럼을 구하는 것이다. 푸리에 이론에 의하면 비주기 $x(n)$의 스펙트럼은 연속 주파수 성질을 가지므로 주어진 상황에서는 절대 이산 스펙트럼을 구할 수 없다. 그런데 우리는 4장에서 시간 영역에서의 주기 신호가 이산 스펙트럼(4장에서 선 스펙트럼으로 정의하였음)이 되는 것을 이미 배웠다. 따라서 이 성질이 중요한 해결책이 될 것으로 예상되며, $x(n)$을 N마다 반복시켜 (b)의 주기 신호 $x_p(n)$를 정의한다. 이때, $x(n)$가 $0 \leq n < N$으로 한정되므로, 에일리어싱이 발생하지 않고 $x_p(n)$로부터 다시 $x(n)$를 구할 수 있다. $x_p(n)$의 스펙트럼은 시간 영역의 주기 성질에 따라 (c)의 선 스펙트럼 모양을 가지게 되며(설명을 위하여 임의의 모양으로 가정하였음), $f = \frac{k}{N}$에 따라 k 변수로 치환하면 (d)의 이산 스펙트럼 $X(k)$를 얻게 된다. 물론 이렇게 구한 스펙트럼 $X(k)$는 $x(n)$의 스펙트럼이 아니라 $x_p(n)$의 스펙트럼이다. 하지만 $0 \leq n < N$ 구간에서는 $x_p(n) = x(n)$이므로 시간 영역의 전체를 보지 말고 $0 \leq n < N$ 구간 내에서만 신호를 정의하기로 하면 식 (5.10)과 (5.11)이 유도된다.

DFT에서 N 값이 매우 중요한 역할을 한다. f를 $\frac{1}{N}$ 간격으로 샘플링하여 구한 DFT를 N-포인트 DFT라 명시한다. N은 주파수 영역에서 샘플링 간격을 결정하므로 주파수 영역에서 얼마나 상세하게 정보를 취하는지, 즉 주파수 분석의 해상도를 결정한다. 반면, 시간 영역에서 N은 신호의 시간 영역을 $0 \leq n < N$으로 한정시키는 식 (5.8) 조건을 의미한다(이러한 의미로 N을 신호의 길이라고도 함). 만일 주파수 정보를 보다 자세하게 확인하고 싶으면 N 값을 증가시키면 되고, 이를 위해 $x(n)$의 길이를 길게 해야 한다. 예로, $x(n)$이 존재하는 영역이 $0 \leq n < K$일 때 일반적으로 K-포인트 DFT를 구하는데, 만일 K-포인트 DFT보

다 더 상세한 스펙트럼을 보고 싶으면 시간 영역에서 $n = K - 1$ 이후에 $N - K$ 개의 영 값을 추가로 연결시켜 길이 N을 가지는 새로운 신호 $x_z(n)$를 정의하여(물론 $N > K$이고, $0 \leq n < K$에서는 $x(n) = x_z(n)$) N-포인트 DFT를 구하면 된다. DFT 포인트를 증가시키기 위하여 $x(n)$에 영 값을 추가하는 과정을 제로 패딩 (zero padding)이라 한다.

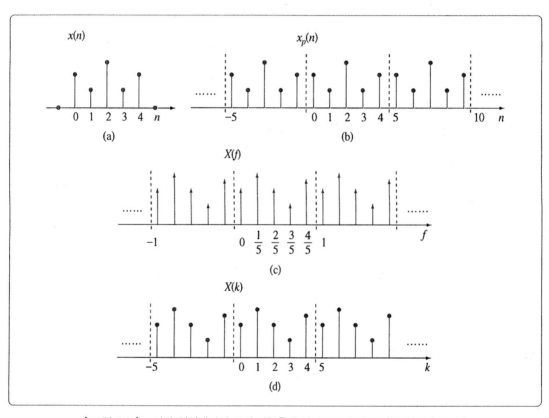

| 그림 5.3 | 시간 영역에서의 주기 반복을 통하여 DFT를 유도하는 과정 ($N = 5$)

[예제 5.1] 그림 5.4 (a)에 주어진 길이 100의 $x(n)$은 $f = 0.04$와 $f = 0.05$를 가지는 두 코사인 신호의 합이다. DFT를 이용하여 $x(n)$의 주파수 성분을 분석하시오.

풀이

$x(n)$의 길이가 100이므로 100-포인트 DFT를 하여 $|X(k)|$를 구하면 그림 5.4의 (b)가 되는

데, 이것은 $0 \leq k \leq 25$ 구간, 즉 $0 \leq f \leq 0.25$ 대역을 확대하여 표시한 것이다. 그러나 $|X(k)|$는 $x(n)$에 포함된 두 주파수 성분을 구분하여 표시하지 못한다. 두 주파수 성분을 구분하기 위하여 $f = 0.04$와 $f = 0.05$ 사이에 하나 이상의 주파수 샘플이 존재해야 하는데 f의 샘플링 간격이 $1/100 = 0.01$이므로 그렇지 못하기 때문이다. 즉, 주파수 해상도가 낮아 $x(n)$의 주파수 성분을 정확하게 분석하지 못한다.

주파수 해상도를 높이기 위하여 (c)와 같이 $x(n)$에 400개의 영 값을 추가하여 500 샘플을 가지는 $x_z(n)$를 정의하고, 500-포인트 DFT를 하면 (d)의 스펙트럼 $|X_z(k)|$를 얻는다. 여기서, (b)와 동일하게 $0 \leq f \leq 0.25$ 대역을 확대하여 표시하였다. 이 스펙트럼은 $f = 1/500 = 0.002$ 간격으로 샘플링한 것이므로 $f = 0.04$와 $f = 0.05$를 뚜렷하게 구분할 수 있다. 그리고 $|X_z(k)|$가 $k = 20$과 25 부근에서 큰 피크값을 가지므로 $f = 0.04$와 $f = 0.05$에 해당하는 두 주파수 성분이 존재하는 것을 확인할 수 있다.

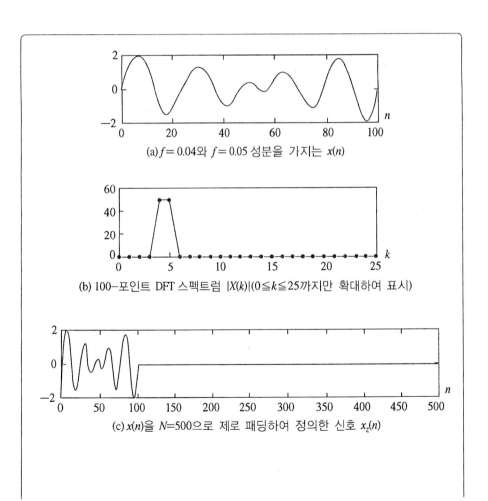

(a) $f = 0.04$와 $f = 0.05$ 성분을 가지는 $x(n)$

(b) 100-포인트 DFT 스펙트럼 $|X(k)|$ ($0 \leq k \leq 25$까지만 확대하여 표시)

(c) $x(n)$을 $N = 500$으로 제로 패딩하여 정의한 신호 $x_z(n)$

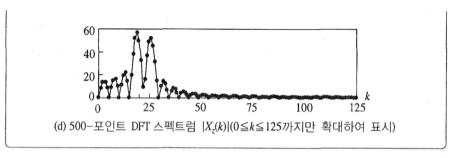

(d) 500-포인트 DFT 스펙트럼 $|X_2(k)|$($0 \leq k \leq 125$까지만 확대하여 표시)

| 그림 5.4 | N에 따른 DFT 스펙트럼의 해상도 차이를 설명하는 예

이와 같이 N 값이 주파수 해상도를 결정하고, 낮은 해상도를 잘못 사용하면 정확한 정보를 얻을 수 없다. 그러나 무조건 N을 크게 하면 DFT를 구하기 위한 연산량과 데이터양이 증가하는 문제점이 있으므로 필요 이상의 해상도를 가지는 DFT를 사용하는 것도 절적하지 못하다. 따라서 DFT를 사용하기 위하여 신호의 특성과 응용 분야에 맞는 적절한 N 값을 정하는 것이 매우 중요하다.

⑤.4 DFT 성질

(1) 대칭 성질

$x(n)$이 실수이면

$$\text{실수 } x(n) : X(-k) = \sum_{n=0}^{N-1} x(n) e^{-j\frac{2\pi}{N}(-k)n} = \sum_{n=0}^{N-1} x(n) e^{j\frac{2\pi}{N}kn} = X^*(k)$$

$$(5.12)$$

이고, $|X(-k)| = |X(k)|$를 만족한다. 또한, $X(k)$의 주기 성질에 따라 $X(k) = X(k+N)$이고 $X(-k) = X(N-k)$이므로

$$\text{실수 } x(n) : X(k) = X^*(N-k) \qquad (5.13)$$

이다.

식 (5.8)을 만족하는 실수 $x(n)$는 N개의 실수 값을 가진다. 반면, N-포인트 DFT 스펙트럼 $X(k)$는 $0 \leq k < N$에서 N개의 복소수 값을 가지고, 한 개의 복소수 값은 두 개의 실수 값으로 구성되므로, $X(k)$는 $2N$개의 실수 값으로 구성된다. 이렇게 보면 시간 영역에서 N개의 실수 값을 가지는 $x(n)$를 주파수로 변환하면 $2N$개의 실수 값을 가지는 $X(k)$가 되고, 마치 데이터양이 증가한 것처럼 보인다. 그러나 식 (5.13)의 $X(k) = X^*(N - k)$ 성질에 따라 $X(k_0)$이 주어지면 $X(N - k_0)$은 자동으로 결정된다. 그에 따라 $X(k)$를 $0 \leq k \leq \dfrac{N}{2}$에서만 정의하면 추가 정보 없이 모든 $X(k)$가 자동으로 정의된다(N는 짝수로 가정). 또한 $X(0) = \displaystyle\sum_{n=0}^{N-1} x(n)$와 $X\left(\dfrac{N}{2}\right) = \displaystyle\sum_{n=0}^{N-1} x(n) e^{-j\frac{2\pi}{N}\frac{N}{2}n} = \displaystyle\sum_{n=0}^{N-1} x(n)(-1)^n$이므로, 이 두 값들은 항상 실수 값이다. 따라서 실수 $x(n)$에 대한 N-포인트 DFT $X(k)$를 표시하기 위하여 필요한 실수 값은 총 N개에 불과하므로 시간 영역과 주파수 영역에서 필요한 데이터양은 동일하다.

$x(n)$이 실수이고, 실수 함수 $X_R(k)$와 $X_I(k)$를 사용하여 $X(k) = X_R(k) + jX_I(k)$로 표시하면, 식 (5.13)을 적용하여 IDFT로부터

$$
\begin{aligned}
x(n) &= \frac{1}{N}\sum_{k=0}^{N-1} X(k) e^{j\frac{2\pi}{N}kn} \\
&= \frac{1}{N}\left[X(0) + \sum_{k=1}^{\frac{N}{2}-1} X(k) e^{j\frac{2\pi}{N}kn} + X\left(\frac{N}{2}\right)(-1)^n + \sum_{k=\frac{N}{2}+1}^{N-1} X(k) e^{j\frac{2\pi}{N}kn} \right], \quad k \to N-k \\
&= \frac{1}{N}\left[X(0) + X\left(\frac{N}{2}\right)(-1)^n + \sum_{k=1}^{\frac{N}{2}-1} \left\{ X(k) e^{j\frac{2\pi}{N}kn} + X(N-k) e^{-j\frac{2\pi}{N}kn} \right\} \right] \\
&= \frac{1}{N}\left[X(0) + X\left(\frac{N}{2}\right)(-1)^n + \sum_{k=1}^{\frac{N}{2}-1} \left\{ X(k) e^{j\frac{2\pi}{N}kn} + \left(X(k) e^{j\frac{2\pi}{N}kn} \right)^* \right\} \right] \\
&= \frac{1}{N}\left[X(0) + X\left(\frac{N}{2}\right)(-1)^n + 2\sum_{k=1}^{\frac{N}{2}-1} \left\{ X_R(k)\cos\frac{2\pi}{N}kn - X_I(k)\sin\frac{2\pi}{N}kn \right\} \right]
\end{aligned}
\tag{5.14}
$$

을 얻는다. 이 연산은 실수 연산만으로 $X(k)$로부터 실수 $x(n)$를 구하는 방법을 알려준다. 우리가 다루는 대부분의 신호 $x(n)$가 실수이고 컴퓨터 프로그래밍에

서 $X(k)$를 실수 변수 $X_R(k)$와 $X_I(k)$로 표현하므로, 실제 IDFT 연산을 위하여 식 (5.14)가 주로 사용된다.

만일, 길이 N인 $x(n)$이 실수이고 $n = \dfrac{N}{2}$를 기준으로 대칭 신호이면, 즉 $x(n) = x(N - n)$이면, $X(k)$가 실수 신호가 되고

$$\text{실수 대칭 } x(n) : X(k) = \sum_{n=0}^{N-1} x(n) \cos \frac{2\pi}{N} kn \tag{5.15}$$

$$\text{실수 대칭 } x(n) : x(n) = \frac{1}{N} \sum_{k=0}^{N-1} X(k) \cos \frac{2\pi}{N} kn \tag{5.16}$$

와 같이 DFT와 IDFT가 간단한 실수 연산으로 표현된다.

(2) 시간 이동성

식 (5.8) 조건을 만족하는 $x(n)$을 시간 영역에서 r만큼 이동시켜 $x(n - r)$을 정의하면, $x(n - r)$는 더 이상 식 (5.8) 조건을 만족하지 않으므로 N-포인트 DFT를 정의할 수 없다. 따라서 시간 이동성을 위하여 식 (5.8) 조건을 만족하는 새로운 형태의 시간 영역 이동이 필요하다. 이를 위해 N-포인트 순환 이동(circular shift)을 정의하고 $x(n - r)_N$로 표시한다. $x(n - r)_N = x(n - r, \text{ modulo } N)$을 의미하고, 시간 영역 변수를 순환 방식으로 계산하는 것이다. 예로 $x(1)_4 = x(1)$, $x(-1)_4 = x(3)$, $x(5)_5 = x(0)$ 등이 된다. 그러면 $x(n - r)_N$의 N-포인트 DFT는 $X(k) e^{-j \frac{2\pi}{N} kr}$이 되어 주파수 영역에서 위상 변화로 나타난다. 이 성질은 CTFT 및 DTFT와 동일한 성질이고, 단지 DFT에서는 시간 영역을 $0 \leq n < N$로 한정하므로 시간 영역 이동을 순환 이동으로 정의하는 차이점만을 가진다.

$x(n)$의 순환 이동 $x(n - r)_N$을 구하는 요령의 예가 그림 5.5에 주어진다. (a)와 같이 $x(n)$을 $0 \leq n < N$ 구간 내부에서 순환 구조로 r만큼 축 이동을 수행하거나, (b)와 같이 $x(n)$를 주기 N을 가지는 주기 신호 $x_p(n)$로 확장한 후 일반적인 축 이동을 수행하고 $0 \leq n < N$ 내부의 신호만을 취하여 구할 수 있다.

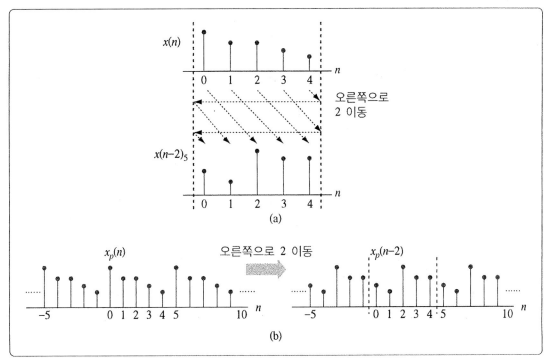

| 그림 5.5 | 5-포인트 순환 이동을 구하는 예

(3) 주파수 이동성

N-포인트 DFT로 구한 스펙트럼 $X(k)$를 주파수 영역에서 r만큼 순환 이동하면 $X(k-r)_N$이 되고, 이에 대응하는 시간 영역 신호는 $x(n)e^{j\frac{2\pi}{N}rn}$이고 시간 영역에서 위상 변화에 해당한다. 이 성질은 CTFT 및 DTFT와 동일한 성질이고, 주파수 영역을 $0 \leq k < N$로 한정하므로 주파수 영역 이동을 순환 이동으로 정의하는 차이점만을 가진다.

(4) 시간 반전 성질

길이 N인 $x(n)$을 $n=0$을 기준으로 순환 축 반전시키면 $x(-n)_N = x(N-n)$이 되고 이 신호의 N-포인트 DFT는 $X(N-k) = X(-k)_N$이다.

(5) 순환 컨벌루션 성질

길이 N을 가지는 두 신호 $x(n)$와 $y(n)$에 대한 N-포인트 DFT 스펙트럼을

$X(k)$와 $Y(k)$라 할 때, $Z(k) = X(k)Y(k)$에 대한 N-포인트 IDFT를 구하면

$$
\begin{aligned}
z(n) &= \frac{1}{N}\sum_{k=0}^{N-1} X(k)Y(k)e^{j\frac{2\pi}{N}kn} \\
&= \frac{1}{N}\sum_{k=0}^{N-1}\left\{\sum_{m=0}^{N-1} x(m)e^{-j\frac{2\pi}{N}km}\right\}Y(k)e^{j\frac{2\pi}{N}kn} \\
&= \frac{1}{N}\sum_{m=0}^{N-1} x(m)\left\{\sum_{k=0}^{N-1}\left(Y(k)e^{-j\frac{2\pi}{N}km}\right)e^{j\frac{2\pi}{N}kn}\right\} \\
&= \frac{1}{N}\sum_{m=0}^{N-1} x(m)y(n-m)_N
\end{aligned}
\tag{5.17}
$$

이다. $\displaystyle\sum_{m=0}^{N-1}x(m)y(n-m)_N$를 $x(n)$와 $y(n)$ 사이의 N-포인트 순환 컨벌루션 (circular convolution)이라 정의하고, 연산자 $\otimes_N$을 사용하여 $x(n)\otimes_N y(n)$로 표시한다. 따라서 주파수 영역에서의 N-포인트 DFT의 곱은 시간 영역에서 두 신호 사이의 N-포인트 순환 컨벌루션이 되고

$$
z(n) = \frac{1}{N}x(n)\otimes_N y(n),\ 0 \leq n < N
\tag{5.18}
$$

로 표현한다. 참고로, CTFT와 DTFT에서는 스펙트럼 곱이 시간 영역에서 선형 컨벌루션이 되었다.

[예제 5.2] 그림 5.6 (a)와 (b)에 주어진 $x(n)$과 $y(n)$에 대하여 $z(n) = x(n)\otimes_5 y(n)$를 구하시오.

풀이

$z(n) = \displaystyle\sum_{m=0}^{4}x(m)y(n-m)_5$를 구하기 위하여 먼저 $y(-m)_5$를 구하면 그림 5.6의 (c)이다. 이를 다른 방법으로 설명하면, (d)와 같이 $y(m)$을 주기 5를 가지는 주기 신호 $y_p(m)$으로 확장하여 (e)의 $y_p(-m)$을 구한 후 $0 \leq m < 5$로 다시 한정시키면 $y(-m)_5$가 구해진다. 따라서 $z(0) = \displaystyle\sum_{m=0}^{4}x(m)y(-m)_5 = 1.5$이다. 동일한 방법으로 (f)의 $y(1-m)_5$를 얻고, (c)에서 $m = 4$ 샘플이 $m = 5$로 이동하지 못하고 다시 $m = 0$로 되돌아오는 것으로 이해하거나, 또는 (e)를 1 이동시킨 후 $0 \leq m < 5$로 한정시킨 것으로 이해하면 된다. 동일한 방법으로

(f)의 나머지 $y(n - m)_5$가 구해지고, 최종 $z(n)$는 (g)이다.

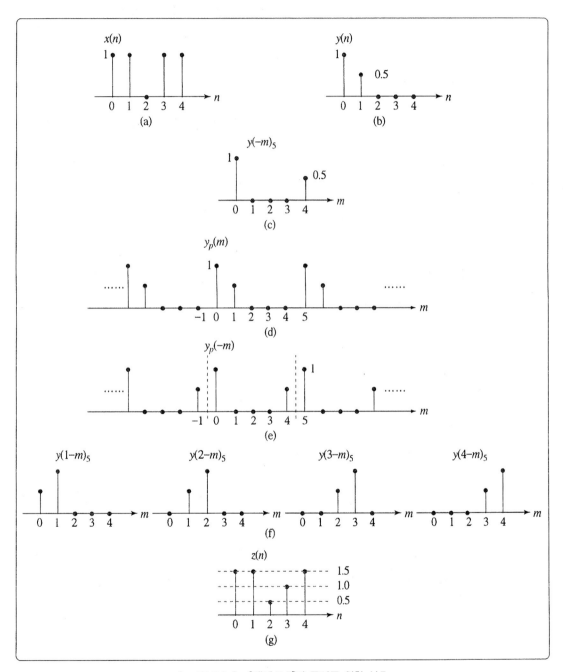

| 그림 5.6 | [예제 5.2]의 풀이를 위한 신호

(6) 곱하기 성질

길이 N인 두 신호 $x(n)$와 $y(n)$에 대하여 $x(n)y(n)$의 N-포인트 DFT 결과는 $\frac{1}{N}X(k)\otimes_N Y(k)$이다. 이때, $X(k)$와 $Y(k)$는 각각 $x(n)$와 $y(n)$의 N-포인트 DFT 결과이다.

(7) Parseval 정리

길이 N인 두 신호 $x(n)$와 $y(n)$에 대하여 $\sum_{n=0}^{N-1} x(n)y^*(n) = \frac{1}{N}\sum_{k=0}^{N-1} X(k)Y^*(k)$ 성질을 가지며, 특별히 시간 영역과 주파수 영역에서 구한 N 구간 에너지는 $\sum_{n=0}^{N-1} |x(n)|^2 = \frac{1}{N}\sum_{k=0}^{N-1} |X(k)|^2$ 관계를 가진다.

(8) z-변환과의 관계

길이 N을 가지는 $x(n)$에 대하여 $X(z) = \sum_{n=0}^{N-1} x(n)z^{-n}$이므로 DFT와 z-변환과의 관계는 $X(k) = X(z)|_{z=e^{j2\pi k/N}}$이다. 즉, z-영역의 단위원을 N개로 분할한 위치에서 $X(z)$ 값을 구하면 $X(k)$를 얻는다.

(9) DTFS와의 관계

주기 N을 가지는 주기 신호 $x_p(n)$에 대하여 한 주기의 신호 $x(n)$을 정의하면 (즉, $0 \leq n < N$에서 $x(n) = x_p(n)$), $x(n)$의 N-포인트 DFT 스펙트럼 $X(k)$와 $x_p(n)$의 DTFS 계수 c_k는 $X(k) = Nc_k$ 관계를 가진다.

이상의 성질을 살펴보면, (2)와 (3), (5)와 (6)은 각각 동일한 성질을 나타낸다. 즉, 시간 영역과 주파수 영역에 관계없이 각 영역에서 순환 축 이동과 위상 변화가 대응하고, 곱하기와 순환 컨벌루션이 서로 대응한다. 물론, 위상 부호에 차이가 있는데 이는 식 (5.10)과 (5.11)에서 exp의 부호가 다르기 때문에 나타나는 것일 뿐이다.

⑤.5 DFT를 이용한 신호 및 시스템 분석

5.5.1 아날로그 영역과 디지털 영역의 주파수 관계

일반적으로 오디오와 영상 등의 멀티미디어 신호는 연속 신호 $x(t)$로 주어진다. 이 신호의 주파수를 디지털 신호 처리 기법으로 분석하기 위하여 그림 5.7과 같이 $x(t)$를 $x(n)$로 변환하고 DFT를 통하여 스펙트럼 $X(k)$를 구하고, 모든 주파수 관련 동작을 $X(k)$에 적용해야 한다. 따라서 $x(t)$의 Hz 단위 주파수와 $X(k)$의 k 변수 사이의 관계를 정확히 정리할 필요가 있다.

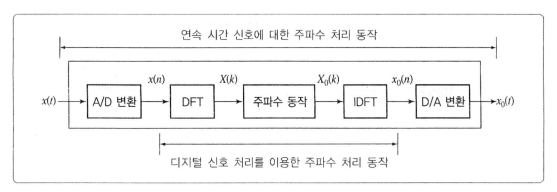

| 그림 5.7 | 연속 신호의 주파수 처리를 디지털 신호 처리 기법으로 수행하는 흐름도

DTFT 스펙트럼 $X(f)$와 DFT 스펙트럼 $X(k)$의 두 축의 관계는 $f = \dfrac{k}{N}$이고, 따라서 $k = N$이 $f = 1$에 해당한다. 또한 4장에서 배웠듯이 $x(t)$의 시간 영역 샘플링 주파수가 F_s이면 $f = 1$이 $F = F_s$에 해당한다. 따라서 DFT에서 $k = 1$ 간격은 연속 시간의 주파수 $F = \dfrac{F_s}{N}$Hz 간격이 되고, DFT는 연속 시간 주파수 F를 $\dfrac{F_s}{N}$Hz 해상도를 분석하는 것에 해당한다. 이상의 과정을 각 주파수 축 F, f, k의 상호 관계로 정리하면 그림 5.8이 된다.

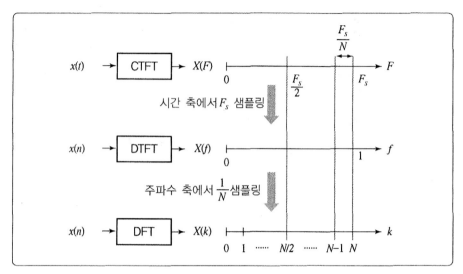

| 그림 5.8 | **주파수 축 F, f, k의 상호 관계**

[예제 5.3] 연속 실수 신호 $x(t)$를 샘플링 주파수 $F_s = 8000\text{Hz}$로 샘플링하여 $x(n)$을 구하고, 100-포인트 DFT하여 $X(k)$를 구한다. 만일 $10 \leq k \leq 90$의 $X(k)$ 값을 0으로 변경하여 $X_0(k)$를 정의하고 이를 100-포인트 IDFT하여 $x_0(n)$을 구하고 D/A 변환을 통하여 최종 $x_0(t)$를 출력할 경우, $x(t)$와 $x_0(t)$의 차이를 설명하시오.

풀이

$F_s = 8000\text{Hz}$이고 100-포인트 DFT를 하였으므로 $k = 1$ 간격은 $8000/100 = 80\text{Hz}$이고 $k = 10$은 800Hz에 해당한다. 따라서 $x_0(t)$는 $x(t)$에서 800Hz 이상이 제거된 신호가 된다. 이 과정은 그림 5.7과 같이 연속 신호 $x(t)$의 저역 통과 필터링을 디지털 영역에서 수행한 예를 보여준다. 여기서 고역 성분을 제거할 때 $k = \dfrac{N}{2}$가 최고 주파수(여기서는 4000Hz)임을 명심하고, 식 (5.13) 조건이 위반되지 않도록 $k = \dfrac{N}{2}$ 기준으로 대칭 구조로 $X(k)$ 값을 제거하여야 한다.

5.5.2 시스템 분석 : 컨벌루션

LTI 시스템의 임펄스 응답 $h(n)$와 입력 신호 $x(n)$이 주어질 때, 출력 신호 $y(n)$은 $y(n) = x(n) * h(n)$이다. 식 (4.35)의 DTFT 컨벌루션 성질에 따라 주파수 영역에서 $Y(f) = X(f)H(f)$를 구한 후 IDTFT하여 $y(n)$를 구할 수 있다. 그러나 디지털 방법으로는 이 연산을 수행할 수 없으므로 대신에 DFT와 IDFT를 이용해야 하는데, DFT는 식 (5.18)과 같이 순환 컨벌루션을 제공하는 문제점을 가지므로 DFT를 사용하여도 출력 신호를 구할 수 없다. 하지만 주어진 시스템과 신호에 따라 DFT 및 IDFT를 적절하게 이용하면 시스템 출력을 구할 수 있다. 이에 대한 방법을 설명한다.

먼저, DFT를 적용하기 위하여 $x(n)$와 $h(n)$가 한정된 시간 영역에서 정의된 신호라 가정한다.

$$x(n) = 0, \ n < 0 \ \text{또는} \ n \geq L$$
$$h(n) = 0, \ n < 0 \ \text{또는} \ n \geq M$$

$$(5.19)$$

두 신호에 대하여 $N = \max(L, M)$이 되도록 N-포인트 DFT하여 $X(k)$와 $H(k)$를 구하고, $X(k)H(k)$를 N-포인트 IDFT하면 두 신호 사이의 N-포인트 순환 컨벌루션을 얻는다. 물론 이 결과는 선형 컨벌루션 $x(n) * y(n)$와는 다르다. 반면, N값을 $N = (L + M - 1)$로 하여 L과 M에 비하여 크게 하고, N-포인트 DFT 및 IDFT하여 $x(n)$와 $h(n)$ 사이의 $N = (L + M - 1)$-포인트 순환 컨벌루션을 구하면 이 결과는 $x(n) * y(n)$와 완전 동일하게 된다. 즉, 두 신호의 길이는 각각 L과 M이지만, DFT를 충분히 길게 하면(적어도 $N = (L + M - 1)$ 이상) 비록 순환 컨벌루션을 구하지만 선형 컨벌루션과 동일한 결과를 얻게 된다. 그 이유는 큰 N을 사용하여 신호 뒤에 많은 영 값을 추가하면 그림 5.9에서 보듯이 순환 이동을 하여도 실질적으로 순환 이동의 영향이 나타나지 않기 때문이다. 또한 $\sum_{k=0}^{N-1} x(k)h(n-k)_N$ 연산에서 $h(n-k)_N$에 의하여 순환 이동의 영향이 있더라도 $x(k)$가 많은 영 값을 가지므로 곱 과정에서 $h(n-k)_N$의 순환 이동 영향이 사라진다. 이 과정은 [예제 5.4]에서 확인할 수 있다. 결론적으로, DFT의 포인트를 $N \geq (L + M - 1)$로 하면 DFT를 이용하여 시스템의 출력 신호를 구할 수 있다.

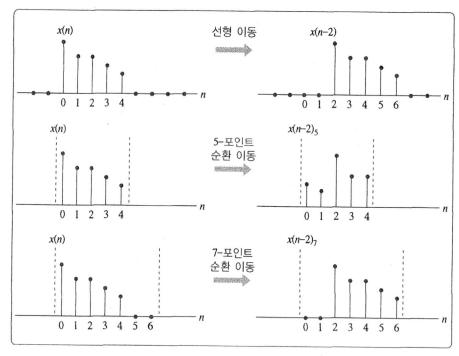

| 그림 5.9 | 선형 이동과 순환 이동의 예

[예제 5.4] 그림 5.6의 (a)와 (b)에 주어진 $x(n)$과 $y(n)$ 사이의 순환 컨벌루션을 통하여 $z(n) = x(n) * y(n)$을 구하시오.

풀이

[예제 5.2]와 같이 5-포인트 순환 컨벌루션을 구하면 $z(n) = x(n) * y(n)$이 되지 않는데, 그 이유는 앞에서 설명한 것 같이 N 값이 작아 순환 이동의 영향이 계산 과정에 포함되기 때문이다. 각 신호의 길이가 5와 2이므로 $N = 6$을 사용하여 순환 컨벌루션을 구하면 선형 컨벌루션을 구할 수 있다. 이때 필요한 $y(n - m)_6$, $0 \leq n < 6$, 신호를 구하면 그림 5.10이 된다. $z(0) = \sum_{m=0}^{5} x(m) y(-m)_6$ 과정을 자세히 보면, $y(-m)_6$에서 순환 이동 때문에 나타나는 $m = 5$의 샘플은 $x(5) = 0$와 곱해지므로 연산 과정에서 아무 영향을 미치지 못한다. 즉, N이 커짐에 따라 순환 이동에 의하여 나타나는 샘플의 영향이 사라지는 것을 확인할 수 있다. 이에 따라 6-포인트 순환 컨벌루션을 구하면 {1.0, 1.5, 0.5, 1.0, 1.5, 0.5}가 되고, 원하는 $z(n) = x(n) * y(n)$을 구할 수 있다.

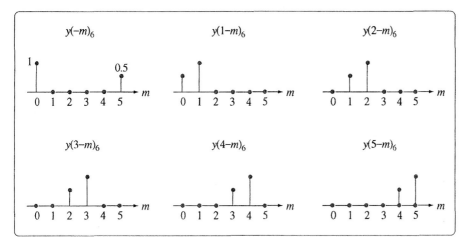

| 그림 5.10 |　[예제 5.4] 풀이를 위한 신호

이상에서 설명하였듯이 DFT와 IDFT를 이용하여 LTI 시스템의 출력 신호를 구할 수 있다. 그러나 만일 입력 신호 $x(n)$의 길이가 매우 길 경우, DFT 포인트 수가 증가하고 DFT 연산량이 크게 증가하여 한 번의 컨벌루션으로 출력을 구하는 것은 현실적으로 어렵게 된다. 예로, 3분 동안의 음악 CD 신호(약 800만 샘플)에 대하여 시스템 출력을 한 번에 구하는 것은 현실적으로 불가능하다. 또는, 입력 신호가 계속 입력되는 상황에서 모든 입력 신호를 받을 때 까지 기다렸다가 출력을 구하게 되면 시간 지연이 발생하므로, 신호를 입력 받으면서 동시에 출력 신호를 구하면 더 효율적으로 출력 신호를 구할 수 있다. 이와 같은 배경에 따라 입력 신호를 여러 개의 짧은 신호로 분해하여 출력 신호를 구하는 방법을 배워보자.

두 가지 방법 중에서 먼저 중첩-저장(overlap-and-save) 방법을 설명한다. 먼저 식 (5.19)와 동일하게 시스템의 충격 응답 $h(n)$의 길이를 M이라 한다. 그림 5.11 (a)와 같이 입력 신호 $x(n)$을 길이 L을 가지는 조각으로 분해한다. 이 때, 초기조건으로 $x(n)$ 앞에 $M-1$개의 영 값을 삽입한다. 다음, (b)와 같이 각 조각에 대응하는 $x_i(n)$을 정의하는데, 그림에서 보듯이 이웃한 $x_1(n)$와 $x_2(n)$은 길이 $M-1$씩 겹치도록 한다, 즉, $x_1(n)$의 마지막 $M-1$ 샘플과 $x_2(n)$의 첫 $M-1$ 샘플은 동일하다. 이에 따라 $x_i(n)$의 길이는 $N = L + M - 1$이 된다.

이제, $x_i(n)$와 $h(n)$의 N-포인트 DFT를 이용하여 N-포인트 순환 컨벌루션 $u_i(n)$을 구하는데, 이 결과는 원하는 선형 컨벌루션은 아니다. 왜냐하면 $x_i(n)$의

길이가 N이므로 식(5.19)의 조건을 만족하지 못하기 때문이다(선형 컨벌루션을 위하여 최소 $N+M-1$ 포인트가 필요하다). 그러나 순환 컨버루션의 동작 원리에 의하여 식 (5.20) 결과를 얻는다.

$$x_i(n) \otimes_N h(n) \neq x(n) * h(n), \quad 0 \leq n \leq M-1$$
$$x_i(n) \otimes_N h(n) = x(n) * h(n), \quad M \leq n \leq N-1$$

(5.20)

즉, (c)의 순환 컨벌루션 결과에서, 각 시간구간의 신호를 a, b, c, d, e, f라 할 때, a, c, e는 잘못된 출력이지만 b, d, f는 정상적인 선형 컨벌루션에 의한 시스템 출력이다. 따라서 최종 출력은 (d)와 같이 (c)에서의 정상적인 출력만을 취하면 얻어진다. 이 방법을 사용하면 $(N = L + M-1)$-포인트 DFT를 사용하여 새로운 입력이 L 샘플씩 입력될 때마다 L 샘플의 새로운 출력 신호를 구하여 전체 출력 신호를 구할 수 있다.

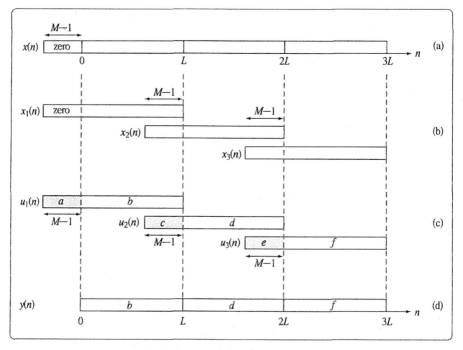

| 그림 5.11 | 중첩-저장 방법을 이용하여 시스템 출력을 구하는 과정

두 번째 방법으로 중첩-합(overlap-and-add) 방법을 설명한다. 그림 5.12 (a)와 같이 입력 신호 $x(n)$을 길이 L을 가지는 조각으로 분해한다(그림 5.11과 동일한 분해). 다음, (b)와 같이 각 조각에 대응하는 $x_i(n)$을 정의하는데, 그림에서 보듯이 $x_i(n)$의 마지막에 길이 $M-1$의 영 값을 삽입한다. 이에 따라 $x_i(n)$의 길이는 $N = L + M-1$이 된다. 이제, $x_i(n)$와 $h(n)$의 N-포인트 DFT를 이용하여 N-포인트 순환 컨벌루션 $u_i(n)$을 구하는데, 영이 아닌 $x_i(n)$의 길이가 L이므로 이 결과는 원하는 선형 컨벌루션이 된다. 이 때, (c)에서 보듯이 출력 $u_1(n)$와 $u_2(n)$이 시간 영역에서 $M-1$ 샘플만큼 겹치게 된다. 따라서 (c)와 같이 각 시간구간 신호를 $a{\sim}g$라 할 때, 최종 출력은 (d)가 된다. 따라서, $(N = L + M-1)$-포인트 DFT를 사용하여 새로운 입력이 L 샘플씩 입력될 때마다 L 샘플의 새로운 출력 신호를 구하여 전체 출력 신호를 구할 수 있다.

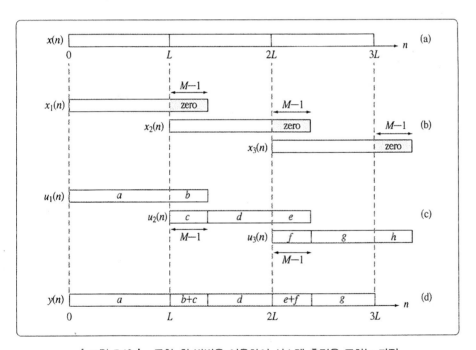

| 그림 5.12 | 중첩-합 방법을 이용하여 시스템 출력을 구하는 과정

5.5.3 시스템 분석 : 주파수 응답

LTI 시스템과 입력 신호 $x(n)$이 주어질 때 출력 $y(n)$를 구하는 문제는, (i) 시스템을 임펄스 응답 $h(n)$로 정의하고 시간 영역에서 선형 컨벌루션 $y(n) = x(n) * y(n)$를 구하거나, (ii) 시스템을 주파수 응답 $H(f)$로 정의하고 주파수 영역에서 $Y(f) = X(f)H(f)$를 구하는 방법을 사용하여 해결하였다. 일반적으로 주파수 응답은 시스템의 동작을 매우 구체적으로 표현해주고 출력 신호의 특성을 쉽게 판단할 수 있게 해주므로 시스템의 주파수 응답을 구하는 것은 시스템 분석에서 가장 핵심적인 내용이다.

이미 4.8.2절에서 $H(z)$의 영점과 극점의 위치로부터 $|H(f)|$를 구하는 것을 배웠다. 그러나 시스템의 차수가 증가하면 영점과 극점을 구하는 것이 매우 어려워지므로 이 방법을 일반화하여 사용하는 데 한계가 있다. 또한 $H(z)$를 역 변환하여 $h(n)$을 구하고 이것의 DFT를 통하여 $H(k)$를 구하는 방법도 사용 가능하지만, 디지털 방법을 이용하여 $H(z)$의 역변환을 구할 수 없으므로 디지털 신호 처리만으로 주파수 $H(k)$를 구할 수 없다.

이제, 시스템이 $H(z)$로 주어질 때 DFT만을 사용하여 $|H(k)|$를 구하는 문제를 다루어보자. 먼저, $H(z)$를 식 (4.47)에서와 동일하게 z에 대한 다항식 함수 $A(z)$, $B(z)$를 이용하여

$$H(z) = \frac{B(z)}{A(z)} = \frac{\sum\limits_{m=0}^{M} b_m z^{-m}}{1 + \sum\limits_{m=1}^{L} a_m z^{-m}} \tag{5.21}$$

로 표현한다. 그러면 z-변환과 DFT의 관계인 $X(k) = X(z)|_{z=e^{2\pi k/N}}$으로부터

$$|H(k)| = \frac{\left| \sum\limits_{m=0}^{M} b_m e^{-j \frac{2\pi}{N} km} \right|}{\left| 1 + \sum\limits_{m=1}^{L} a_m e^{-j \frac{2\pi}{N} km} \right|}, \ N \geqq \max(M, L) \tag{5.22}$$

이다. a_m와 b_m이 길이 N이 되도록 각각 제로 패딩을 하면 $\sum\limits_{m=0}^{M} b_m e^{-j\frac{2\pi}{N}km} = $

$\sum\limits_{m=0}^{N-1} b_m e^{-j\frac{2\pi}{N}km}$이므로 이 결과는 b_m의 N-포인트 DFT인 $B(k)$이고,

$\sum\limits_{m=0}^{L} a_m e^{-j\frac{2\pi}{N}km}$은 a_m의 N-포인트 DFT인 $A(k)$이다. 따라서 $H(z)$의 두 다항식

의 계수 a_m와 b_m로부터 각각 N-포인트 DFT인 $A(k)$와 $B(k)$를 구하고

$$|H(k)| = \frac{|B(k)|}{|A(k)|} \tag{5.23}$$

를 통하여 $|H(k)|$를 구할 수 있다.

[예제 5.5] [예제 4.15]에 주어진 $H(z) = \dfrac{1 - 0.5z^{-1}}{1 + 0.81z^{-2}}$ 시스템의 진폭응답 $|H(f)|$를 DFT를 이용하여 구하시오.

풀이

분자 및 분모 다항식을 각각 $B(z)$와 $A(z)$라 정의하고, 100-포인트 DFT를 사용하기 위하여 제로 패딩을 한다. 즉, $b_m = \{1, -0.5, 0, 0, \cdots\}$, $a_m = \{1, 0, 0.81, 0, 0, \cdots\}$으로 재정 의하고 $|B(k)|$와 $|A(k)|$를 각각 구하여 그래프로 그리면 그림 5.13의 (a)와 (b)를 얻는다. 이 때, $k = 50$, 즉 $f = 0.5$에 해당하는 최고 주파수까지만 나타내었다. 다음, 두 스펙트럼 사이 에 나누기를 적용하여 $|H(k)| = \dfrac{|B(k)|}{|A(k)|}$를 구하면 (c)가 구해지고, 이는 [예제 4.15]에서 구 한 그림 4.35의 (d)를 $f = 1/100$ 간격으로 샘플링한 결과이다.

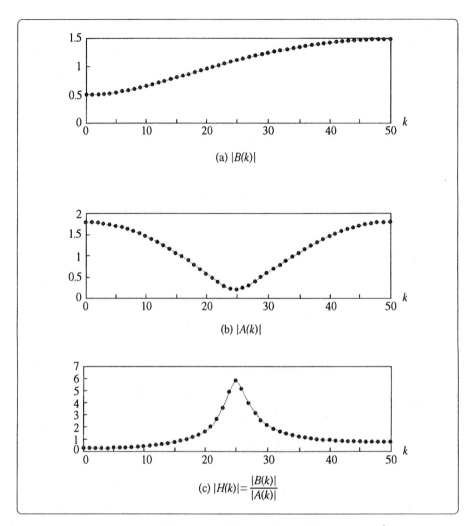

▌그림 5.13 ▌ [예제 5.5]의 DFT 결과

[예제 5.6]　$H(z) = \dfrac{0.96 - 1.91z^{-1} + 0.96z^{-2}}{1 - 1.97z^{-1} + 9.67z^{-2}}$ 시스템의 진폭응답을 DFT를 이용하여 구하시오.

풀이

[예제 5.5]와 동일한 방법으로 분자 및 분모 다항식의 계수를 길이 100으로 제로 패딩하고, 100-포인트 DFT를 구하여 그래프로 그리면 그림 5.14의 (a)와 (b)를 얻고 $|H(k)| = \dfrac{|B(k)|}{|A(k)|}$를 구하면 (c)가 구해진다. 즉, 이 시스템은 고주파 통과 동작을 한다.

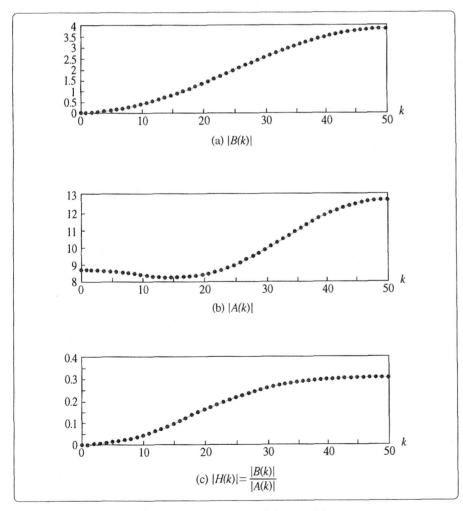

(a) |B(k)|

(b) |A(k)|

(c) $|H(k)| = \dfrac{|B(k)|}{|A(k)|}$

| 그림 5.14 |　[예제 5.6]의 DFT 결과

⑤.6 이산 코사인 변환

앞 절에서 DFT와 IDFT를 이용하여 이산 신호와 이산 스펙트럼을 디지털 기법으로 처리하는 방법을 배웠다. 다른 푸리에 변환과 동일하게 DFT도 주파수에 대한 기본 신호로서 복소함수인 $e^{j\frac{2\pi}{N}kn}$을 사용하므로 $X(k)$는 복소수 값을 가지고, 그래프로 나타내거나 다룰 때 불편함을 야기시킨다. 만일 실수 $x(n)$에 대한 이산 스펙트럼도 역시 실수이면 이와 같은 문제가 없으므로 새로운 장점이 될 수 있다. 직관적으로, 주파수에 대한 기본 신호로 $e^{j\frac{2\pi}{N}kn}$ 대신에 실수 신호인 $\cos\frac{2\pi}{N}kn$을 사용하면 될 것으로 예상되는데, 기본 신호로 코사인 신호를 사용하는 방법을 수학으로 유도하면 이산 코사인 변환(discrete cosine transform, DCT)이 정의된다. 세부적으로 DCT-I, DCT-II, DCT-III, DCT-IV 등의 각기 다른 코사인 변환이 존재하고, 우리는 가장 널리 사용되는 DCT-II만을 배우고 그냥 DCT라 언급하기로 한다.

실수 $x(n)$에 대한 주파수 변환 결과가 역시 실수가 되는 것이 궁극적인 목표이다. 그런데 우리는 식 (5.15)에서 실수 $x(n)$가 대칭 성질을 가지면 DFT 결과인 $X(k)$가 실수라는 성질을 알고 있다. 따라서 임의의 실수 $x(n)$이 주어질 때, 이 신호의 고유 성질은 유지하면서 대칭 성질을 가지는 새로운 신호 $s(n)$를 정의하고, 그에 대한 DFT를 구하면 $x(n)$의 주파수 성질을 나타내는 실수 스펙트럼을 얻을 수 있을 것이다. 이 과정이 DCT를 유도하는 핵심 내용이고, $x(n)$로부터 대칭 신호 $s(n)$를 정의하는 방법에 따라 앞에서 언급한 다른 종류의 DCT가 각각 정의된다.

길이 N을 가지는 실수 $x(n)$에 대하여 DCT-II를 정의하는 과정을 설명한다. 먼저, $x(n)$로부터 대칭 신호 $s(n)$를

$$s(n) = \begin{cases} x(n) & 0 \leq n \leq N-1 \\ x(2N-n-1) & N \leq n \leq 2N-1 \end{cases} \tag{5.24}$$

로 정의하며, $s(n)$는 길이 $2N$을 가지고 $N-\frac{1}{2}$에 대하여 대칭이 된다. 그림 5.13에 $N=5$인 경우의 예가 주어진다.

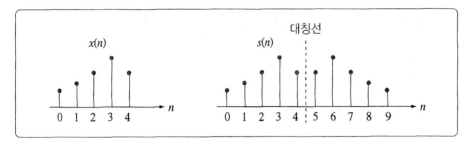

| 그림 5.15 |　DCT-II에서 대칭 신호를 정의하는 방법의 예($N = 5$)

대칭 신호 $s(n)$에 $2N$-포인트 DFT를 적용하여 $S(k)$를 구하면 식 (5.24)으로 부터

$$S(k) = \sum_{n=0}^{2N-1} s(n) e^{-j\frac{2\pi}{2N}kn} \tag{5.25}$$
$$= \sum_{k=0}^{N-1} x(n) e^{-j\frac{2\pi}{2N}kn} + \sum_{n=N}^{2N-1} x(2N-n-1) e^{-j\frac{2\pi}{2N}kn}$$

이고, 두 번째 합 연산에서 $2N - n - 1$을 n로 치환하면

$$S(k) = \sum_{n=0}^{N-1} x(n) \left[e^{-j\frac{2\pi}{2N}kn} + e^{-j\frac{2\pi}{2N}k(2N-n-1)} \right] \tag{5.26}$$
$$= \sum_{n=0}^{N-1} x(n) \left[e^{-j\frac{2\pi}{2N}kn} + e^{j\frac{2\pi}{2N}kn} e^{j\frac{2\pi}{2N}k} \right]$$

이다. 각 항에서 $e^{j\frac{2\pi}{2N}\frac{k}{2}}$를 합 밖으로 이동시키면

$$S(k) = e^{j\frac{2\pi}{2N}\frac{k}{2}} \sum_{n=0}^{N-1} x(n) \left[e^{-j\frac{2\pi}{2N}kn} e^{-j\frac{2\pi}{2N}\frac{k}{2}} + e^{j\frac{2\pi}{2N}kn} e^{j\frac{2\pi}{2N}\frac{k}{2}} \right]$$
$$= e^{j\frac{2\pi}{2N}\frac{k}{2}} \sum_{n=0}^{N-1} x(n) \, 2\cos\left[\frac{\pi}{N}\left(n + \frac{1}{2}\right)k \right] \tag{5.27}$$

이다. 여기서, 위상에 해당하는 첫 항 $e^{j\frac{2\pi}{2N}\frac{k}{2}}$을 제외하고 나머지를 실수 $X_D(k)$로 임시 정의한다.

$$X_D(k) = 2\sum_{n=0}^{N-1} x(n)\cos\left[\frac{\pi}{N}\left(n+\frac{1}{2}\right)k\right], \ 0 \leq k \leq N-1 \tag{5.28}$$

다음, $s(n)$이 실수이므로

$$S(-k) = S(2N-k) = S^*(k) \tag{5.29}$$

이다. 또한 $s(n)$의 대칭 성질에 따라

$$S(N) = \sum_{n=0}^{2N-1} s(n)e^{-\frac{j2\pi}{2N}Nn} = \sum_{n=0}^{2N-1} s(n)(-1)^n = 0 \tag{5.30}$$

이다. 식 (5.29)와 (5.30) 성질을 $S(k)$의 $2N$-포인트 IDFT 식에 적용하여 정리하면

$$
\begin{aligned}
s(n) &= \frac{1}{2N}\sum_{k=0}^{2N-1} S(k)e^{j\frac{2\pi}{2N}kn} \\
&= \frac{1}{2N}\left[\sum_{k=0}^{N-1} S(k)e^{j\frac{2\pi}{2N}kn} + \sum_{k=N}^{2N-1} S(k)e^{j\frac{2\pi}{2N}kn}\right], \ k\to 2N-k \\
&= \frac{1}{2N}\left[\sum_{k=0}^{N-1} S(k)e^{j\frac{2\pi}{2N}kn} + \sum_{k=1}^{N} S(2N-k)e^{j\frac{2\pi}{2N}(2N-k)n}\right] \\
&= \frac{1}{2N}\left[S(0) + \sum_{k=1}^{N} S(k)e^{j\frac{2\pi}{2N}kn} + \sum_{k=1}^{N-1} S^*(k)e^{-j\frac{2\pi}{2N}kn}\right]
\end{aligned}
\tag{5.31}
$$

이 된다. 식 (5.27)과 식 (5.28)로부터 $S(k) = e^{j\frac{2\pi}{2N}\frac{k}{2}}X_D(k)$, $0 \leq k < N-1$이고, 이를 식 (5.31)에 대입하면

$$
\begin{aligned}
s(n) &= \frac{1}{2N}\left[X_D(0) + \sum_{k=1}^{N-1}\left\{X_D(k)e^{j\frac{2\pi}{2N}kn}e^{j\frac{2\pi}{2N}\frac{k}{2}} + X_D(k)e^{-j\frac{2\pi}{2N}kn}e^{-j\frac{2\pi}{2N}\frac{k}{2}}\right\}\right] \\
&= \frac{1}{N}\left[\frac{X_D(0)}{2} + \sum_{k=1}^{N-1} X_D(k)\cos\left\{\frac{\pi}{N}\left(n+\frac{1}{2}\right)k\right\}\right]
\end{aligned}
\tag{5.32}
$$

$$= \frac{1}{N} \sum_{k=0}^{N-1} \left[\beta(k) X_D(k) \cos\left\{ \frac{\pi}{N}\left(n+\frac{1}{2}\right)k \right\} \right], \, 0 \leq n \leq 2N-1$$

이고, 새로운 변수 $\beta(k)$는

$$\beta(k) = \begin{cases} \frac{1}{2}, & k=0 \\ 1, & 1 \leq k \leq N-1 \end{cases} \tag{5.33}$$

로 정의된다. 마지막으로, 식 (5.24)으로부터 $0 \leq n < N-1$ 구간에서 $x(n) = s(n)$이므로 최종적으로

$$X_D(k) = 2 \sum_{n=0}^{N-1} x(n) \cos\left[\frac{\pi}{N}\left(n+\frac{1}{2}\right)k \right], \, 0 \leq k \leq N-1 \tag{5.34}$$

$$x(n) = \frac{1}{N} \left[\sum_{k=0}^{N-1} \beta(k) X_D(k) \cos\left\{ \frac{\pi}{N}\left(n+\frac{1}{2}\right)k \right\} \right], \, 0 \leq n \leq N-1 \tag{5.35}$$

이고, $x(n)$와 $X_D(k)$ 사이의 상호 관계식이 유도된다.

일반적으로 DCT는 추가 정규화 과정을 거쳐 완성된다. 즉, $X_D(k) = \sqrt{\frac{2N}{\beta(k)}} X_{DCT}(k)$에 따라 크기를 조정한 새로운 신호 $X_{DCT}(k)$를 정의하면 식 (5.34)와 (5.35)는

$$\sqrt{\frac{2N}{\beta(k)}} X_{DCT}(k) = 2 \sum_{n=0}^{N-1} x(n) \cos\left[\frac{\pi}{N}\left(n+\frac{1}{2}\right)k \right], \, 0 \leq k \leq N-1 \tag{5.36}$$

$$x(n) = \frac{1}{N} \left[\sum_{k=0}^{N-1} \beta(k) \sqrt{\frac{2N}{\beta(k)}} X_{DCT}(k) \cos\left\{ \frac{\pi}{N}\left(n+\frac{1}{2}\right)k \right\} \right], \, 0 \leq n \leq N-1 \tag{5.37}$$

로 변하고, 식 (5.33)을 적용하고 최종 정리하면 이산 코사인 변환(discrete cosine transform, DCT)와 이산 코사인 역변환(inverse discrete cosine transform, IDCT)이 유도된다.

$$\text{DCT}: X_{DCT}(k) = \alpha(k) \sum_{n=0}^{N-1} x(n) \cos\left[\frac{\pi}{N}\left(n+\frac{1}{2}\right)k\right], \ 0 \leq k \leq N-1 \quad (5.38)$$

$$\text{IDCT}: x(n) = \sum_{k=0}^{N-1} \alpha(k) X_{DCT}(k) \cos\left[\frac{\pi}{N}\left(n+\frac{1}{2}\right)k\right], \ 0 \leq n \leq N-1 \quad (5.39)$$

여기서 새로운 변수 $\alpha(k)$

$$\alpha(k) = \begin{cases} \sqrt{\dfrac{1}{N}}, & k=0 \\ \sqrt{\dfrac{2}{N}}, & 1 \leq k \leq N-1 \end{cases} \quad (5.40)$$

를 사용한다. 식 (5.38)과 (5.39)에 따라 N개 실수 값을 가지는 $x(n)$이 역시 N개의 실수 값을 가지는 주파수 신호 $X_{DCT}(k)$로 변환되고, 각각을 N-포인트 DCT와 N-포인트 IDCT라 한다. DCT 정의에서 정규화를 하는 이유는 파서벌 정리를 위한 것인데, $E = \displaystyle\sum_{n=0}^{N-1} |x(n)|^2 = \sum_{k=0}^{N-1} |X_{DCT}(k)|^2$과 같이 두 영역에서의 에너지를 동일하게 맞추기 위한 것이다.

DFT에서 k축의 물리적 의미는 정확하게 주파수이지만, DCT의 k축은 절대 주파수를 의미하는 것이 아니며, 단지 주파수와 관련이 있는 새로운 변수로 이해하여야 한다. 따라서 DCT를 통하여 해당 신호의 대략적인 주파수 성질을 파악할 수는 있지만 정확한 정보를 얻지는 못하며, 주파수 성분을 분석하기 위한 목적으로 DCT를 사용하는 것은 적절하지 않다. 또한 N-포인트 DFT에서 $k = N/2$가 $f = 0.5$에 해당하는 최고 주파수이지만, N-포인트 DCT에서는 $k = 0$부터 $k = N-1$까지 k가 증가함에 따라 주파수가 증가하고 $k = N-1$이 최고 주파수에 해당한다.

....

[예제 5.7] $x(n) = \cos\left(2\pi\frac{4}{32}n\right)$의 32-포인트 DFT와 32-포인트 DCT를 각각 구하여 차이점을 분석하시오.

풀이

$x(n)$는 그림 5.16의 (a) 모양을 가지고, 이에 대한 DFT와 DCT를 구하면 각각 (b)와 (c)가 된

다. $x(n)$가 주파수 $f = \dfrac{4}{32}$인 코사인 신호이고 $N = 32$를 사용하였으므로, $k = 4$가 정확히 $f = \dfrac{4}{32}$에 해당하고 (b)에서 $X(4)$와 그의 대칭 위치인 $X(28)$에서 피크값을 가지고 나머지 k에서는 영을 가진다. 반면, (c)의 DCT 결과에서는 $f = \dfrac{4}{32}$에 대응하는 $k = 8$에서 큰 값을 가지지만 $k = 8$ 부근의 다른 k에서도 영이 아닌 값을 가진다. 이로부터 DCT가 정확한 주파수 정보를 제공하지 못하는 것을 알 수 있다.

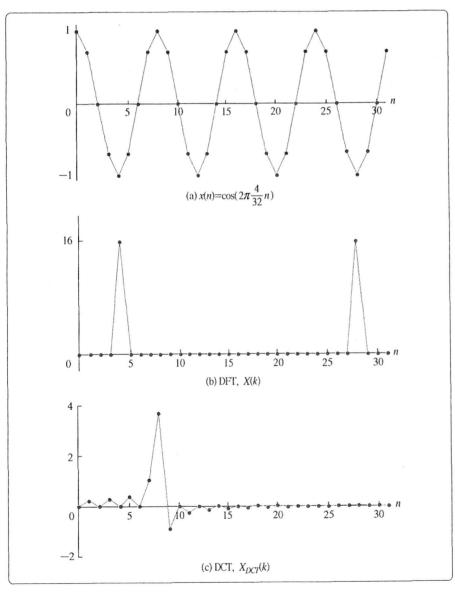

(a) $x(n) = \cos\left(2\pi \dfrac{4}{32} n\right)$

(b) DFT, $X(k)$

(c) DCT, $X_{DCT}(k)$

| 그림 5.16 | 코사인 신호의 DFT와 DCT 비교

DCT는 DFT에 비하여 우수한 에너지 집중(compaction) 성질을 가진다. 실수 $x(n)$가 시간 영역에서 강한 상관 관계를 가지고 전체 에너지가 시간 영역에 넓게 분포할 경우, 이를 DFT 또는 DCT로 변환시키면 전체 에너지가 일부 k에 집중되는 성질을 가진다. 예로, 그림 5.16에서 보듯이 코사인 신호는 시간 영역에서 에너지가 넓게 퍼져 있지만 $X(k)$와 $X_{DCT}(k)$는 코사인 신호의 주파수에 해당하는 k 부근에 전체 에너지가 집중되고 나머지 k에는 매우 작은 에너지가 분포한다. 만일 에너지 집중 성질이 우수하면 $X(k)$ 또는 $X_{DCT}(k)$의 일부 k에 해당하는 값만으로 $x(n)$ 정보를 근사적으로 표현할 수 있다. 이 경우, 시간 영역에서는 N개의 값이 모두 필요하지만 주파수 영역에서 N보다 매우 적은 수의 값만 있으면 근사적인 정보 표현이 가능하고, 이 성질은 오디오와 비디오 신호의 압축의 기본 원리이다.

N-포인트 DCT $X_{DCT}(k)$에서 전체 에너지가 $L < N$인 L개의 k에 집중되어 있는 성질은

$$MSE(L) = \frac{1}{N} \sum_{n=0}^{N-1} \left\{ x(n) - \sum_{k \in G(L)} \alpha(k) X_{DCT}(k) \cos\left[\frac{\pi}{N} \left(n + \frac{1}{2} \right) k \right] \right\}^2 \quad (5.41)$$

을 계산하여 평가할 수 있다. 여기서 $k \in G(L)$은 해당 k가 선택된 L개에 포함되는 것을 의미한다. $MSE(L)$ 값이 작으면 $X_{DCT}(k)$에서 L개만을 취하고 나머지를 제거하여도 큰 오차가 발생하지 않으므로 우수한 에너지 집중 성질을 가지는 것을 의미한다. 그림 5.17이 DCT와 DFT의 에너지 집중 성질의 예를 보여준다. (a)는 특정 오디오 신호에 해당하는 신호 $x(n)$이고, (b)와 (c)는 각각 $N = 64$를 사용하여 구한 $|X_{DCT}(k)|$와 $|X(k)|$이다. $X(k)$는 $k = 32$가 최고 주파수에 해당하고 이를 기준으로 대칭인 것을 확인할 수 있다. (d)는 $|X_{DCT}(k)|$와 $|X(k)|$를 크기 순으로 정렬하고 최댓값을 1.0으로 정규화하여 그린 것이다. $|X_{DCT}(k)|$가 $|X(k)|$에 비하여 크기 차이가 크고 에너지 분포의 편차가 심한 것을 알 수 있다. (e)는 $X_{DCT}(k)$와 $X(k)$에서 값이 큰 L개만을 선택하여 식 (5.41)에 정의된 $MSE(L)$을 L의 함수로 표시한 것이다. (e)로부터 $X_{DCT}(k)$가 $X(k)$보다 에너지 집중 성질이 더 우수한 것을 볼 수 있다.

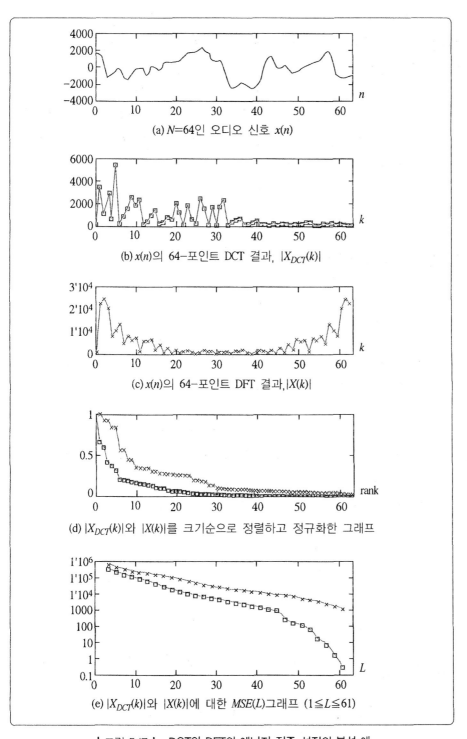

(a) $N=64$인 오디오 신호 $x(n)$

(b) $x(n)$의 64-포인트 DCT 결과, $|X_{DCT}(k)|$

(c) $x(n)$의 64-포인트 DFT 결과, $|X(k)|$

(d) $|X_{DCT}(k)|$와 $|X(k)|$를 크기순으로 정렬하고 정규화한 그래프

(e) $|X_{DCT}(k)|$와 $|X(k)|$에 대한 $MSE(L)$그래프 $(1 \leq L \leq 61)$

| 그림 5.17 | DCT와 DFT의 에너지 집중 성질의 분석 예

이론적으로 Karhunen-Loeve(KL) 변환이 최고의 에너지 집중 성질을 가지는 변환인데, DFT와 DCT가 각각 $e^{j2\pi \frac{k}{N}n}$와 코사인 신호를 기본 신호로 사용하는데 비하여 KL 변환은 $x(n)$의 공분산(covariance) 행렬의 eigenvector를 기본 신호로 사용하며, $x(n)$에 따라 기본 신호가 변하는 특징을 가진다. 그런데 $x(n)$이 1차 AR(auto-regressive) 모델에 근접하면 DCT가 KL 변환에 매우 근접하게 되며, 1차 AR 모델 성질이 강한 오디오와 영상 신호 등의 멀티미디어 신호의 압축에 DCT가 매우 널리 사용된다.

❺.7 고속 푸리에 변환

5.7.1 개요

DFT는 이산 신호의 주파수 분석과 시스템 분석을 위하여 매우 자주 활용되는 도구인데, N 값이 크면 식 (5.10)과 (5.11)에 따라 DFT와 IDFT를 구하기 위한 연산량이 너무 많아 실제로 응용 분야에 적용하기 어려운 문제가 발생한다. 따라서 식 (5.10) 및 식 (5.11)을 그대로 사용하지 않고 각 식이 가지는 수학적 성질을 적극적으로 활용하여 동일한 결과를 매우 적은 수의 연산으로 계산하는 것이 가능하다면 매우 유용하게 이용될 것이다. 이 절에서는 적은 연산량으로 DFT 및 IDFT를 계산하는 고속 푸리에 변환(fast Fourier transform, FFT) 기법을 배운다.

N-포인트 DFT는 $X(k) = \sum_{n=0}^{N-1} x(n)e^{-j\frac{2\pi}{N}kn}$이고, 이 계산을 위하여 N^2번의 복소 곱하기와 $N(N-1)$번의 복소 더하기가 필요하다. 만일, 계산을 실수 연산으로 변경하면

$$X_R(k) = \sum_{n=0}^{N-1}\left[x_R(n)\cos\frac{2\pi}{N}kn + x_I(n)\sin\frac{2\pi}{N}kn \right], \ 0 \leq k \leq N-1$$
$$(5.42)$$
$$X_I(k) = -\sum_{n=0}^{N-1}\left[x_R(n)\sin\frac{2\pi}{N}kn - x_I(n)\cos\frac{2\pi}{N}kn \right], \ 0 \leq k \leq N-1$$

이고, 복소수 $x(n)$의 경우 $4N^2$번의 실수 곱하기와 $4N(N-1)$번의 실수 더하기 연산이 필요하다. 실수 $x(n)$의 경우 $x_i(n) = 0$이므로 곱하기와 더하기 연산이 각각 $2N^2$과 $2N(N-1)$번 필요하다. 일반적으로 이와 같은 연산량을 $O(N^2)$라 표시하고, N^2 수준의 연산량이 필요하다는 의미이다. 즉, DFT의 연산량은 N이 증가함에 따라 비례적으로 증가하는 것이 아니라 제곱 형태로 증가하며, N이 증가할수록 연산량 문제는 더욱 심각해지고 고속 연산 기법이 절실히 요구된다.

DFT를 적은 연산량으로 계산하는 방법의 기본 개념은 길이 N의 $x(n)$을 한 번에 N-포인트 DFT하는 것이 아니라 $x(n)$를 $N/2$ 길이를 가지는 2개의 신호로 분리하고, 각각의 $N/2$-포인트 DFT를 구한 후 그 결과를 결합하여 최종 $X(k)$를 구하는 것이다. 즉, 그림 5.18과 같은 분해-연산-합성의 과정을 거친다. 예로 $N = 8$일 때 8-포인트 DFT를 그대로 계산하면 $O(64)$의 연산량이 필요하지만, 길이 4인 두 신호로 분해하여 두 번의 4-포인트 DFT를 구하면 $2O(16)$의 연산량만 필요하다. 물론 분해와 합성을 위한 추가 연산이 필요하지만 DFT에 필요한 연산량에 비하면 매우 작다고 가정한다.

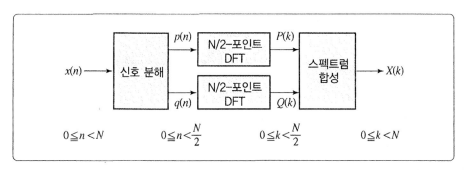

| 그림 5.18 | 신호 분해와 스펙트럼 합성을 통한 DFT 계산 과정

이 개념을 반복적으로 적용하면 $N = 2^m$일 때, 신호의 길이를 계속 1/2씩 감소시켜 최종적으로 신호의 길이로 2로 만들고, 많은 2-포인트 DFT만을 계산하고 각각의 결과를 적절하게 다시 결합하여 최종 DFT를 구할 수 있다. 따라서 FFT를 유도하는 내용에서의 핵심은 신호를 두 개의 신호로 분해하고 두 DFT 결과를 결합하는 방법을 유도하는 것이다.

5.7.2 FFT 유도

길이 N의 $x(n)$을 $N/2$ 길이의 두 신호로 분해하는 방법과 2개의 $N/2$-포인트 DFT로부터 N-포인트 DFT를 구하는 방법을 구해보자(N은 짝수로 가정). 먼저, 길이 N인 $x(n)$를

$$p(n) = x(2n),\ q(n) = x(2n+1),\ 0 \leq n \leq \frac{N}{2} - 1 \tag{5.43}$$

와 같이 $x(n)$의 짝수와 홀수 인덱스로 분리하여 길이 $N/2$인 두 신호 $p(n)$과 $q(n)$로 분해한다. 그러면 $x(n)$의 N-포인트 DFT $X(k)$는

$$
\begin{aligned}
X(k) &= \sum_{n=0}^{N-1} x(n) e^{-j\frac{2\pi}{N}kn} \\
&= \sum_{n=even}^{N-1} x(n) e^{-j\frac{2\pi}{N}kn} + \sum_{n=odd}^{N-1} x(n) e^{-j\frac{2\pi}{N}kn} \\
&= \sum_{n=0}^{\frac{N}{2}-1} x(2n) e^{-j\frac{2\pi}{N}2kn} + \sum_{n=0}^{\frac{N}{2}-1} x(2n+1) e^{-j\frac{2\pi}{N}k(2n+1)} \\
&= \sum_{n=0}^{\frac{N}{2}-1} p(n) e^{-j\frac{2\pi}{N/2}kn} + e^{-j\frac{2\pi}{N}k} \sum_{n=0}^{\frac{N}{2}-1} q(n) e^{-j\frac{2\pi}{N/2}kn},\ 0 \leq k \leq N-1
\end{aligned}
\tag{5.44}
$$

이다. 마지막 두 개의 $\sum_{k=0}^{\frac{N}{2}-1}(\cdot)$은 각각 $p(n)$와 $q(n)$에 대한 $N/2$-포인트 DFT 결과인 $P(k)$와 $Q(k)$에 해당하므로 $X(k) = P(k) + e^{-j\frac{2\pi}{N}k}Q(k),\ 0 \leq k \leq N-1$가 된다. 그런데 $P(k)$와 $Q(k)$는 각각 $N/2$-포인트 DFT이므로 DFT의 반복 성질에 의하여 $P(k) = P\left(k + \frac{N}{2}\right)$와 $Q(k) = Q\left(k + \frac{N}{2}\right)$를 만족하고 $e^{-j\frac{2\pi}{N}\left(k+\frac{N}{2}\right)} = -e^{-j\frac{2\pi}{N}k}$이므로

$$
\begin{aligned}
X(k) &= P(k) + e^{-j\frac{2\pi}{N}k}Q(k),\ 0 \leq k \leq \frac{N}{2} - 1 \\
X\left(k + \frac{N}{2}\right) &= P(k) - e^{-j\frac{2\pi}{N}k}Q(k),\ 0 \leq k \leq \frac{N}{2} - 1
\end{aligned}
\tag{5.45}
$$

가 된다. 식 (5.45)가 $P(k)$와 $Q(k)$로부터 $X(k)$를 구하는 합성 방법을 알려주며, 흐름도를 $N = 8$에 대하여 그리면 그림 5.19이다. $W = e^{-j\frac{2\pi}{8}}$을 의미하고, $W^0 = 1$이므로 곱할 필요는 없지만 일정한 규칙을 강조하기 위하여 표시하였다.

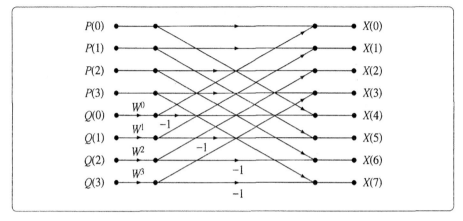

| 그림 5.19 | $P(k)$와 $Q(k)$로부터 $X(k)$를 구하는 과정($N = 8$)

이상의 과정을 다시 반복하여, $p(n)$의 $N/2$-포인트 DFT를 빠르게 구하는 과정을 살펴보자. 앞의 동작과 동일하게 $p(n)$을

$$u(n) = p(2n), \qquad 0 \leq n \leq \frac{N}{4} - 1$$
$$v(n) = p(2n + 1), \ 0 \leq n \leq \frac{N}{4} - 1 \tag{5.46}$$

에 따라 길이 $N/4$을 가지는 두 신호 $u(n)$과 $v(n)$로 분해하고, 식 (5.44)와 동일한 방법에 따라

$$
\begin{aligned}
P(k) &= \sum_{n=0}^{\frac{N}{2}-1} p(n) e^{-j\frac{2\pi}{N/2} kn} \\
&= \sum_{n=even}^{\frac{N}{2}-1} p(n) e^{-j\frac{2\pi}{N/2} kn} + \sum_{n=odd}^{\frac{N}{2}-1} p(n) e^{-j\frac{2\pi}{N/2} kn} \\
&= \sum_{n=0}^{\frac{N}{4}-1} p(2n) e^{-j\frac{2\pi}{N/2} 2kn} + \sum_{n=0}^{\frac{N}{4}-1} p(2n+1) e^{-j\frac{2\pi}{N/2} k(2n+1)}
\end{aligned} \tag{5.47}
$$

$$= \sum_{n=0}^{\frac{N}{4}-1} u(n) e^{-j\frac{2\pi}{N/4}kn} + e^{-j\frac{2\pi}{N/2}k} \sum_{n=0}^{\frac{N}{4}-1} v(n) e^{-j\frac{2\pi}{N/4}kn}$$

$$= U(k) + e^{-j\frac{2\pi}{N/2}k} V(k), \; 0 \leq k \leq \frac{N}{2} - 1$$

을 얻을 수 있고, 여기서 $U(k)$와 $V(k)$는 각각 $N/4$-포인트 DFT 결과이다. 따라서

$$P(k) = U(k) + e^{-j\frac{2\pi}{N/2}k} V(k), \; 0 \leq k \leq \frac{N}{4} - 1$$

$$P\left(k + \frac{N}{4}\right) = U(k) - e^{-j\frac{2\pi}{N/2}k} V(k), \; 0 \leq k \leq \frac{N}{4} - 1$$

(5.48)

이 되고, 그림 5.20의 연산 흐름도를 가진다.

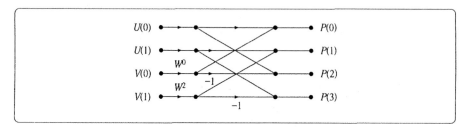

| 그림 5.20 | $U(k)$와 $V(k)$로부터 $P(k)$를 구하는 과정($N=8$)

마찬가지로, $Q(k)$를 구하는 과정도 $q(n)$을 두 개의 $N/4$ 길이의 신호 $y(n)$와 $z(n)$로 분해하고, 각각 $N/4$-포인트 DFT를 구하면

$$Q(k) = Y(k) + e^{-j\frac{2\pi}{N/2}k} Z(k), \; 0 \leq k \leq \frac{N}{4} - 1$$

$$Q\left(k + \frac{N}{4}\right) = Y(k) - e^{-j\frac{2\pi}{N/2}k} Z(k), \; 0 \leq k \leq \frac{N}{4} - 1$$

(5.49)

를 얻고, 역시 그림 5.20과 동일한 구조의 연산을 가진다. 다시 $U(k)$, $V(k)$, $Y(k)$, $Z(k)$, $0 \leq k \leq \frac{N}{4} - 1$를 구하기 위하여 $u(n)$, $v(n)$, $y(n)$, $z(n)$ 각각을 두 개의 또 다른 신호로 분해하면 되고, 이 동작을 신호의 길이가 2가 될 때까지 계속 반복하면 2-포인트 DFT를 계산하고 그 결과를 결합하여 $X(k)$를 구할 수 있다.

한편, 길이 2인 $a(n)$에 대한 2-포인트 DFT 식은

$$
\begin{aligned}
A(k) &= \sum_{n=0}^{1} a(n) e^{-j\frac{2\pi}{2}kn} \\
&= a(0) + e^{-j\pi k} a(1)
\end{aligned}
\tag{5.50}
$$

이고

$$
\begin{aligned}
A(0) &= a(0) + a(1) \\
A(1) &= a(0) - a(1)
\end{aligned}
\tag{5.51}
$$

로 매우 간단히 구해진다. 따라서 $N = 2^m$일 때, N-포인트 DFT는 식 (5.51)부터 시작하여 그림 5.20 및 그림 5.19의 과정을 m 단계를 거치면서 구할 수 있다. 그림 5.19가 $N = 8$에 대한 전체 동작의 흐름도를 보여주며, 총 3단계에 걸쳐 최종 $X(k)$를 구한다. 1단계는 네 개의 2-포인트 DFT를 구하는 과정이고, 2단계는 그림 5.20에 해당하며 두 개의 2-포인트 DFT 결과를 결합하여 4-포인트 DFT를 구하는 과정이고, 3단계는 그림 5.19에 해당하고 두 개의 4-포인트 DFT 결과를 결합하여 8-포인트 DFT를 구하는 과정이다.

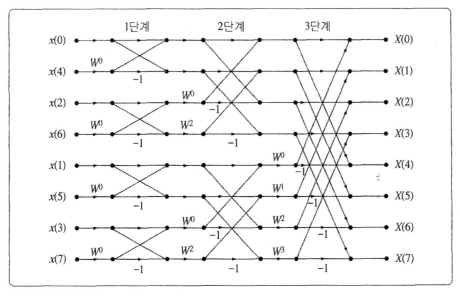

| 그림 5.21 |　$N = 8$에 대한 FFT 동작 흐름도

그림 5.21의 모든 연산 과정은

$$\gamma = \alpha + e^{-j\phi}\beta \tag{5.52}$$
$$\delta = \alpha - e^{-j\phi}\beta$$

와 같은 기본 연산의 반복으로 구성된 것을 알 수 있다. 이 기본 연산의 흐름을 별도로 그리면 그림 5.22이고 연산 동작이 나비(butterfly) 형태를 닮아 이를 버터플라이 모듈이라 한다. 결국, DFT를 식 (5.10) 형태대로 계산하지 않고 그림 5.21 방법을 사용하면, 버터플라이 모듈만을 반복하여 $X(k)$를 매우 적은 양의 연산으로 구할 수 있고 이 과정을 FFT라 한다.

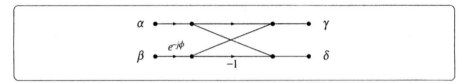

| 그림 5.22 | FFT의 버터플라이 모듈

FFT 계산에 필요한 연산량을 구해보자. 식 (5.52)에서 하나의 버터플라이 모듈은 한 번의 복소 곱하기와 두 번의 복소 더하기 연산이 필요하며, 그림 5.21에서 보듯이 각 단계마다 $N/2$개의 버터플라이 모듈이 필요하고 $N = 2^m$을 가정하면 총 $\log_2 N = m$단계가 필요하므로 총 연산량은 복소 곱하기 $(N/2)\log_2 N$번과 복소 더하기 $N\log_2 N$번이다. FFT의 연산량과 식 (5.10) 공식을 그대로 이용하는 DFT 연산량을 비교하여 정리하면 표 5.1이다.

| 표 5.1 | DFT의 직접 계산과 FFT 방법의 연산량 비교

N	직접 계산의 복소 곱하기 횟수 N^2	FFT의 복소 곱하기 횟수 $(N/2)\log_2 N$	연산량 감소비
8	64	12	5.3
16	256	32	8.0
32	1,024	80	12.8
64	4,096	192	21.3
128	16,384	448	36.6
256	65,536	1,024	64.0
512	262,144	2,304	113.8
1,024	1,048,576	5,120	204.8

이상의 FFT 유도 과정은 $N = 2^m$을 가정하였으며, 그렇지 않으면 다른 방법의 고속 연산 방법을 유도할 수 있다. 그러나 $N = 2^m$ 조건에서 최적의 연산이 가능하므로 대부분의 신호 처리 응용에서는 $N = 2^m$ 포인트로 DFT를 실행한다.

그림 5.18과 같이 시간 영역에서 두 신호로 분해하는 과정으로부터 시작하여 유도한 FFT(그림 5.21)를 특별히 decimation-in-time 기법이라 한다. 동일한 개념으로, 주파수 영역에서 $X(k)$를 짝수와 홀수 인덱스로 분리하여 두 신호 $P(k)$와 $Q(k)$를 얻고 각각을 구하는 방법을 기반으로 FFT를 유도할 수 있는데, 이렇게 유도한 FFT를 decimation-in-frequency 기법이라 한다. 그림 5.23이 이 방법으로 구한 FFT 동작 흐름도를 보여준다. 두 가지 방법으로 유도한 FFT는 동일한 연산량을 가진다.

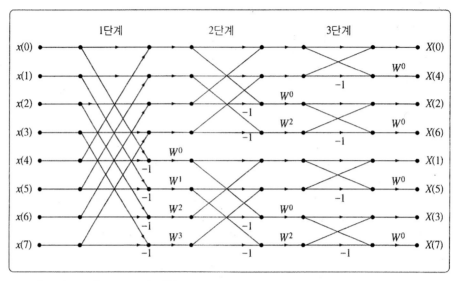

| 그림 5.23 | $N = 8$에 대한 FFT 동작 흐름도(decimation-in-frequency 기법)

식 (5.11)의 IDFT 연산은 DFT에서 지수함수의 부호만 변경하는 것이므로 동일한 개념으로 IFFT를 유도할 수 있다. 마지막으로, FFT 또는 IFFT는 새로운 푸리에 분석 도구가 아니라 단지 DFT 및 IDFT를 적은 연산량으로 빠르게 계산하기 위한 새로운 연산 방법에 불과한 것임을 명심하여야 한다.

5.7.3 Goertzel 알고리즘

DFT 연산을 시스템의 입출력 개념을 이용하여 간단히 구현할 수 있는데, 이를 Goertzel 알고리즘이라 한다. 일반적인 경우에 Goertzel 알고리즘의 연산량은 FFT에 비하여 많다. 그러나 특별한 경우로서 $0 \leqq k < N$에 대한 모든 $X(k)$ 값을 구하는 것이 아니라 일부 k에서의 $X(k)$ 값만을 구하려할 때 Goertzel 알고리즘이 효율적인 계산 방법을 제시하여 준다.

$e^{j \frac{2\pi}{N} kN} = e^{j2\pi k} = 1$이므로, 식 (5.10)은

$$X(k) = e^{j \frac{2\pi}{N} kN} \sum_{m=0}^{N-1} x(m) e^{-j \frac{2\pi}{N} km} = \sum_{m=0}^{N-1} x(m) e^{j \frac{2\pi}{N} k(N-m)} \qquad (5.53)$$

으로 다시 표현된다. 식 (5.53)을 두 신호 사이의 컨벌루션으로 설명하여 보자. 먼저, 시스템의 충격 응답 $h_k(n)$을

$$h_k(n) = e^{j\frac{2\pi}{N}kn} \tag{5.54}$$

와 같이 k를 파라미터로 가지는 식으로 정의한다. 그러면, 길이 N의 $x(n)$에 대한 출력 신호는 역시 k를 파라미터로 가지는

$$y_k(n) = x(n) * h_k(n) = \sum_{m=0}^{N-1} x(m) e^{j\frac{2\pi}{N}k(n-m)} \tag{5.55}$$

이 된다. 식 (5.55)을 식 (5.53)과 비교하면 $X(k) = y_k(n)|_{n=N}$이 되므로 결국 $X(k)$는 $n = N$에서의 시스템 출력값에 해당한다.

다음, 식 (5.54)에 대한 전달함수는

$$H_k(z) = \frac{1}{1 - e^{j\frac{2\pi}{N}k} z^{-1}} \tag{5.56}$$

이고, 시스템의 입출력 관계는

$$y_k(n) = e^{j\frac{2\pi}{N}k} y_k(n-1) + x(n), \quad y_k(-1) = 0 \tag{5.57}$$

이다. 결국, 길이 N의 $x(n)$이 주어지면 식 (5.57)에 따라 $y_k(n)$, $0 \leq n \leq N$을 구하면 $X(k) = y_k(N)$이 된다. 단, 각 n에 대한 $y_k(n)$를 구하는 과정에 복소수 연산이 포함되므로 이를 제거하기 위하여 식 (5.56)을

$$H_k(z) = \frac{1}{1 - e^{j\frac{2\pi}{N}k} z^{-1}} \frac{1 - e^{-j\frac{2\pi}{N}k} z^{-1}}{1 - e^{-j\frac{2\pi}{N}k} z^{-1}} = \frac{1 - e^{-j\frac{2\pi}{N}k} z^{-1}}{1 - 2\cos\left(\frac{2\pi}{N}k\right) z^{-1} + z^{-2}} \tag{5.58}$$

로 다시 정리한다. 다음, 이 시스템을 분자와 분모에 해당하는 두 시스템으로 분리하여

$$H_k(z) = P_k(z)Q_k(z)$$
$$= \frac{1}{1 - 2\cos\left(\frac{2\pi}{N}k\right)z^{-1} + z^{-2}}\left(1 - e^{-j\frac{2\pi}{N}k}z^{-1}\right) \qquad (5.59)$$

로 표시한다. 그러면 $P_k(z)$에 대한 출력 신호 $u_k(n)$는

$$u_k(n) = 2\cos\left(\frac{2\pi}{N}k\right)u_k(n-1) - u_k(n-2) + x(n),$$
$$u_k(-1) = u_k(-2) = 0 \qquad (5.60)$$

이다. 최종 출력 신호는 $u_k(n)$를 $Q_k(z)$에 입력하여 출력되는 신호이므로

$$y_k(n) = u_k(n) - e^{-j\frac{2\pi}{N}k}u_k(n-1) \qquad (5.61)$$

이다. 따라서, 실수 $x(n)$이 주어지고 특정 k_0에 대한 $X(k_0)$ 값을 구하려면, 식 (5.60)에 $k = k_0$를 대입하고 $0 \leqq n \leqq N$ 구간에서 실수 연산만으로 $u_{k_0}(N-1)$ 과 $u_{k_0}(N)$을 구하고, 마지막으로 식(5.61)에 따라 $X(k_0) = y_{k_0}(N) = u_{k_0}(N)$ $- e^{-j\frac{2\pi}{N}k_0}u_{k_0}(N-1)$을 구하면 된다.

실수 $x(n)$에 대한 $X(k_0)$ 연산에서, 식 (5.60)의 각 n에 대한 출력을 구하기 위하여 한 번의 실수 곱하기와 두 번의 실수 더하기가 필요하므로 $n = N$ 까지 순차적으로 구하기 위하여 총 N번의 실수 곱하기와 $2N$번의 실수 더하기가 필요하다. 또한 식(5.61)을 한번 실행하기 위하여 2번의 실수 곱하기와 2번의 실수 더하기가 필요하다. 그러므로 최종 $X(k_0)$를 구하기 위한 연산량은 $N + 2$번의 실수 곱하기와 $2N + 2$번의 실수 더하기이다.

연 / 습 / 문 / 제

01 다음의 $x(n)$에 대한 5-포인트 DFT를 구하시오.

(a) $x(n) = \delta(n-1)$

(b) $x(n) = \cos\left(\dfrac{2\pi}{5}n\right)$

(c) $x(n) = \sin\left(\dfrac{2\pi}{5}n + \dfrac{\pi}{3}\right)$

02 그림 P5.1에 주어진 $x(n)$에 대한 5-포인트 DFT를 구하시오.

(a) 그림 P5.1(a)

(b) 그림 P5.1(b)

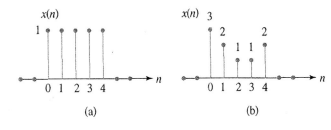

| 그림 P5.1 |

03 $x(n) = \delta(n-1)$의 5-포인트 DCT-II 결과를 구하시오.

04 그림 P5.2의 $x(n)$와 $y(n)$의 5-포인트 DFT 결과를 $X(k)$와 $Y(k)$라 할 때, $X(k)$와 $Y(k)$ 사이의 관계식을 구하시오.

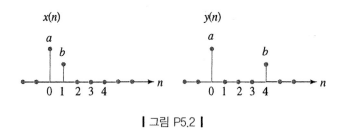

| 그림 P5.2 |

05 그림 P5.3의 $x(n)$와 $y(n)$의 5-포인트 DFT 결과를 $X(k)$와 $Y(k)$라 할 때, $X(k)$와 $Y(k)$ 사이의 관계식을 구하시오.

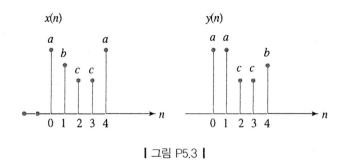

| 그림 P5.3 |

06 그림 P5.4에 주어진 두 신호의 4-포인트 순환 컨벌루션을 구하시오.

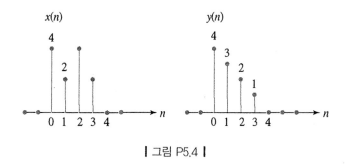

| 그림 P5.4 |

07 그림 P5.4에 주어진 두 신호의 8-포인트 순환 컨벌루션을 구하시오.

08 $\cos\left(\dfrac{\pi}{2}n\right) \otimes_4 \sin\left(\dfrac{\pi}{2}n\right)$을 구하시오.

09 $x(t)$를 4000Hz로 샘플링하여 $x(n)$을 얻고, 이를 8-포인트 DFT하여 그림
P5.5의 $X(k)$를 얻었다. $x(t)$를 구하시오.

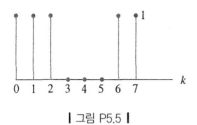

| 그림 P5.5 |

10 실수 $x(t)$를 8kHz로 샘플링하여 $0 \leq n < 100$ 구간에서 $x(n)$를 정의하고,
100-포인트 DFT를 계산하여 $X(k)$, $0 \leq k < 100$를 구하였다. $x(t)$의
2kHz 이하의 주파수 성분을 제거하려면, $X(k)$를 어떻게 변경하여야 하는지
구하시오.

11 6-포인트 DFT를 decimation-in-time 기법을 이용하여 2개의 3-포인트
DFT로 분리하여 계산하려 한다. 계산 과정을 FFT와 유사한 흐름도로 그리
시오. 이때, 3-포인트 DFT는 더 이상 분해하지 않고 하나의 블록으로만 표
시하면 된다.

06

디지털 필터

06

디지털 필터

이번 장에서는 디지털 필터(digital filter)의 의미와 기본적인 선형 FIR(finite-duration impulse response)과 IIR(infinite-duration impulse response) 필터의 구성 방법에 대하여 다룬다. 그리고 유한한 길이로 선형 필터를 설계할 때 발생할 수 있는 양자화 오차에 대해서도 알아본다.

4장에서 시간 영역에 정의되는 이산 입력 신호 $x(n)$과 시스템의 임펄스 응답 $h(n)$은 주파수 영역에서도 표현될 수 있다고 배웠다. 즉, 이산 신호 $x(n)$은 다수의 주파수 성분이 중첩되어 구성된다고 볼 수 있으며, 시스템의 임펄스 응답 $h(n)$은 각 주파수에 대한 주파수 응답 $H(f)$으로 생각할 수 있다. 그림 6.1과 같이, 시간 영역에서는 시스템 입력과 출력의 관계를 컨벌루션(convolution)으로 표현할 수 있으며, 이를 주파수 영역에서는 입력 신호의 주파수 성분 분포와 시스템 주파수 응답의 곱(multiplication)으로 출력 신호를 나타낼 수 있다. 여기서, 출력 신호도 각 주파수 성분에 대한 구성 분포를 나타낸다.

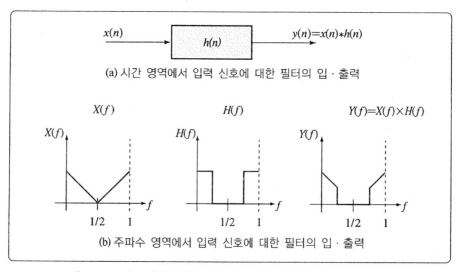

(a) 시간 영역에서 입력 신호에 대한 필터의 입·출력

(b) 주파수 영역에서 입력 신호에 대한 필터의 입·출력

| 그림 6.1 | 시간 영역과 주파수 영역에서 필터의 입·출력 관계

다양한 형태의 이산 선형 시불변(discrete linear time-invariant, LTI) 시스템은 소프트웨어 혹은 하드웨어로 모두 구현 가능하다. 하지만 각 구현 방식에 따라 오차 관점의 안정도와 계산량 등은 차이를 보인다. 이산 선형 시불변 시스템은 크게 FIR과 IIR 필터로 구분할 수 있다. 이 장에서는 FIR과 IIR 필터에 대한 다양한 필터 구조를 소개하고, 적응 필터의 기초 이론에 대하여 다룬다. 마지막으로 이러한 필터의 양자화 오차에 대하여 논의하고자 한다.

2장에서 언급한 바와 같이 이산 선형 시불변 시스템은 일반적으로 식 (6.1)과 같은 차분 방정식의 형태로 표현 가능하다.

$$y(n) = -\sum_{k=1}^{N} a_k\, y(n-k) + \sum_{k=0}^{M} b_k\, x(n-k) \qquad (6.1)$$

여기서, 우변의 첫 번째 항은 시스템의 입력으로 들어가는 출력 신호 성분을 의미하며, 두 번째 항은 가해진 입력 신호를 나타낸다. 식 (6.1)의 차분 방정식에 의한 시간 영역 시스템 표현을 z-평면에서는 식 (6.2)와 같이 나타낸다.

$$H(z) = \frac{\displaystyle\sum_{k=0}^{M} b_k\, z^{-k}}{1 + \displaystyle\sum_{k=1}^{N} a_k\, z^{-k}} \qquad (6.2)$$

여기서, b_k에 따라 영점(zero)의 위치가 결정되며, a_k에 따라 극점(pole)의 위치가 결정된다. 영점과 극점의 위치를 조정함에 따라 시스템의 주파수 응답 특성 및 안정도를 결정할 수 있다. 위와 같이, 하나의 이산 시스템은 시간 영역과 주파수 영역에서 모두 표현 가능하지만, 소프트웨어 또는 하드웨어로 구현할 경우에 일반적으로 시간 영역의 차분 방정식에 의한 구현 방법을 많이 사용한다. 차분 방정식을 소프트웨어로 구현할 경우에는 출력 신호를 별도의 메모리에 저장해 놓고, 순차적으로 들어오는 입력 값과 함께 곱셈과 덧셈을 반복적으로 수행하는 과정을 거치게 된다. 반면, 하드웨어로 구현할 경우에는 차분 방정식에 따라 곱셈기, 덧셈기, 레지스터(register)를 이용하여 필터 구현이 가능하고, 모든 내부 모듈이 하나의 클럭(clock)에 연결되어 클럭에 따라 모든 동작이 병렬적으로 이

루어진다.

앞에서 언급한 바와 같이, 디지털 필터를 구현할 경우 여러 가지 구현 방법에 있어서 몇 가지 선택 사항이 주어질 것이고, 어떠한 방법이 가장 효과적인지를 판단할 수 있어야 한다. 디지털 필터를 구현할 때 고려해야 할 요소에는 계산 복잡도, 메모리 요구량, 양자화 오차 등이 있다. 계산량의 경우 이전에는 단순히 곱셈, 덧셈의 개수 등으로 평가하였으나, 현재 컴퓨터 시스템이나 하드웨어 구조가 다양해짐에 따라 이러한 판단 기준만으로는 적절하지 않은 경우가 많아졌다. 곱셈기가 병렬적으로 수행될 수 있는 SIMD(single instruction multiple data) 형태의 DSP(digital signal processor)가 보편화되었고, 메모리 대역폭 제한에 의한 데이터 전송이 실제 계산량보다 더 많아지는 경우도 있다. 예를 들어, 곱셈과 덧셈의 개수가 산술적으로 적어도 어떠한 플랫폼에 개발하느냐에 따라 그 복잡도나 전력 소모는 달라질 수 있다. 또한 메모리 요구량의 경우, 최종 결과뿐만 아니라 중간 결과 값을 얼마나 저장해 놓아야 하는지 등을 고려해야 한다.

이산 시스템은 시간 영역 샘플링에 의한 고주파 정보 손실과 함께 각각의 시간에서 얻어진 아날로그 신호를 유한한 정밀도를 갖는 수로 표현하게 된다. 이를 양자화라고 하며, 이러한 유한한 구간의 개수에 따른 신호 표현에 있어서 오차가 발생하게 된다. 양자화 오차(quantization error)는 비선형적 특성을 가지기 때문에 실제 디지털 필터 설계 시 이를 고려하는 것은 쉽지 않다. 이 양자화 오차에 의하여 극점과 영점의 위치가 변경될 수 있고, 이로 인해 필터의 주파수 특성 또한 변할 수 있다. 이러한 문제를 해결하기 위하여 필터 계수의 양자화 오차에 따라 변경된 극점과 영점 위치를 분석하고, 경우에 따라 필터 설계를 반복적으로 수행해야 한다. 또한 이산 시스템 내부에서 유한 정밀도의 데이터 표현에 의한 오버플로우(overflow)가 발생할 수 있다. 따라서 오버플로우가 발생하지 않는 범위로 데이터의 크기를 조절(scaling)해 주는 것을 고려해야 한다.

6.1 FIR 필터

FIR 필터는 임펄스 입력에 대하여 유한한 길이의 출력을 갖는 시스템을 말한다. 즉, 시스템의 임펄스 응답이 유한한 길이인 경우를 말하며, 결과적으로 시간 영역에서 유한한 개수의 필터 계수를 가진다. FIR 시스템의 필터 계수는 식 (6.3)과 같이 표현될 수 있다.

$$h(n) = \begin{cases} b_n, \ 0 \leq n \leq M-1 \\ 0, \ \text{다른 경우} \end{cases} \tag{6.3}$$

식 (6.3)의 디지털 필터의 입력과 출력의 관계를 시간 영역에서 나타내면, 식 (6.4)와 같이 표현된다.

$$y(n) = \sum_{k=0}^{M-1} b_k \, x(n-k) \tag{6.4}$$

위의 입·출력 관계식을 z-변환하면, FIR 필터의 전달 함수(transfer function) 는 식 (6.5)와 같이 표현된다.

$$H(z) = \sum_{k=0}^{M-1} b_k \, z^{-k} \tag{6.5}$$

지금부터 식 (6.5)의 FIR 필터를 구현하기 위한 다양한 구조에 대해 설명한다. FIR 필터를 구현하기 위한 대표적인 형태는 Direct, Cascade, Lattice 구조 등 이 있다.

6.1.1 Direct 구조

식 (6.3)과 식 (6.4)에서 보듯이 FIR 필터 계수와 임펄스 응답이 같은 형태로 구성되고, 시스템 출력은 임펄스 응답을 이용한 컨벌루션 연산으로 나타낼 수 있 다. 즉, FIR 필터에 대한 시스템 출력은 식 (6.6)과 같은 차분 방정식의 형태를 갖는다.

$$y(n) = \sum_{k=0}^{M-1} h(k)x(n-k) \qquad (6.6)$$

그림 6.2는 이것을 Direct 구조의 형태로 구현한 것이다.

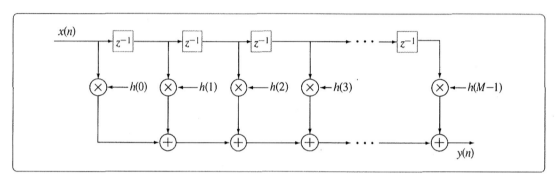

| 그림 6.2 | FIR 필터의 Direct 구조

이 구조는 입력 신호를 저장하기 위하여 $M-1$개의 메모리를 가지고 있다. 저장된 입력 값들에 M개의 필터 계수를 곱한 후 합산하여 최종 출력 결과를 얻는다.

　실제 FIR 필터를 설계할 경우, 필터의 중심 수직선을 기준으로 좌·우 대칭인 저역 통과 필터나 필터의 중심으로 점대칭인 고역 통과 필터를 사용하는 경우가 많다. 좌·우 대칭 저역 통과 필터의 임펄스 응답은 $h(n) = h(M-1-n)$로 나타낼 수 있고, 점대칭인 고역 통과 필터는 $h(n) = -h(M-1-n)$로 나타낼 수 있다. 이 대칭 필터는 주파수 평면에서 선형 위상(linear phase)의 특성을 갖는다. 이와 같이 계수가 대칭인 경우, Direct 구조에서 곱셈기의 수를 반으로 줄일 수 있다. 이때 계수의 수가 홀수인 경우와 짝수인 경우를 고려해야 한다. 그림 6.3은 M이 홀수인 좌·우 대칭 필터이다. Direct 구조에 근거한 FIR 필터는 차분 방정식으로부터 쉽게 디지털 필터의 구조를 설계할 수 있으나, 양자화 오차에 민감한 단점을 가지고 있다.

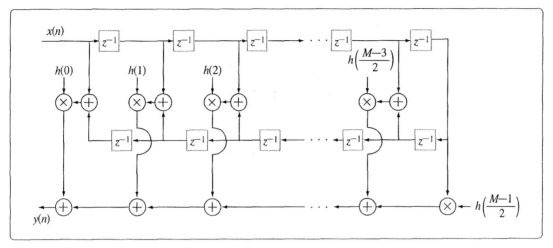

| 그림 6.3 |　계수가 좌·우 대칭이고 홀수 개인 FIR 필터의 Direct 구조

[예제 6.1]　필터의 차수가 6이고, 좌·우 대칭인 FIR 필터의 Direct 구조를 제시하여라.
단, 필터의 대칭 특성을 이용하여 곱셈기의 수를 최소화되도록 하여라.

풀이

$M=6$이고, 필터 중심을 기준으로 계수가 좌·우 대칭이므로, 단지 세 개의 곱셈기로 구현
이 가능하다. 세 개의 곱셈기를 이용한 FIR 필터의 Direct 구조는 다음과 같다.

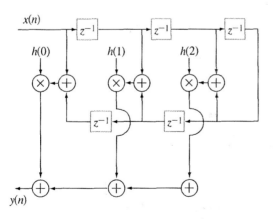

6.1.2 Cascade 구조

Cascade 구조는 하나의 필터가 여러 개의 부필터(sub filter) 결합으로 구성된 것을 말한다. 즉, 하나의 FIR 필터가 여러 개의 FIR 필터의 곱으로 나타난다.

$$H(z) = H_1(z)H_2(z)H_3(z)\cdots H_K(z) \tag{6.7}$$

여기서, $H_k(z)$는 2차 FIR 필터인 경우 식 (6.8)과 같이 표현된다.

$$H_k(z) = b_{k_0} + b_{k_1}z^{-1} + b_{k_2}z^{-2}, \quad k = 1, 2, \cdots, K \tag{6.8}$$

식 (6.7)의 Cascade 구조 FIR 필터는 그림 6.4와 같이 나타낼 수 있다.

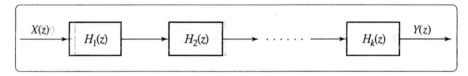

| 그림 6.4 | Cascade 구조의 필터

그림 6.4의 구조에서 각 부필터가 2차 FIR 필터인 경우, 그림 6.5와 같이 Direct 구조로 구현할 수 있다.

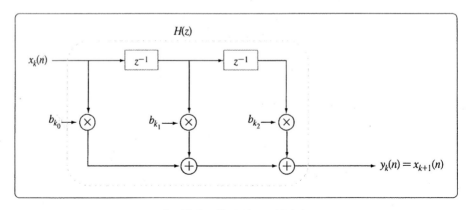

| 그림 6.5 | 2차 FIR 부필터

6.1.3 Lattice 구조

Lattice 구조의 FIR 필터는 음성 신호 처리나 적응 신호 처리와 같은 응용 분야에 많이 사용된다. 이러한 시스템에 대한 입·출력 관계식은 식 (6.9)와 같이 표현할 수 있다.

$$y(n) = x(n) + \sum_{k=1}^{M} \alpha_M(k) x(n-k)$$
(6.9)

위 시스템의 출력은 입력 신호와 그 입력 신호의 이전 값들의 선형 조합으로 표현된다. 일반적으로 적응 신호 처리 분야에서는 식 (6.9)의 우변의 두 번째 항이 $x(n)$에 대한 예측 신호이고, $y(n)$은 예측 오차를 나타낸다.

Lattice 구조의 M차 FIR 필터를 복소 평면에서 $H_M(z)$로 표현하기로 하자. $H_M(z)$는 다항식 형태의 FIR 필터로 표현 가능하며, 식 (6.10)과 같이 나타낼 수 있다.

$$H_M(z) = 1 + \sum_{k=1}^{M} \alpha_M(k) z^{-k}, \quad M \geqq 1$$
(6.10)

간단한 예로 $M=1$인 1차 필터의 출력은 식 (6.11)과 같이 나타낼 수 있다.

$$y(n) = x(n) + \alpha_1(1) x(n-1)$$
(6.11)

식 (6.11)의 1차 예측 오차 필터 구성은 그림 6.6의 1차 Lattice 구조로 구현할 수 있다.

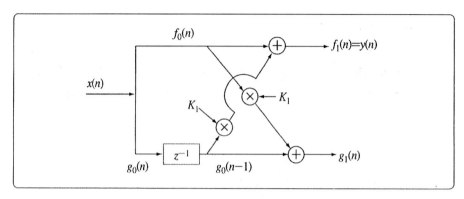

| 그림 6.6 |　1차 Lattice 구조의 필터

그림 6.6의 1차 Lattice 구조에서 입·출력 관계는 식 (6.12)와 같이 나타낼 수 있다.

$$f_0(n) = g_0(n) = x(n)$$
$$f_1(n) = f_0(n) + K_1 g_0(n-1) = x(n) + K_1 x(n-1) \qquad (6.12)$$
$$g_1(n) = K_1 f_0(n) + g_0(n-1) = K_1 x(n) + x(n-1)$$

식 (6.11)과 식 (6.12)를 대응시켜보면, $K_1 = \alpha_1(1)$이 됨을 알 수 있다. Lattice 구조에서 K 파라미터를 반사 계수(reflection coefficient)라고 부른다. 같은 방법으로 $M=2$인 경우 $H_M(z)$ 필터의 입·출력 관계식은 식 (6.13)과 같이 표현할 수 있다.

$$y(n) = x(n) + \alpha_2(1)x(n-1) + \alpha_2(2)x(n-2) \qquad (6.13)$$

2차 Lattice 구조는 그림 6.7과 같이 나타낼 수 있다.

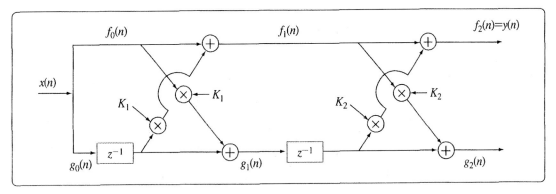

| 그림 6.7 |　2차 Lattice 구조의 필터

그림 6.7의 2차 Lattice 구조는 Lattice가 두 단계로 결합된 형태이며, 각 단계별 입·출력 식은 다음과 같이 표현될 수 있다. 두 번째 단계의 입·출력 관계식은 식 (6.14)와 같다.

$$f_2(n) = f_1(n) + K_2 g_1(n-1)$$
$$g_2(n) = K_2 f_1(n) + g_1(n-1)$$
(6.14)

첫 번째 단계의 입·출력 관계는 식 (6.15)와 같다.

$$f_1(n) = x(n) + K_1 x(n-1)$$
$$g_1(n) = K_1 x(n) + x(n-1)$$
(6.15)

식 (6.15)의 첫 번째 단계의 입·출력 관계식을 두 번째 단계에 대입하면 식 (6.16)을 얻을 수 있다.

$$f_2(n) = x(n) + K_1 x(n-1) + K_2 \{K_1 x(n-1) + x(n-2)\}$$
$$= x(n) + K_1(1+K_2)x(n-1) + K_2 x(n-2)$$
(6.16)

Lattice 구조에서 최종 출력을 2차 $H_M(z)$의 입·출력 관계식과 비교하면, K_1, K_2 파라미터를 식 (6.17)과 같이 얻을 수 있다.

$$K_1 = \alpha_2(1)/(1 + \alpha_2(2))$$
$$K_2 = \alpha_2(2)$$

(6.17)

위 방법을 다차원 $H_M(z)$ 필터에 적용하면, 다차원 Lattice 구조를 설계할 수 있다. 이렇게 설계된 다차원 Lattice 구조와 Direct 구조 필터 계수 사이의 관계를 유도할 수 있다. M차의 $H_M(z)$ 필터가 주어진다면, $K_M = a_M(M)$이 되며, K_{M-1} 과 이 이후의 계수는 $H_M(z)$로부터 $H_{M-1}(z)$을 유도하고, 이것으로부터 K_{M-1}을 얻을 수 있다. 여기서, $H_{M-1}(z)$은 식 (6.18)과 같이 주어진다.

$$B_M(z) = z^{-M} H_M(z^{-1})$$
$$H_{M-1}(z) = (H_M(z) - K_M B_M(z))/(1 - K_M^2)$$

(6.18)

식 (6.18)과 같이 $H_M(z)$로부터 K_M을 얻고, $H_M(z)$로부터 $H_{M-1}(z)$을 구해, K_{M-1}을 구하는 방법을 재귀적으로 적용할 수 있다. 즉, 최고 높은 차수에서부터 낮은 차수로 파라미터를 구해 나간다.

Lattice 구조의 필터는 차수를 순차적으로 증가시켜, 필터의 성능을 향상시킬 수 있는 장점이 있다. 또한 필터 계수의 양자화 오차에 따른 필터의 성능 저하가 적은 장점을 가지고 있다.

[예제 6.2] 다음의 필터에서 Lattice 구조를 위한 파라미터, K_1, K_2, K_3를 구하여라.

$$H(z) = H_3(z) = 1 + 1/2z^{-1} + 1/4z^{-2} + 1/4z^{-3}$$

풀이

K_3을 구하기 위하여, $H(z^{-1})$에 z^{-3}을 곱하여 $B_3(z)$을 구하고, $B_3(z)$에 대한 극한값으로 K_3을 구한다.

$$B_3(z) = z^{-3} H_3(z^{-1}) = 1/4 + 1/4z^{-1} + 1/2z^{-2} + z^{-3}$$
$$K_3 = \alpha_3(3) = \lim_{z \to \infty} B_3(z) = 1/4$$

다음 K_2를 얻기 위하여, 식 (6.18)을 이용하여 $H_2(z)$를 구하고, $H_2(z^{-1})$에 z^{-2}를 곱하여 $B_2(z)$를 구한다.

$$H_2(z) = \{H_3(z) - 1/4B_3(z)\}/\{1 - (1/4)^2\} = 1 + 7/15z^{-1} + 2/15z^{-2}$$
$$B_2(z) = 2/15 + 7/15z^{-1} + z^{-2}$$

$B_2(z)$의 극한값으로부터 K_2를 구한다.

$$K_2 = \alpha_2(2) = \lim_{z \to \infty} B_2(z) = 2/15$$

유사한 방법으로 $H_1(z)$를 계산하고, K_1을 구한다.

$$H_1(z) = 1 + 91/221z^{-1}$$
$$K_1 = \alpha_1(1) = \lim_{z \to \infty} H_1(z) = 91/221$$

6.2 IIR 필터

이산 선형 시불변 IIR 시스템은 일반적으로 식 (6.19)와 같은 차분 방정식으로 나타낼 수 있다.

$$y(n) = -\sum_{k=1}^{N} a_k y(n-k) + \sum_{k=0}^{M} b_k x(n-k) \tag{6.19}$$

식 (6.19)의 IIR 필터는 FIR 필터와 비교하여 이전 출력을 다시 입력으로 사용하는 점이 다르다. 결과적으로 입력과 함께 출력도 메모리에 저장할 필요가 있다. 시간 영역에서 표현된 차분 방정식을 복소 평면에서 표현하기 위하여 z-변환을 하면 식 (6.20)을 얻는다.

$$H(z) = \frac{\displaystyle\sum_{k=0}^{M} b_k z^{-k}}{1 + \displaystyle\sum_{k=1}^{N} a_k z^{-k}} \tag{6.20}$$

이때 $H(z)$는 시스템의 전달 함수이다. IIR 필터의 경우도 FIR 필터와 마찬가지로 Direct, Cascade, Lattice 구조 등으로 구현할 수 있다.

6.2.1 Direct 구조

z-변환하여 복소 평면에서 표현한 IIR 필터의 전달 함수 $H(z)$는 식 (6.21)과 같이 영점과 극점으로 구성되는 응답 함수들의 곱으로 표현할 수 있다.

$$H(z) = \frac{\displaystyle\sum_{k=0}^{M} b_k z^{-k}}{1 + \displaystyle\sum_{k=1}^{N} a_k z^{-k}} = H_1(z) H_2(z) \tag{6.21}$$

여기서, $H_1(z)$는 $H(z)$의 영점에 대한 다항식이고, $H_2(z)$는 극점에 대한 다항식이라면, 각 응답 함수는 식 (6.22)와 같이 표현된다.

$$H_1(z) = \sum_{k=0}^{M} b_k z^{-k}$$
$$H_2(z) = 1/(1 + \sum_{k=1}^{N} a_k z^{-k}) \tag{6.22}$$

식 (6.22)로 표현되는 시스템은 두 가지 형태의 Direct 구조로 구성할 수 있다. 첫 번째 방법을 Direct I이라 하고, 다른 하나를 Direct II라고 한다. Direct I은 IIR 필터의 차분 방정식을 다음 식 (6.23)과 같이 분리하여 유도한다.

$$v(n) = \sum_{k=0}^{M} b_k \, x(n-k)$$

$$y(n) = -\sum_{k=1}^{N} a_k \, y(n-k) + v(n)$$

(6.23)

식 (6.23)의 구성에 따라 Direct I 형태의 IIR 필터 구조는 그림 6.8과 같다.

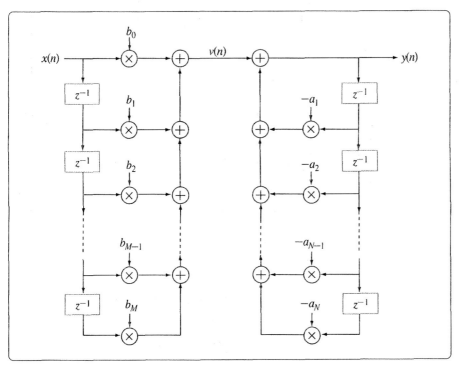

| 그림 6.8 |　IIR 필터의 Direct I 구조

Direct II의 형태는 IIR 필터의 차분 방정식을 식 (6.24)와 같이 분리하여 표현한다.

$$w(n) = -\sum_{k=1}^{N} a_k \, w(n-k) + x(n)$$

$$y(n) = \sum_{k=0}^{M} b_k \, w(n-k)$$

(6.24)

위 식에 따라 IIR 필터의 구조는 그림 6.9와 같이 표현된다.

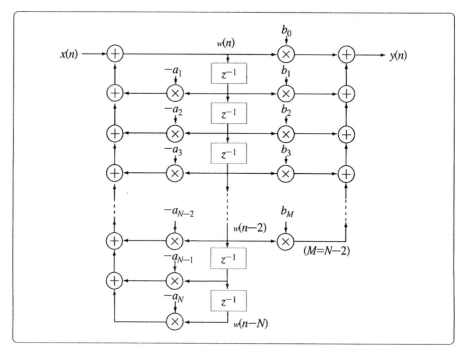

| 그림 6.9 | IIR 필터의 direct II 구조

Direct I의 구조는 $(M+N+1)$ 곱셈, $(M+N)$ 덧셈, 그리고 $(M+N+1)$을 위한 메모리가 필요하다. 반면, Direct II의 구조는 $(M+N+1)$ 곱셈, $(M+N)$ 덧셈, 그리고 Max(M, N)를 위한 메모리가 필요하기 때문에 메모리 수에서 Direct I의 구조에 비하여 이득이 있는 구조이다.

[예제 6.3] 다음 식과 같이 정의되는 IIR 필터를 Direct I 형태로 도식화하여라.

$$y(n) = -3y(n-1) + 5y(n-2) + 2x(n) - 2x(n-1) - 3x(n-2) + 4x(n-3)$$

풀이

문제의 IIR 필터를 Direct I 형태로 표현하면 다음과 같다.

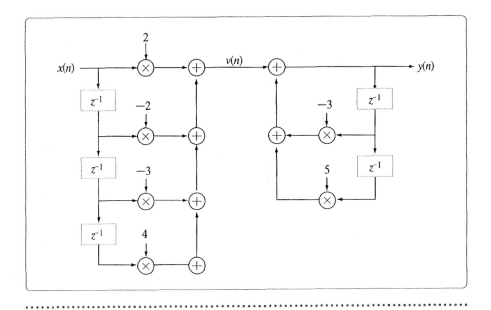

6.2.2 Cascade 구조

FIR 필터에서 소개한 Cascade 구조의 필터와 마찬가지로 IIR 필터의 Cascade 구조 필터도 식 (6.25)와 같이 나타낼 수 있다.

$$H(z) = H_1(z)H_2(z)H_3(z)\cdots H_K(z) \tag{6.25}$$

여기서, $H_k(z)$가 2차 IIR 필터일 경우 식 (6.26)과 같이 표현할 수 있다.

$$H_k(z) = (b_{k0} + b_{k1}z^{-1} + b_{k2}z^{-2})/(1 + a_{k1}z^{-1} + a_{k2}z^{-2}) \tag{6.26}$$

IIR 필터의 Cascade 구조 또한 그림 6.10과 같이 다수의 필터를 연속적으로 연결하는 형태이다. 각 부필터는 Direct I 또는 Direct II 구조로 구현될 수 있다. 그림 6.10은 Cascade 구조로 필터를 구현할 때 각 부필터에 대해 Direct II를 사용한 예를 보여준다.

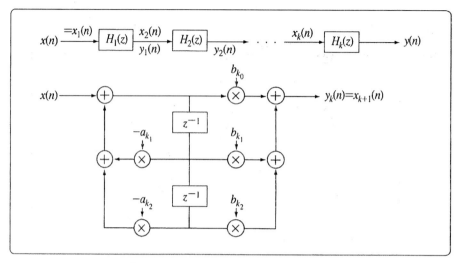

| 그림 6.10 | IIR 필터의 Cascade 구조

⑥.3 적응 필터

앞 절에서 소개한 FIR 필터나 IIR 필터는 필터 계수가 고정되어 있기 때문에 시간에 따라 필터의 파라미터가 변화해야 하는 경우에는 설계자가 원하는 결과를 얻을 수 없다. 반면, 적응 필터는 실시간으로 설계자가 원하는 필터 응답에 가장 가까운 결과가 나올 수 있도록 필터 계수를 적응적으로 변화시킬 수 있다.

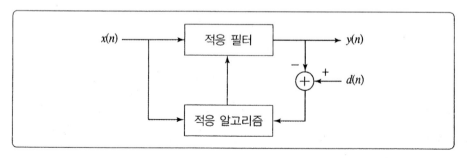

| 그림 6.11 | 적응 필터의 블록도

그림 6.11은 적응 필터의 블록도를 보여준다. $x(n)$은 입력 신호이고, $y(n)$은 출력 신호를 나타낸다. 그리고 $d(n)$은 원하는 출력 신호이다. 적응 필터는 $y(n)$과 $d(n)$ 사이의 에러가 가장 작아지도록 필터를 동작시킬 수 있는 구조이다. $y(n)$과 $d(n)$의 에러를 $e(n)$이라고 했을 때, 적응 필터의 설계는 $e(n)$을 가장 작게 만드는 적응 알고리즘을 통하여 구현할 수 있다. 에러를 최소화하는 방법은 수치 해석적인 관점에서 다양한 방법이 존재하며, 여기서는 대표적인 에러 최소화 방법인 LMS(least mean square)에 대하여 알아보자. LMS는 에러에 대한 제곱의 평균을 최소화하는 방법이다.

그림 6.11의 적응 필터가 FIR 필터이고, 이 때의 필터 계수를 $h(k)$라 할 때, 필터의 에러 $e(n)$은 식 (6.27)과 같이 쓸 수 있다.

$$e(n) = d(n) - y(n) = d(n) - \sum_{k=0}^{N-1} h(k)x(n-k) \tag{6.27}$$

일반적으로 에러의 양을 에러에 대한 제곱의 평균으로 측정할 경우, 이를 MSE(mean square error)라고 하며, 식 (6.28)과 같이 표현된다. $E[\cdot]$는 평균을 나타내는 연산자이다.

$$\begin{aligned} E[e^2(n)] &= E[(d(n)-y(n))^2] \\ &= E[d^2(n)] - 2E[d(n)y(n)] + E[y^2(n)] \end{aligned} \tag{6.28}$$

여기서, $y(n)$을 벡터 형태로 쓰면 식 (6.29)와 같다. (H는 $[h_0, h_1, h_2, \cdots, h_{N-1}]$이고, $X(n)$은 $[x(n), x(n-1), x(n-2), \cdots, x\{n-(N-1)\}]$이다.)

$$y(n) = H^T X(n) \tag{6.29}$$

식 (6.29)를 식 (6.28)에 대입하여 식 (6.30)과 같이 쓸 수 있다.

$$\begin{aligned} E[e^2(n)] &= E[d^2(n)] - 2E[d(n)X^T(n)]H + E[H^T X(n)X^T(n)H] \\ &= P_d - 2R_{dX}^T H + H^T R_{XX} H \end{aligned} \tag{6.30}$$

$$P_d = E[d^2(n)]$$
$$R_{dX} = E[d(n)X^T(n)]$$
$$R_{XX} = E[X(n)X^T(n)]$$

P_d는 원하는 출력 신호 $d(n)$에 대한 파워(power)의 평균이고, R_{dX}는 출력 신호 $d(n)$과 입력 신호 $X(n)$의 상호 상관 벡터(cross-correlation vector)이다. 그리고 R_{XX}는 입력 신호 $X(n)$에 대한 자기 상관 벡터(auto-correlation vector)를 나타낸다. 이제 $E[e^2(n)]$의 값을 최소화하기 위해서, 식 (6.30)의 양변을 $h_i(i=0, 1, \cdots, N-1)$에 대하여 각각 편미분을 수행하면 식 (6.31)을 얻을 수 있다.

$$\frac{\partial E[e^2(n)]}{\partial h_i} = \frac{\partial P_d}{\partial h_i} - 2\frac{\partial R_{dX}^T H}{\partial h_i} + \frac{\partial H^T R_{XX} H}{\partial h_i}, \; i = 0, 1, \cdots, N-1$$
$$= -2R_{dX} + 2R_{XX}H = 0$$

(6.31)

위 관계식을 풀어서 쓰면, 식 (6.32)와 같이 표현되며, 이 행렬식을 위너-호프 방정식(Wiener-Hopf equation)이라고 한다.

$$\begin{pmatrix} R_{XX}(0) & R_{XX}(1) & \cdots & R_{XX}(N-1) \\ R_{XX}(1) & R_{XX}(0) & \cdots & R_{XX}(N-2) \\ \vdots & \vdots & \ddots & \vdots \\ R_{XX}(N-1) & R_{XX}(N-2) & \cdots & R_{XX}(0) \end{pmatrix} \begin{pmatrix} h_0 \\ h_1 \\ \vdots \\ h_{N-1} \end{pmatrix} = \begin{pmatrix} R_{dx}(0) \\ R_{dx}(1) \\ \vdots \\ R_{dx}(N-1) \end{pmatrix}$$

(6.32)

식 (6.32)로부터 최적의 필터 계수 H_{opt}는 $R_{XX}^{-1} R_{dX}$로 나타낼 수 있다. 이 식의 해를 구하기 위해서는 자기 상관 계수의 역행렬 (R_{XX}^{-1})을 구해야 한다. 그러나 가우스 소거법(Gauss elimination method)이나 LU-분해법(LU-decomposition)과 같은 수치해석적인 역행렬의 해법 들은 계산량이 매우 많은 문제점이 있다. 따라서 실시간으로 적응적인 필터를 적용해야 하는 응용에서 매 순간 역행렬을 구하는 것은 바람직하지 않다.

LMS 알고리즘은 이러한 역행렬 계산의 복잡도를 고려하여, 최대 하향경사 방법(steepest descent method)을 기반으로 간단한 계산을 통해 에러를 최소화하는 적응 필터 계수를 구한다. 최대 하향경사 방법의 개념은, 현재 시스템의 적응 필터는 이전 순간에 구한 적응 필터를 가지고 업데이트를 함으로써 구할 수 있다는 것이다. 즉, $h(n+1)$은 식 (6.33)과 같이 표현된다.

$$h(n+1) = h(n) - \mu \Delta h(n) \qquad (6.33)$$

$\mu(>0)$는 스텝 크기(step size)이고, $\Delta h(n)$은 이전 순간의 기울기(gradient) 값을 의미한다. 식 (6.33)을 풀기 위하여 식 (6.28)의 MSE를 다시 생각해보자. MSE에 대한 양변을 필터 계수의 각각에 대하여 편미분을 적용하여 식 (6.34)를 얻는다.

$$\frac{\partial E}{\partial h_n} = \frac{\partial}{\partial h_n}(d(n) - y(n))^2 \qquad (6.34)$$

합성 함수의 미분 연쇄 법칙(chain rule)과 $y(n)$에 대한 정의에 의하여 식 (6.34)는 식 (6.35)와 같이 쓸 수 있다.

$$\begin{aligned}
\frac{\partial E}{\partial h_n} &= 2(d(n) - y(n))\frac{\partial}{\partial h_n}\left(d(n) - \sum_{i=0}^{N-1} h(i)x(n-i)\right) \\
&= -2(e(n))\left(\prod_{i=0}^{N-1} x(n-i)\right)
\end{aligned} \qquad (6.35)$$

식 (6.35)로부터 $\Delta h(n)$는 $-2(e(n))(\prod_{i=0}^{N-1} x(n-i))$로 표현되고, $\prod_{i=0}^{N-1} x(n-i)$를 $\theta(n)$로 치환하면, 식 (6.33)의 LMS는 최종적으로 식 (6.36)과 같이 계산될 수 있다.

$$h(n+1) = h(n) + \mu e(n)\theta(n) \qquad (6.36)$$

❻.4 구현 오차

6.4.1 디지털 데이터 표현

자연계에 존재하는 대부분의 신호는 아날로그 신호이다. 아날로그 신호는 시간 영역 관점에서 연속적이며, 한 순간의 특정 값은 무한대의 정밀도를 가지고 있다. 하지만 이산 시스템은 아날로그 신호의 샘플링을 통한 이산 신호의 획득 과정에서 정보를 손실하며, 획득된 신호를 디지털로 표현하기 위한 양자화 과정에서 추가적으로 정보를 잃게 된다. 우리는 4장에서 주파수 영역의 샘플링 과정에서 발생하는 오차를 줄이는 방법을 배웠다. 하지만 한 샘플을 유한한 길이의 데이터로 바꾸는 양자화 과정은 비선형적 처리 과정이므로 지금까지 배운 선형 시스템 해석 방법으로 해석이 불가능하다. 여기서는 이러한 무한한 정밀도를 갖는 신호 값을 유한한 정밀도를 갖는 디지털 신호 값으로 양자화할 때 생기는 양자화 오차(quantization error)에 대하여 고찰한다.

이산 시스템에서 어떠한 물리적 양을 표현할 때, "8비트 또는 16비트 AD 변환기를 사용한다."라는 표현을 쓴다. 이것은 입력 신호를 2^8 또는 2^{16}개의 구간 (level)으로 양자화하고, 그 구간들 중의 대표값으로 표현하는 것이다. 이 표현은 신호를 정수 값으로 생각하여 산술 연산에 사용할 수 있다. 그러나 정수화된 데이터 표현은 양자화 오차를 가지게 되어, 실제 계산 시 양자화에 의한 오차가 추가적으로 발생할 수 있다. 또한 계산 과정에서 오버플로우가 발생할 경우에는 큰 오차를 발생시킬 수도 있다.

한편, 실제 자연계의 물리량을 소수로 표현하기 위한 방법이 있다. 이것은 데이터를 표현하기 위하여 부호, 지수, 가수 부분으로 표현한다. 1985년에 Institute for electrical and electronic engineering(IEEE)에서 "Binary floating point arithmetic standard 754-1985"를 처음 발표하였다. 이것은 부동 소수점을 표현하는 방법에 대한 표준으로, 예를 들어 64비트 부동 소수점 표현을 위하여 1비트의 부호 비트, 11비트의 지수 비트, 52비트의 가수 비트를 사용하여 나타내는 것이며, 식 (6.37)과 같이 표현된다. 여기서 s는 부호 비트, c는 지수 부분, f는 가수 부분을 나타낸다.

$$(-1)^s \times 2^{c-1023} \times (1+f) \qquad (6.37)$$

부호 비트 s는 양수인지 음수인지를 나타내고, 가수 부분인 f는 표현하고자 하는 수의 소수 부분을 나타낸다. 가수 부분은 상수 1과 더해져서 1.xxx의 형태로 [1~2)의 범위를 가진다. 이를 정규화된 수(normalized number)라 한다. 지수 부분인 c는 [0~2047]까지의 양수 값을 갖지만, 지수 부분은 −1023만큼 바이어스(bias)되어 있기 때문에, 실제로는 [−1023~1024] 범위의 값을 가진다. 여기서 $c=0$과 $c=2047$은 특별한 의미를 가지고 있다. $c=0$이고 가수 부분인 $f=0$일 때는 0을 의미하며, $c=0$이고 가수 부분인 $f \neq 0$일 때는 정규화되지 않은 수(denormalized number)를 의미하게 된다. 정규화 되지 않은 수는 부동 소수점으로 표현할 수 있는 가장 작은 수보다 작은 수들의 표현을 위해 사용된다. 한편, $c=2047$이고 가수 부분인 $f=0$일 때는 무한대(infinite)를 의미하며, $c=2047$이고 가수 부분인 $f \neq 0$일 때는 연산의 오류로 숫자가 아님(not a number, NaN)을 표현한다. 따라서 의미 있는 가수의 범위는 [−1022~1023]이다.

[예제 6.4] 다음의 64비트 데이터를 IEEE 754-1985 부동 소수점 표준으로 표현하시오.

```
0 10000000011 1011100100010000000000000000000000000000000000000000
```

풀이

첫 번째 비트가 0이므로 양수를 의미하며, 다음의 11비트 값이 1027이므로 지수는 2의 4승(1027-1023)이 된다. 나머지 52비트는 가수 부분을 나타내는 것으로 다음과 같이 (1/2)을 밑으로 하는 소수로 표현된다.

$$f = 1\,(1/2)^1 + 1\,(1/2)^3 + 1\,(1/2)^4 + 1\,(1/2)^5 + 1\,(1/2)^8 + 1\,(1/2)^{12}$$

결과적으로 위 데이터는 다음의 값을 갖는다.

$$(-1)^0 \times 2^{1027-1023}(1 + (1/2 + 1/8 + 1/16 + 1/32 + 1/256 + 1/4096)) = 27.56640625$$

6.4.2 양자화 오차

전술한 것과 같이 아날로그 수치를 양자화하는 과정을 통하여 실제 자연계의 신호를 디지털 데이터로 저장할 수 있다. 디지털 신호로 변환하는 양자화기는 크게 균등(uniform) 양자화기와 비균등(non-uniform) 양자화기로 나눌 수 있다. 비균등 양자화기는 양자화 오차를 최소화하는 방법으로 양자화 구간을 정한다. 반면, 균등 양자화기는 최댓값과 최솟값 사이의 데이터를 등간격으로 나누어 데이터를 표현한다. 그림 6.12는 균등 양자화기의 종류를 나타낸다.

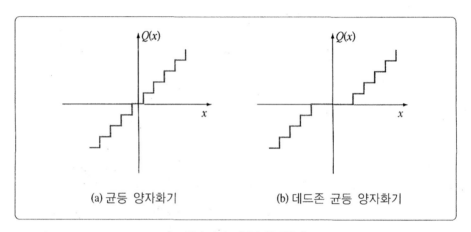

| 그림 6.12 | 균등 양자화기

그림 6.12 (a)는 일반적인 균등 양자화기를 보여주며, 그림 6.12 (b)는 영 근처 값 구간에 양자화 간격을 넓힌 데드존(Dead zone) 균등 양자화기를 보여준다. 데드존 양자화기는 0 근처의 데이터에 인지적 특성이 둔감할 경우 사용될 수 있는 방법이다. 예를 들어, 균등 양자화기에 따른 오차를 ε으로 표현한다면, x라는 신호의 양자화 후 데이터는 식 (6.38)과 같이 나타난다.

$$Q(x) = x + \varepsilon \qquad (6.38)$$

여기서, ε은 실제 데이터와 양자화 구간 값과의 차이를 나타낸다. 이 오차의 평균은 x 신호의 확률 밀도 함수(probability density function, PDF)와 관련이 있다. 예를 들어, 균등 양자화기에서 $-\delta/2$부터 $+\delta/2$까지가 모두 0으로 양자화될 경우 평균 오차는 식 (6.39)와 같이 나타난다.

$$\overline{E} = \int_{-\delta/2}^{\delta/2} \varepsilon p(\varepsilon)\, d\varepsilon \qquad (6.39)$$

여기서, $p(\varepsilon)$의 분포가 균등 분포(uniform distribution)라면, 그림 6.13과 같이 나타난다.

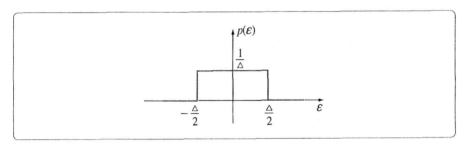

| 그림 6.13 | 균등 양자화 오차 분포

이렇게 양자화 오차는 신호의 확률 분포 특성에 따라 결정되기 때문에, 최적의 양자화기를 설계하기 위해서는 신호의 확률 분포를 고려해야 한다. 그림 6.13과 같이 균등 분포를 갖는 신호의 경우, 양자화 구간은 판별 범위의 중간으로 하는 것이 최소의 오차를 갖는다. 하지만 신호의 분포가 균등 분포가 아니고 한쪽으로 치우쳐 있다면, 이에 대한 최적 양자화 구간은 분포가 큰 쪽으로 치우치게 된다. 이러한 최적의 양자화 구간은 수치 해석적으로 구하는 것이 가능하다. 이러한 목적을 이루기 위한 대표적인 방법으로는 로이드 맥스(Lloyd-Max) 양자화 방법이 알려져 있다.

실제 디지털 필터의 설계 및 구현에 있어서, 양자화 오차나 유한한 정밀도의 데이터 표현에 의한 오차는 실제 계획한 필터의 특성과 다른 필터 특성으로 나타날 수 있다. 즉, 필터를 설계하거나 혹은 주어진 필터의 계수가 실수로 주어진다면, 이를 실제 구현할 때는 유한한 정밀도의 이산 시스템으로 구현하게 되고, 이러한 오차가 실제 필터의 특성을 변경시킬 것이다. 이러한 필터의 특성이 어떻게 변하는지 분석하는 방법은 디지털 필터의 극점과 영점을 디지털 필터의 계수 형

태로 표현하고, 이 계수에 오차가 포함될 경우 극점과 영점의 위치가 어떻게 변화하는지를 분석하는 것이다. 실제 이산 시스템이 안정과 불안정 사이에 있을 때, 계수에 대한 오차로 인하여 시스템이 불안정하게 될 수 있어 이에 대한 고려가 필요하다.

그 밖의 중요한 고려 사항은 오버플로우 문제이다. 일반적인 이산 시스템들은 유한한 메모리와 유한한 수의 곱셈기, 덧셈기로 구성되기 때문에 모든 수의 범위를 계산할 수 없게 된다. 만약, 이산 시스템의 특정 위치에서 오버플로우가 발생하면, 실제 예상하지 않은 결과가 나타날 것이다. 오버플로우 발생에 영향을 미치는 다른 요인은 입력 데이터의 범위이다. 필터 설계자는 실제 시스템에 인가될 데이터의 범위를 모두 고려하여, 오버플로우가 발생하지 않도록 유한한 길이의 이산 시스템을 구성해야 한다. 이산 시스템 내의 일부분에서만 오버플로우가 발생할 경우, 이 부분 앞에서 스케일을 낮추었다가 연산을 수행한 이후에 스케일을 보정하는 형태로 이산 시스템을 구성할 수도 있다. 이러한 과정은 실제 입력 신호의 범위와 필터 계수의 분포에 따라 달라진다.

연 / 습 / 문 / 제

01 다음의 선형 필터에 대한 Direct 구조를 제시하여라.

$h(0) = 1, h(1) = 2, h(2) = 3, h(3) = 4, h(4) = 3, h(5) = 2, h(6) = 1$

02 다음의 FIR 필터에 대해 차분 방정식 형태로 나타내어라.

$$H(z) = 1 + 2z^{-1} + 3z^{-2} + 3z^{-3}$$

또한 이에 대한 Direct 구조와 Lattice 구조를 제시하여라.

03 다음의 디지털 필터의 구조를 제시하고, 안정성(stability)에 대하여 논하여라.

$$H(z) = (0.5 + 0.2z^{-1} - 0.6z^{-2})/(1 - 0.7z^{-1} + 0.5z^{-3})$$

04 다음의 차분 방정식으로 나타낸 시스템의 필터 구조도를 제시하여라.

$$y(n) = 0.8y(n-1) - 0.1y(n-2) + x(n) + 0.7x(n-1)$$

05 부동 소수점 수를 32비트로 표시한다고 하자. 여기서, 지수 부분을 10 비트, 부호 부분을 1 비트로 하고, 나머지를 소수 부분으로 할 때, 표현할 수 데이터 범위를 구하여라. 또한 지수 부분이 최대일 때, 소수 부분의 변화에 따른 최소 정밀도를 구하여라.

06 다음의 디지털 필터에 8비트로 양자화된 입력이 가해진다고 할 때, 출력 오

차의 평균치를 수학식으로 나타내어라.

$$y(n) = 0.897y(n-1) + x(n)$$

07 다음 이산 시스템의 Cascade와 Lattice구조를 제시하여라.

$$H(z) = 10(1 - 1/2z^{-1})(1 - 2/3z^{-1})/(1 - 3/4z^{-1})(1 - 1/8z^{-1})$$

디지털 필터 설계 및 구현

07

디지털 필터 설계 및 구현

지금까지 주어진 디지털 필터를 표현하고, 이를 주파수 영역에서 분석하는 방법에 대하여 공부하였다. 이 장에서는 시스템의 요구 사항에 맞는 디지털 필터를 설계하는 방법에 대해 설명한다. 일반적으로 디지털 필터의 설계는 먼저 주파수 영역에서 원하는 필터의 응답 특성을 설정하고, 이를 바탕으로 시간 영역에서 디지털 필터를 구현하는 방법을 널리 사용한다. 먼저, FIR 필터를 설계하는 대표적인 몇 가지 방법을 설명하고, 이후에 IIR 필터 설계 방법을 설명한다.

❼.1 디지털 필터

디지털 필터의 특성은 시간 영역 또는 주파수 영역 모두에서 설명할 수 있지만, 주파수 관점에서 이야기하는 것이 필터 특성의 설명이나 규정에 용이하다. 필터 설계자도 필터를 설계함에 있어서, 그 특성을 주파수 관점에서 표현하는 것이 유리하다. 필터 특성을 표현하기 전에 이상적인 필터의 정의에 대하여 알아보자. 이상적 필터(ideal filter)란 각 주파수 신호에 대하여 설계자의 의도와 정확히 일치하는 주파수 응답을 가지는 필터를 말한다. 즉, 이상적 필터는 설계 목적에 따라 다양한 특성을 가지기 때문에, 하나의 고정된 필터로 정의되는 것은 아니다. 여기서는 많은 응용 예에서 필요로 하는 이상적인 저역 통과 필터(low-pass filter)에 대하여 설명한다.

그림 7.1은 이상적 저역 통과 필터의 주파수 응답 특성을 보여준다. 이상적인 저역 통과 필터는 입력 신호에서 f_p보다 작은 주파수 성분은 완벽하게 통과시키고, f_p보다 높은 주파수 성분은 완전히 차단하는 것이다. 이 필터에 대한 시간 영역의 필터는 sinc 함수 형태로 나타난다. sinc 함수는 무한한 길이의 필터 계수

를 가지고 있기 때문에, 제한된 길이의 FIR 필터나 IIR 필터를 사용해서는 그림 7.1과 같은 이상적 주파수 응답을 가지는 저역 통과 필터를 표현할 수 없다.

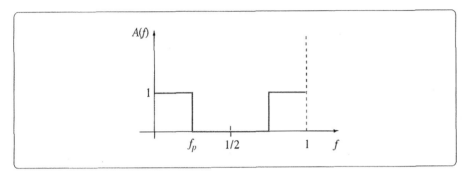

| 그림 7.1 |　이상적인 저역 통과 필터의 주파수 응답

이상적 저역 통과 필터는 실제 구현이 불가능하기 때문에, 이상적 필터에 근접한 필터를 설계하는 것이 매우 중요하다. 이상적 저역 통과 필터에 근접한 필터의 주파수 응답 특성은 일반적으로 그림 7.2와 같이 나타낼 수 있다. 각 필터의 규격을 정의하는 중요한 요소는 통과 대역(pass band), 저지 대역(stop band), 천이 대역(transition band), 통과 대역 리플(ripple), 저지 대역 리플이다. 이상적 필터에서는 통과 대역 리플 δ_p은 0이다. 하지만, 실제의 필터는 필터 길이가 유한하다는 제약 때문에 δ_p 값은 0이 될 수 없다. 그리고 저지 대역 차단 주파수 f_s는 통과 대역 차단 주파수 f_p와 일치하는 것이 바람직하지만, 실제 구현 가능한 필터에서는 f_s가 f_p보다 커지는 일이 발생할 수 있다. 또한 저지 대역 내의 모든 주파수는 완전히 제거되지 않고, δ_s 정도의 신호 유출이 발생할 수도 있다. 실제 응용 예에서는 필터의 저지 대역과 통과 대역, 그리고 그에 대한 허용 오차 등의 필터 사양이 주어졌을 때, 구현 가능한 범위 안에서 필터 사양에 가장 근접한 필터를 설계하면 된다.

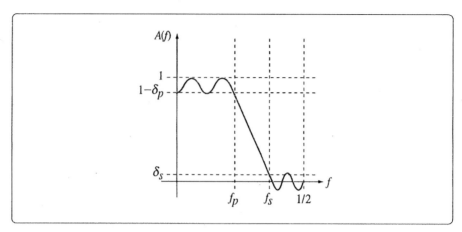

| 그림 7.2 | 설계 가능한 저역 통과 필터의 주파수 응답 특성의 예

실제 응용 예에서 가장 널리 사용되는 필터에는 저역 통과 필터, 고역 통과 필터, 대역 통과 필터, 대역 저지 필터 등이 있다. 이 네 가지의 이상적 필터의 주파수 응답 특성은 그림 7.3과 같은 형태로 나타낼 수 있다. 앞에서 언급한 것과 같이 저역 통과 필터는 입력 신호에서 f_p 이하의 주파수 신호는 가능한 그대로 통과시키고, f_p 이상의 주파수 신호는 통과를 시키지 않는 필터이다. 반대로 고역 통과 필터는 f_s 주파수보다 작은 주파수 신호는 통과시키지 않고, f_s보다 큰 주파수 신호는 최대한 통과시키는 필터를 말한다. 대역 통과 필터는 f_{p1}에서 f_{p2} 사이의 주파수는 원활하게 통과시키고, 그 밖의 주파수는 완전히 제거하는 것을 말한다. 마지막으로 대역 저지 필터는 f_{s1}에서 f_{s2} 사이의 주파수 성분은 통과시키지 않고, 그 밖의 주파수는 완전히 통과시키는 필터를 말한다. 이러한 네 개의 대표적인 필터의 규격을 그림 7.4와 같이 나타낼 수 있다. 저역 및 고역 통과 필터는 f_p, f_s, δ_p, δ_s와 같은 파라미터를 가지며, 대역 통과 및 대역 저지 필터는 f_{s1}, f_{s2}, f_{p1}, f_{p2}, δ_p, δ_s와 같은 파라미터를 가진다.

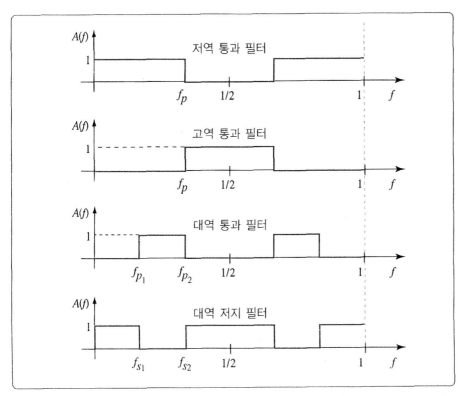

| 그림 7.3 | 이상적 저역 통과, 고역 통과, 대역 통과, 대역 저지 필터의 주파수 응답 특성

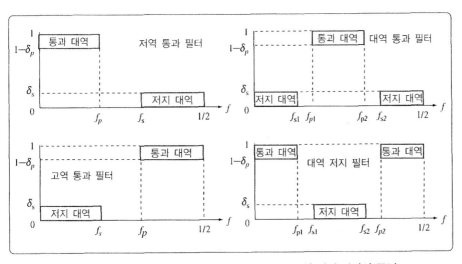

| 그림 7.4 | 저역 통과, 고역 통과, 대역 통과, 대역 저지 필터의 규격

저역 통과, 고역 통과, 대역 통과, 대역 저지 필터는 전대역 통과 필터(all pass filter)와 함께 결합하여 서로 변환이 가능하다. 저역 통과, 고역 통과, 대역 통과, 대역 저지 필터의 주파수 응답을 $H_L(f)$, $H_H(f)$, $H_{BP}(f)$, $H_{BS}(f)$로 정의하고, 전역 통과 필터의 이득(gain)을 1이라 가정할 때, 저역 통과 필터 $H_L(f)$는 $1-H_H(f)$로 표현할 수도 있으며, $H_{BP}(f)$는 $1-H_{BS}(f)$로도 표현할 수 있다. 그리고 대역 저지 필터는 저역 통과 필터와 고역 통과 필터로 구현이 가능하며, 대역 통과 필터는 전대역 통과 필터와 대역 저지 필터로 표현이 가능하다. 즉, 대역 통과 필터 역시 전대역 통과 필터와 저역 통과 및 고역 통과 필터로 구현할 수 있다.

❼.2 FIR 필터 설계

이 절에서는 원하는 주파수 응답 특성을 갖는 필터를 설계하는 방법을 배운다. 먼저 FIR 필터 설계 기법에 대하여 설명한다. 여기서는 대표적인 FIR 필터 설계 방법으로 창함수(windowing) 방법, 주파수 샘플링(frequency sampling) 방법, 최소 자승(minimum/least square) 방법 등에 대하여 상세히 설명한다.

7.2.1 창함수 방법

주어진 진폭 응답 FIR 필터 설계를 위한 창함수(windowing) 방법에 대하여 알아보도록 하자. 일반적으로 이상적인 필터의 임펄스 응답은 무한한 길이를 갖는다. 하지만 구현 가능한 유한 길이 필터 계수를 얻기 위하여 창함수 방법을 사용한다. 즉, 창함수 방법을 사용하면 이상적인 필터와 유사한 주파수 응답 특성을 가지며, 유한한 개수의 계수를 갖는 FIR 필터를 설계할 수 있다. 그러나 유한한 필터 길이에 의해 근사화된 FIR 필터에서는 깁스 현상(Gibb's phenomenon)에 의한 주파수 응답의 진동, 통과 대역과 저지 대역 사이에 천이 대역(transition band)이 발생한다. 따라서 FIR 필터를 설계할 때, 깁스 현상에 의한 진폭과 통과 대역과 저지 대역 사이의 천이 대역을 최소화하는 것이 중요하다. 그림 7.5는 이상적인 저역 통과 필터에 기초한 FIR 저역 통과 필터의 설계 사양과 이상적인 필터에 근사화된 저역 통과 필터의 예를 보여준다.

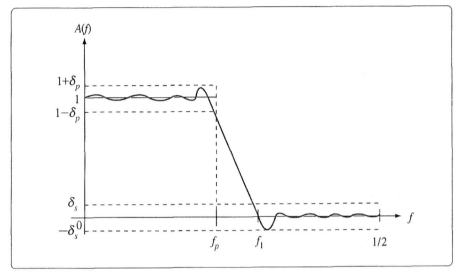

| 그림 7.5 |　이상적인 저역 통과 필터에 기초한 FIR 저역 통과 필터의
진폭 응답의 주파수 응답 허용 범위와 예

그림 7.5에서 깁스 현상에 의한 통과 대역의 진폭을 매개변수 δ_p로 나타내고, 저지 대역에서의 진폭은 δ_s로 나타낼 수 있다. 깁스 현상은 고역 통과, 대역 통과, 대역 차단 필터 등의 설계 시에도 유사하게 발생된다.

이러한 FIR 필터를 설계하기 위해서 식 (7.1)과 같이 시간 영역에서 필터를 표현할 수도 있고, 식 (7.2)와 같은 주파수 영역에서도 필터의 표현이 가능하다.

$$H(f) = \sum_{k=-\infty}^{\infty} h(k) e^{-j2\pi k f T} \tag{7.1}$$

$$h(k) = \frac{1}{F_S} \int_{-F_S/2}^{F_S/2} H(f) e^{j2\pi k f T} \, df, \quad -\infty < k < \infty \tag{7.2}$$

6장에서 배운 것과 같이 이상적 저역 통과, 고역 통과, 대역 통과, 대역 저지 필터를 식 (7.2)를 이용하여 유도할 수 있다. 표 7.1은 좌·우 대칭이고, 선형 위상을 가지는 필터를 식 (7.2)에 따라 유도하고, $M+1$개의 필터 계수만을 취하는

네 개의 필터를 나타낸 것이다. 이 네 개의 필터들은 모두 짝수 차수를 가지며 (즉, M: 짝수), 결과적으로 필터 계수의 개수는 $M+1$(홀수)이 된다. 또한 p는 필터 계수 중의 중간 위치를 나타낸다.

▶표 7.1 이상적인 선형 위상 필터의 임펄스 응답

필터	$h(k), \ 0 \leqq k \leqq M, \ M = 2p$
저역 통과 필터	$\dfrac{\sin\{2\pi(k-p)fT\}}{\pi(k-p)}$
고역 통과 필터	$\dfrac{-\sin\{2\pi(k-p)fT\}}{\pi(k-p)}$
대역 통과 필터	$\dfrac{\sin\{2\pi(k-p)f_1 T\} - \sin\{2\pi(k-p)f_0 T\}}{\pi(k-p)}$
대역 저지 필터	$\dfrac{\sin\{2\pi(k-p)f_0 T\} - \sin\{2\pi(k-p)f_1 T\}}{\pi(k-p)}$

이상적인 시스템으로부터 인과적인 FIR 필터를 구하는 방법은 무한 길이의 필터에서 임의의 개수의 필터 계수만을 사용하는 것이다. 이와 같이 단순히 이상적 필터에서 제한된 필터 계수만을 사용할 경우 통과 대역과 저지 대역에서 큰 리플이 발생하는 문제점을 가지게 된다. 이러한 문제를 완화하기 위하여 창함수를 사용하는 방법이 알려져 있다. 즉, 무한한 길이의 필터에 창함수를 적용하여 추출한 필터는 이상적인 필터와 유사한 특성을 갖는 유한 길이의 필터로 사용될 수 있다. 여기서는 네 가지의 창함수를 제시하고, 이에 대한 응답 특성을 보일 것이다. 먼저, 무한한 길이의 임펄스 응답을 가지는 이상적인 필터로부터 유한한 길이의 임펄스 응답 계수를 단순히 잘라내는 사각 창(rectangular window) 적용 방법에 대하여 알아보도록 한다. 식 (7.3)에 의해 정의된 M차 사각 창 $w_R(i)$는 M차 인과 필터(causal filter)로 볼 수 있다.

$$w_R(i) = \begin{cases} 1, & 0 \leqq i \leqq M \\ 0, & \text{다른 경우} \end{cases} \tag{7.3}$$

사각 창을 적용한 필터에 대한 전달 함수를 식 (7.4)와 같이 정의할 수 있다.

$$H(z) = \sum_{i=-\infty}^{\infty} w_R(i) h(i) z^{-i} \qquad (7.4)$$

이때 $w_R(i)$는 차단 주파수 부분에서 급격한 단절로 인하여 깁스 현상이 발생된다. 따라서 이에 대한 임펄스 응답을 서서히 천이시킴으로써 리플들에 의한 진동 현상을 감소시킬 수 있다. 무한한 임펄스 응답을 갖는 필터의 계수 $h(i)$에 필터 계수를 완만히 제거해나가는 M차 창함수 $w(i)$를 적용한 필터 계수 b_i를 다음의 식 (7.5)와 같이 나타낼 수 있다.

$$b_i = w(i) h(i), \quad 0 \leq i \leq M \qquad (7.5)$$

다음의 표 7.2와 그림 7.6은 M 차수를 갖는 네 가지의 창함수를 보여준다.

▶표 7.2 M 차수를 갖는 창함수

창 함수 이름	$w(i), \quad 0 \leq i \leq M$
사각(Rectangular)	1
해닝(Hanning)	$0.5 - 0.5 \cos(\pi i / 0.5M)$
해밍(Hamming)	$0.54 - 0.46 \cos(\pi i / 0.5M)$
블랙맨(Blackman)	$0.42 - 0.5 \cos(\pi i / 0.5M) + 0.08 \cos(2\pi i / 0.5M)$

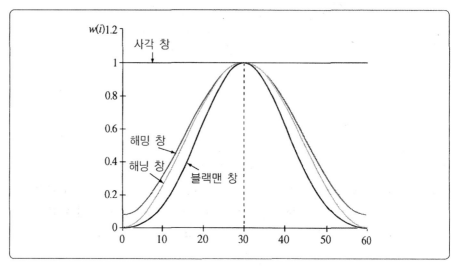

| 그림 7.6 |　점차 감소하는 절단된 임펄스 응답을 얻기 위한 창함수

[예제 7.1] 필터의 차수가 $M=20$인 해닝 창함수를 이용하여 저역 통과 필터를 구현하는 매트랩 (Matlab) 코드를 작성하고, 구현된 필터의 주파수 응답 특성을 도식화하여라.

풀이

해닝 창함수를 이용한 저역 통과 필터의 설계는 시간 영역에서 이상적인 저역 통과 필터와 해닝 창함수의 곱에 의해 얻을 수 있다. 이상적인 저역 통과 필터에 창함수를 선택적으로 적용하는 매트랩 코드는 아래와 같다.

```
fs = 1;                     % sampling frequency
M = 20;                     % filter order
b = zeros(1,M+1);
range = [0 .5 -120 20];     % output range
N = 1001;
F = fs/4;                   % pass band frequency
p = floor(M/2);
M = 2*p;
b = zeros (1,M+1);
T = 1/fs;
delta = [1, zeros(1,2*N-1)];
```

```
% ideal filter(sinc function)
for k = 0 : M
    if k ==  p
        b(k+1) = 2*F*T;
    else
        k1 = pi*(k - p);
        b(k+1) = sin(2*k1*F*T)/k1;
    end
end

k = 0 : M;
i = 1;                         % window selection : hanning window
w = ones(1,M+1);               % rectangular
switch (i)
case 1,
    w = 0.5 - 0.5*cos(pi*k/p);                      % Hanning
case 2,
    w = 0.54 - 0.46*cos(pi*k/p);                    % Hamming
case 3,
    w = 0.42 - 0.5*cos(pi*k/p) + 0.08*cos(2*pi*k/p);  % Blackman
end

b = b .* w;                    % windowing
f = linspace(0,(N-1)*fs/(2*N),N);
h = filter(b,a,delta);
temp = fft(h);                 % fourier transform
H = temp(1:N)';
A = 20*log10(abs(H'));

figure
hp = plot (f,A);
axis(range);
```

해닝 창함수를 이용한 필터 계수에 대한 주파수 응답을 도식화하기 위하여 시간 영역 필터 계수에 대하여 FFT를 수행하고, 로그 스케일로 주파수 응답 곡선을 그린다. 그림 7.7은 해 닝 창함수를 이용한 저역 통과 필터의 주파수 응답 특성을 보여준다.

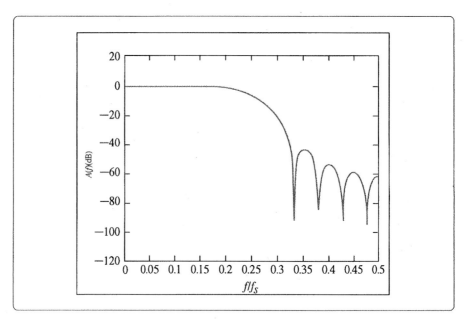

| 그림 7.7 | 해닝 창함수를 이용한 저역 통과 필터의 주파수 응답 특성

그림 7.8은 표 7.1의 이상적인 저역 통과 필터에 표 7.2의 네 가지 창함수를 적용시킨 주파수 응답의 오차를 보여준다. 각각의 응답 그래프에 적용한 창함수의 차수(M)와 종류를 표시하였다.

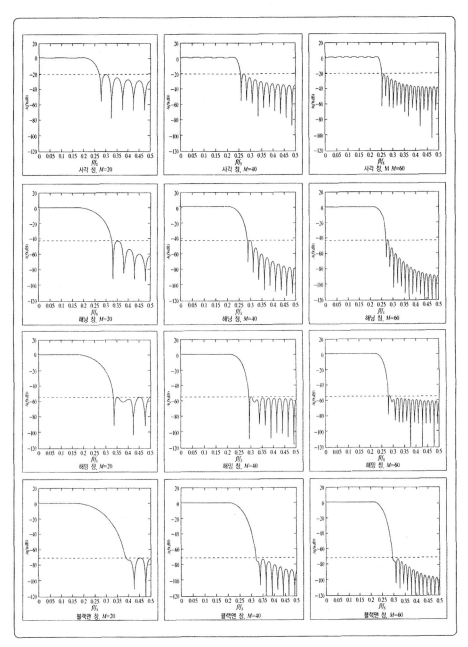

| 그림 7.8 | 이상적 저역 통과 필터에 차수 M에 따른 네 가지 창함수를 적용시킨 주파수 응답 오차

그림 7.8을 통해 동일한 창함수에서 차수 M이 20, 40, 60으로 커짐에 따라 천이 대역이 좁아지며, 저지 대역에서의 감쇄가 빨라짐을 알 수 있다. 또한 사각

창의 적용에 비하여 해닝 창(Hanning window), 해밍 창(Hamming window), 블랙맨 창(Blackman window)과 같은 다른 창함수를 적용한 결과가 천이 대역은 넓지만, 통과 대역에서 더 좋은 성능을 보인다. 이러한 네 가지 창함수의 특성을 표 7.3에 나타내었다.

▶표 7.3 창함수의 특성

창함수 종류	천이 대역폭 $\hat{B} = \dfrac{\|f_s - f_p\|}{F_s}$	통과 대역 리플 δ_p	저지 대역 감쇄 δ_S
사각 창	$\dfrac{0.9}{M}$	0.0819	0.0819
해닝 창	$\dfrac{3.1}{M}$	0.0063	0.0063
해밍 창	$\dfrac{3.3}{M}$	0.0022	0.0022
블랙맨 창	$\dfrac{5.5}{M}$	0.00017	0.00017

7.2.2 주파수 샘플링 방법

주파수 샘플링(frequency sampling)에 의한 디지털 필터 설계 방법은 주파수 영역에 원하는 주파수 응답 샘플을 나열함으로써 필터를 설계하는 방법이다. 주파수 샘플링 방법의 장점은 설계하고자 하는 필터의 전형적인 특성을 반영할 수 있다는 것이다. 예를 들어, 샘플링 주파수 내에 N개의 주파수 샘플이 주기적인 간격으로 놓여 있을 경우, i번째 이산 주파수는 그림 7.9의 주파수 샘플링으로부터 식 (7.6)과 같이 표현될 수 있다.

$$f_i = \frac{if_s}{N}, \quad 0 \leq i \leq N \tag{7.6}$$

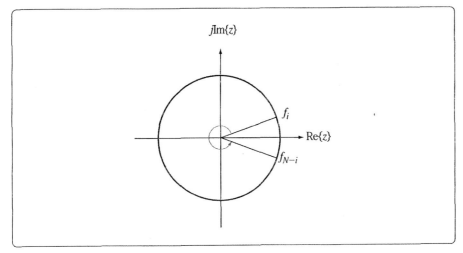

| 그림 7.9 |　z-평면에서의 주파수 샘플링 개념도

$H(f_i)$가 $h(k)$에 대한 주파수 응답일 때, $h(k)$는 샘플링된 $H(f_i)$에 역푸리에 변환을 통해 식 (7.7)과 같이 나타낼 수 있다.

$$h(k) = DFT^{-1}\{H(f_i)\}, \quad 0 \le k \le N \tag{7.7}$$

$h(k)$가 선형 위상 필터일 경우, 필터 계수 $h(k)$는 필터 차수 $M(=N-1)$의 절반 지점 ($k/2$)에서 좌·우 대칭으로 나타나게 되며, 필터 계수는 실수이므로 오일러 공식으로부터 생기는 사인(sine) 항이 소거된다. 따라서 입력 샘플 개수의 절반만 주파수 응답의 크기를 합하고, 두 배를 하여 식을 더욱 간단하게 표현할 수 있다. 이 결과는 식 (7.8)과 같이 유도된다.

$$
\begin{aligned}
h(k) &= \frac{1}{N}\sum_{i=0}^{N-1} H(f_i)\exp(j2\pi ik/N) \\
&= \frac{1}{N}\sum_{i=0}^{N-1} A_r(f_i)\exp(-j\pi Mf_i T)\exp(j2\pi ik/N) \\
&= \frac{A_r(f_0)}{N} + \frac{2}{N}\sum_{i=1}^{(N-1)/2} A_r(f_i)\cos\{2\pi i(k-0.5M)/N\}
\end{aligned}
\tag{7.8}
$$

식 (7.8)을 사용하여 짝수 차수 M을 가지는 선형 위상 주파수 샘플의 필터 계수

b_k를 표현하면 식 (7.9)와 같이 나타낼 수 있다.

$$b_k = h(k) = \frac{A_r(0)}{N} + \frac{2}{N} \sum_{i=1}^{M/2} A_r(f_i) \cos\left(\frac{2\pi i(k-0.5M)}{N}\right), \quad 0 \leq k \leq M \quad (7.9)$$

예를 들어, 네 개의 주파수 샘플을 사용하여 필터 계수 b_k를 구해보면 식 (7.9)로부터 식 (7.10)과 같이 나타낼 수 있다.

$$A_r(f_i) = \begin{cases} 1, & 0 \leq i \leq 1 \\ 0, & i = 2 \end{cases}$$
$$b_k = h(k) = \frac{1}{5} + \frac{2}{5} \sum_{i=1}^{4/2} A_r(f_i) \cos\left(\frac{2\pi i(k-0.5\times 4)}{5}\right), \quad 0 \leq k \leq 4 \quad (7.10)$$

통과 대역의 주파수 $f_p = F_s/4$, 차수 $M=4$로부터 위의 식 (7.10)에 대한 주파수 응답은 그림 7.10 (a)와 같다. 그림 7.10 (b)는 필터의 차수 $M=80$에 대한 주파수 응답을 나타낸다.

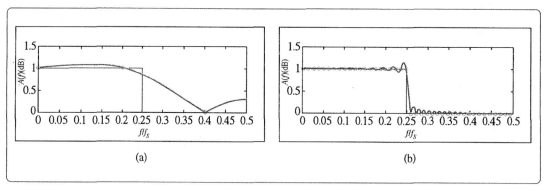

| 그림 7.10 |　(a) $M=4$에 대한 주파수 샘플링된 필터의 주파수 응답
(b) $M=80$에 대한 주파수 샘플링된 필터의 주파수 응답

그림 7.10을 통해서 주파수 샘플의 개수가 증가할수록 이상적인 필터에 근접하며, 천이 대역이 좁아지는 것을 알 수 있다.

7.2.3 최소-자승 방법

이 절에서는 최소-자승(least square) 방법을 이용한 FIR 필터 설계에 대하여 알아본다. 7.2.1절의 창함수를 이용한 필터 설계는 식 (7.11)과 같이 주파수 응답 관점에서 원하는 필터 사양과 설계된 필터 사양의 평균 제곱 오차를 최소화하는 방법이다. 여기서 $A_d(f)$는 이상적인 필터의 진폭 응답이고, $A_r(f)$는 설계된 필터의 진폭 응답을 말한다. 그러나 창함수는 통과 대역, 천이 대역, 저지 대역의 근사 오차(δ_p, δ_s)를 각각 조절할 수 없으며, 통과 대역, 천이 대역, 저지 대역의 폭이 서로 영향을 주기 때문에 필터 사양 주파수(f_p, f_s)를 독립적으로 지정할 수 없는 문제점이 있다.

$$E = \int_0^{F_s/2} [A_d(f) - A_r(f)]^2 \, df \tag{7.11}$$

그림 7.11은 창함수에 대한 리플 에러 분포를 보여준다. 그림에서와 같이, 창함수의 근사 오차는 통과 대역과 저지 대역 내에서 균등하지 않고, 통과 대역의 차단 주파수 부분과 저지 대역의 저지 주파수 부분에 크게 분포되는 특성이 있다.

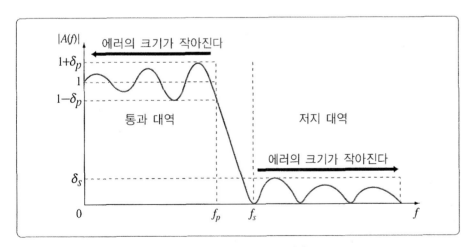

| 그림 7.11 | 창함수의 리플 에러 분포

이와 같이 창함수 방법에 의해 비효율적으로 설계된 필터를 개선하기 위하여, 최소-자승 방법은 주파수 전체 구간을 여러 개의 이산 주파수 집합으로 정의하고, 각각의 이산 주파수의 중요 정도에 따라 가중 함수를 정의한다. 이 방법은 식 (7.12)와 같이 이상적인 진폭 응답과 실제의 진폭 응답 간의 오차를 최소화하는 필터를 생성하여, 보다 정확하고 효율적인 디지털 필터를 설계할 수 있다. 최소-자승 방법에 따라 식 (7.11)의 함수를 식 (7.12)와 같이 변형해보자. 먼저, 주파수 전체 구간을 여러 개의 이산 주파수 집합으로 정의하고 각각의 이산 주파수의 중요도에 따라 양의 값을 갖는 가중 함수 $w(i)$를 정의한다.

$$E_L = \sum_{i=0}^{L} w^2(i)[A_r(f_i) - A_d(f_i)]^2 \qquad (7.12)$$

여기서, 이산 주파수는 $0 \leqq f_i \leqq 1/2$에서 $(L+1)$개의 주파수로 나뉠 수 있으며, 주파수 간격은 균일할 수도 있고 균일하지 않을 수도 있다. 그림 7.12는 최소-자승법에 의해 설계된 대역 통과 필터의 진폭 응답을 나타낸 것이다. 그림은 필터 차수를 $30(M=30)$으로 하고 주파수를 40개$(L=40)$의 등간격으로 분할했을 때, 균일한 가중 함수$(w(i)=1)$를 사용한 대역 통과 필터의 진폭 응답을 나타낸 것이다.

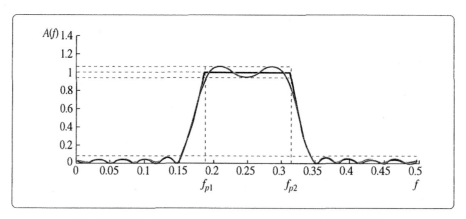

| 그림 7.12 | 최소-자승법에 의해 설계된 대역 통과 필터의 예

　지금부터 차수가 짝수이며, 우대칭 특징을 갖는 FIR 선형 위상 필터를 사용하여, 최소-자승 방법에 의한 필터 설계 과정을 설명한다. 식 (7.12)를 최소화하는 FIR 선형 위상 필터를 설계하기 위해, 먼저 실제의 진폭 응답 $A_r(f)$를 유도하도록 하자. FIR 선형 위상 필터의 주파수 응답은 식 (7.13)과 같이 일반식으로 나타낼 수 있다.

$$H(f) = A_r(f) \exp(-j\pi MfT) \qquad (7.13)$$

여기서, $A_r(f)$는 필터의 진폭 응답으로 실수이며, $\exp(-j\pi MfT)$는 인과 필터(causal filter) 특성을 나타내며, M은 필터 계수의 개수를 의미한다. 식 (7.13)을 이용하여 식 (7.14)와 같이 FIR 선형 위상 필터의 진폭 응답이 유도될 수 있다. 식 (7.14)에서의 FIR 선형 위상 필터는 차수(M)가 짝수이며, $M \leq 2L$를 만족한다. 또한 임펄스 응답은 우대칭으로 $0 \leq i \leq M$에서 $a_{M-i} = a_i$이다.

$$
\begin{aligned}
H(f) &= H(z)\big|_{z=\exp(j2\pi fT)} \\
&= \sum_{i=0}^{M} a_i \exp(-ji2\pi fT) \\
&= \exp(-j2\pi rfT) \sum_{i=0}^{M} a_i \exp[-j2\pi(i-r)fT] \quad (\because M=2r) \qquad (7.14) \\
&= \exp(-j2\pi rfT)\left\{ a_r + \sum_{i=0}^{r-1} a_i \exp[-j2\pi(i-r)fT] \right. \\
&\qquad \left. + a_{M-i}\exp[-j2\pi(M-i-r)fT] \right\} \quad (\because a_{M-i}=a_i) \\
&= \exp(-j2\pi rfT)\left\{ a_r + \sum_{i=0}^{r-1} a_i(\exp[-j2\pi(i-r)fT] + \exp[j2\pi(i-r-M+2r)fT]) \right\} \\
&= \exp(-j2\pi rfT)\left\{ a_r + \sum_{i=0}^{r-1} a_i(\exp[-j2\pi(i-r)fT] + \exp[j2\pi(i-r)fT]) \right\} \\
&= \exp(-j2\pi rfT)\left\{ a_r + 2\sum_{i=0}^{r-1} a_i\cos[2\pi(i-r)fT] \right\} \quad \left(\because \cos\theta = \frac{e^{\theta}+e^{-\theta}}{2}\right) \\
&= \exp(-j2\pi rfT)\, A_r(f)
\end{aligned}
$$

즉, $M(=2r)$의 차수를 갖는 FIR 선형 위상 필터의 진폭 응답 $A_r(f)$는 다음과 같이 나타낼 수 있다.

$$A_r(f) = 2 \sum_{n=0}^{r} b_n \cos[2\pi(n-r)fT] \text{ if } n \neq r, \, b_r = a_r/2 \text{ 그리고 } b_n = a_n \quad (7.15)$$

이제 식 (7.12)의 함수를 이용하여 b_n 값을 계산하도록 하자. 식 (7.15)의 진폭 응답 함수를 식 (7.12)에 대입하면 식 (7.16)과 같다.

$$E_L(b) = \sum_{i=0}^{L} w^2(i) \left[2 \sum_{n=0}^{r} b_n \cos[2\pi(n-r)fT] - A_d(f_i) \right]^2 \quad (7.16)$$

식 (7.16)에서 최적의 계수 벡터 $b_n(n=0, 1, \cdots, r)$를 구하기 위해서, $\dfrac{\partial E_L}{\partial b} = 0$으로 놓고 식을 풀면 된다. 자세한 풀이 과정은 이 책에서 다루지 않는다. 식 (7.16)을 풀어 계수 벡터 b를 구하면, 식 (7.17)과 같이 원래의 계수 벡터 a를 얻을 수 있다.

$$a_n = \begin{cases} b_n, & 0 \leq n < r \\ 2b_n, & n = r \\ 2b_{n-r}, & r < n \leq 2r \end{cases} \quad (7.17)$$

7.2.4 최적의 등리플 방법

이 절에서는 최적의 등리플(optimum equi-ripple) FIR 필터 설계 방법에 대하여 알아보자. 7.2.1절의 창 함수를 이용한 필터에서는 통과 대역과 저지 대역에서의 근사 오차 분포가 그림 7.11과 같이 균일하지 않았다. 만약, 근사 오차를 통과 대역과 저지 대역 내에서 균일하게 분포되는 형태의 필터를 설계한다면, 우리는 더 낮은 차수로도 사양을 만족하는 필터를 얻을 수 있게 된다. 이와 같이 근사 오차가 통과 대역과 저지 대역 내에서 균일한 필터를 등리플 필터(equi-ripple filter)라고 한다. 이 절에서 최소/최대(min/max) 또는 체비세프(Chebyshev) 오차를 최소화하는 최적의 등리플 FIR 필터에 대하여 소개한다.

최소/최대 또는 체비세프 근사 문제는 식 (7.18)과 같이 주어진 주파수 범위

안에서 가중 절대 근사 오차의 최댓값을 최소화하는 필터 계수를 구하면 된다.

$$\delta = \min_{\{a_n \mid 0 \leq n \leq L\}} \left[\max_f |E(f)| \right] \tag{7.18}$$

$E(f)$는 주파수 f에서의 가중 오차를 나타내며, 식 (7.19)와 같이 정의할 수 있다.

$$E(f) \cong W(f)[A_d(f) - A_r(f)] \tag{7.19}$$

여기서, $A_d(f)$는 통과 대역과 저지 대역에 대한 필터 사양의 진폭 응답이고, $W(f)$는 가중 함수(weighted function)이다. 가중 함수 $W(f)$를 이용하여 통과 대역의 근사 오차 (δ_p)와 저지 대역의 근사 오차 (δ_s)를 독립적으로 결정할 수 있다. 단, 오차 함수 $E(f)$, 가중 함수 $W(f)$ 및 목적 필터의 진폭 응답 $A_d(f)$는 $0 \leq f \leq 1/2$에서만 정의된다. 이 절의 등리플 FIR 설계 과정에서는 필터 진폭 응답 $A_r(f)$의 통과 대역과 저지 대역에서 진폭 응답 특성을 제약하며, 천이 영역에 대해서는 진폭 응답 크기에 제약이 없다. 가중 함수의 선택은 일반적으로 저지 대역 오차에 더 엄격하기 때문에 식 (7.20)과 같이 사용할 수 있다.

$$W(f) = \begin{cases} \dfrac{\delta_s}{\delta_p}, & f \in \text{통과 대역} \\ 1, & f \in \text{저지 대역} \end{cases} \tag{7.20}$$

식 (7.20)에 의해 가중된 최대 근사 오차는 통과 대역과 저지 대역에서 모두 δ_s가 된다. 최대 오차가 δ_s를 만족하게 되면, 일반적으로 더 큰 오차를 가지는 통과 대역의 사양인 δ_p는 자동적으로 만족할 것이다.

선형 위상 FIR 필터는 다음 식 (7.21)과 같이 나타낼 수 있다. $A_r(f)$는 필터의 진폭 응답으로 실수이며, m은 필터 계수의 개수를 나타낸다.

$$H(f) = A_r(f) \exp(-j\pi f m T) \tag{7.21}$$

다음부터 설명의 편의를 위하여 FIR 선형 위상 필터의 차수 M은 짝수이고, 대칭적 임펄스 신호를 가지는 경우를 생각해보자. $M=2p$라고 할 때, 식 (7.21)의 진폭 응답은 식 (7.22)와 같이 절단된 코사인(cosine) 급수 형태로 쓸 수 있다.

$$A_r(f) = \sum_{n=0}^{p} a_n \cos(2\pi n f T) \qquad (7.22)$$

필터 계수 a_n을 구하기 위하여 식 (7.22)를 체비세프 다항식 근사 문제로 바꾸어 보자. 체비세프 다항식의 주기적인 성질을 이용하여 식 (7.22)의 절단된 코사인 급수는 식 (7.23)과 같이 표현할 수 있다. 여기서 $T_n(x)$는 체비세프 n차 다항식이다. 체비세프 다항식에 대해서는 이 교재에서 자세히 다루지는 않는다.

$$A_r(f) = \sum_{n=0}^{p} a_n T_n(x) |_{x=\cos(2\pi f T)} \qquad (7.23)$$

Parks와 McClellan은 a_n을 풀기 위하여 다항식 근사 이론인 교번 정리를 이용하였다. 교번 정리는 다항식의 최대 가중 오차를 최소화하기 위한 필요 충분 조건을 제공한다.

◯ ◯ 교번정리

식 (7.23)의 $A_r(f)$ 함수가 식 (7.18)의 최소 최대 최적화 문제를 풀기 위해서는 적어도 $(p+2)$번의 교번이 필요하다. 즉, $f_0 < f_1 < \cdots\cdots < f_{p+1}$이고, $E(f_i) = -E(f_{i+1}) = \delta$가 되도록 하는 i 값이 $p+2$개 존재하여야 한다.

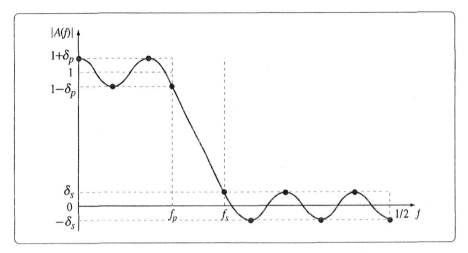

| 그림 7.13 | $p=7$ 일 때, 교번 정리에 따른 저역 통과 등리플 필터의 예

그림 7.13은 $p=7$ 인 저역 통과 필터의 경우에 대한 최적 등리플 주파수 응답의 예를 보여준다. 그림에서 보여주는 것처럼 통과 대역과 저지 대역 내에 포함된 모든 극점 리플의 크기가 동일하다. $A_r(f)$ 는 p 차 다항식이기 때문에 극대점과 극소점은 $p-1$ 개가 될 수 있다. 저역 통과 또는 고역 통과 최적 등리플 필터에서는 추가적으로 통과 대역과 저지 대역 경계점에서 극점을 가지기 때문에, 전체 극점은 $p+1$ 개가 된다. 또한 끝점 주파수인 $f=0$ 과 $f=1/2$ 에서도 극점을 가질 수 있다. 따라서 저역 통과 또는 고역 통과 필터에서는 최대 $p+3$ 개의 극점을 가질 수 있다. 교번 정리에 의해, 등리플 필터는 가능한 $p+3$ 개의 극점 중에 적어도 $p+2$ 번의 교번이 필요하며, 모든 극점에서 교번이 발생하여 $p+3$ 번의 교번이 발생하는 경우에는 잉여 리플(extra-ripple)이라고 한다. $p+2$ 개의 교번이 일어나기 위해서 f_p 와 f_s 에서는 반드시 교번이 일어나야 한다. f_p 또는 f_s 에서 교번이 발생하지 않으면 연속적인 극점에서 부호가 바뀌지 않기 때문에 전체적으로 교번 수가 부족하게 된다.

그림 7.14 (a)는 7차 다항식에서 통과 대역 경계에서 극점을 가지지 않는 경우를 보여준다. 이 필터는 적어도 9개의 교번이 필요하므로 단지 8번의 교번으로는 필터 조건이 불충분하게 된다. 또한 저역 통과 또는 고역 통과 등리플 필터는 $f=0$ 과 $f=1/2$ 을 제외하고는 등리플이어야 한다. 만약 그림 7.14 (b)와 같이 통과 대역 내에서의 극점이 등리플이 아닌 극점을 가질 경우에도 8번의 교번만 발생하게 되므로 원하는 최적 등리플 필터 사양을 만족할 수 없다.

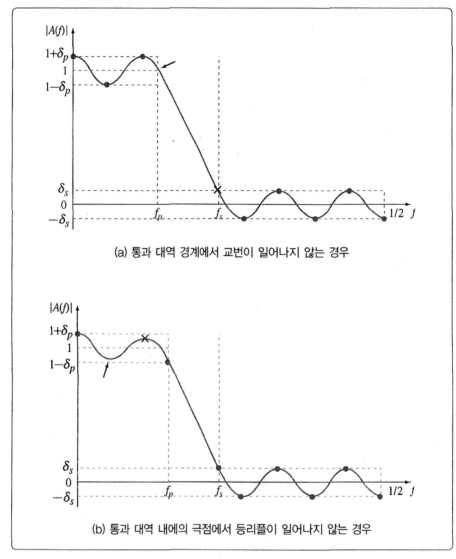

(a) 통과 대역 경계에서 교번이 일어나지 않는 경우

(b) 통과 대역 내에의 극점에서 등리플이 일어나지 않는 경우

| 그림 7.14 | 교번 정리를 만족하지 못하는 극점을 가지는 예

❼.3 IIR 필터 설계

IIR 필터 설계의 대표적인 방법인 극점-영점 배치에 의한 필터 설계 방법과 아날로그 필터에서 디지털 필터로 변환하는 방법에 대하여 설명한다. 또한 쌍일

차 변환에 의한 IIR 필터 설계 방법과 주파수 변환 방법에 대하여 상세히 설명한다.

7.3.1 극점-영점 배치에 의한 방법

디지털 필터를 설계하기 위한 방법 중 첫 번째로 소개할 내용은 극점-영점배치에 의한 필터 설계이다. 이 방법은 극점과 영점의 배치에 의해 필터의 주파수 응답이 바뀌는 성질을 이용하여 간단하게 필터를 설계하는 것이다. 극점과 영점을 표현하기 위한 전달 함수의 일반형은 아래 식 (7.24)와 같이 z-변환된 결과로 쓸 수 있다.

$$H(z) = \frac{(1 - q_1 z^{-1})(1 - q_2 z^{-1}) \cdots (1 - q_M z^{-1})}{(1 - p_1 z^{-1})(1 - p_2 z^{-1}) \cdots (1 - p_N z^{-1})} \tag{7.24}$$

극점은 $H(z)$를 ∞가 되게 하는 값을 말하며, 식 (7.24)에서는 N개의 극점을 가진다. 영점은 $H(z)$를 0이 되게 하는 값을 의미하며, 식 (7.24)에서는 M개의 영점을 가진다. 여기서, 극점과 영점은 보통 복소수로 표시되기 때문에 복소 평면에 그릴 수 있는데, 이를 극점-영점 평면이라고 한다. 극점-영점으로 필터 설계를 하기 전에 $H(z)$의 형태에 따라 극점-영점 평면이 어떻게 나타나는지를 살펴보자.

예를 들어, $H(z) = \dfrac{(1 - z^{-1})(1 + z^{-1})}{\left(1 - \dfrac{1}{2} z^{-1}\right)}$일 때, 극점-영점 평면은 아래 그림 7.15와 같다.

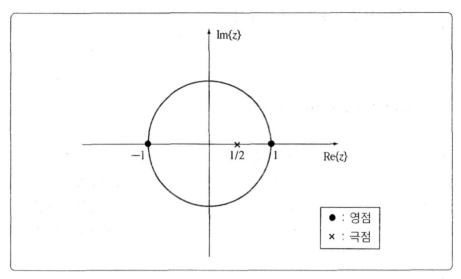

| 그림 7.15 | 극점-영점 평면 예

위와 같은 형태를 가지는 전달 함수의 경우에는 실수 축의 +1, −1 지점에 영점이 존재하며 실수 축의 1/2 위치에 극점이 존재한다. 이 경우 필터는 저주파수(+1 영점)와 고주파수(−1 영점)를 통과시키지 않고, 중간 주파수 대역을 통과시키는 대역 통과 필터의 특성을 가진다. 또한 1/2 극점에 의하여 저주파수 근처의 신호(DC 제외)를 강조하는 특성을 보인다. 즉, 주파수에 따른 필터 응답의 크기는 영점에 가까울 때 크기가 작아지고 극점에 가까울 때 크기가 커진다.

이러한 특성을 필터 설계에 응용할 수 있으며, 이를 위해 몇 가지 알아두어야 할 점이 있다. 첫 번째로 극점-영점을 이용한 필터 설계 방법은 다양한 필터 설계에 적용하기는 어렵기 때문에, 일반적으로는 특정 주파수를 통과하거나 차단하는 경우의 필터를 설계하기 위해 사용한다. 즉, 통과시키고자 하는 주파수에 극점을 위치시키고 차단시키고자 하는 주파수에 영점을 위치시키면 된다. 두 번째는 필터의 안정성을 위해 복소 평면의 단위원 내부에 극점을 위치시켜야 한다. 마지막으로 분모 계수들이 실수 값을 가지도록 하기 위해 극점들이 켤레 쌍(conjugate)으로 존재하여야 한다. 일반적으로는 이러한 특성을 고려하여 필터 설계를 하는 것이 바람직하다.

[예제 7.2] 극점-영점을 이용한 공진기 필터(resonance filter)를 설계하여라.

공진기 필터는 어떠한 특정한 주파수 근처의 좁은 대역폭에 대해서만 통과시키는 필터이다. 이상적인 경우의 공진기 필터는 원하는 주파수 F_0에 대해서만 통과시킬 것이다. 하지만 F_0에서만 통과하는 필터를 만들 수 없기 때문에 ΔF를 이용해서 $[F_0 - \Delta F, \ F_0 + \Delta F]$ 범위를 통과하도록 설계한다. 이를 바탕으로 하나의 공진기 필터의 설계에 대한 예를 살펴보자. 샘플링 주파수를 $F_s = 1200\text{Hz}$라고 하고 통과시키고자 하는 특정 주파수 $F_0 = 200\text{Hz}$, $\Delta F = 12\text{Hz}$라 가정한다.

풀이

이 예제는 영점과 극점을 어디에 배치해야 할 것인가 하는 문제이다. $F=0$과 $F=F_s/2$에 해당하는 두 주파수 성분들을 완전히 감쇠시키기 위해 영점은 $z=1$과 $z=-1$에 각각 배치한다. 통과시키고자 하는 주파수가 F_0이므로 극점은 F_0를 잘 통과시키는 위치에 두어야 하는데, 일단 F_0 주파수에 해당하는 단일 원주상의 각도는 $\theta_0 = (2\pi F_0)/F_s$이므로 각각 대입하면 $\theta_0 = \pi/3$가 된다. 그리고 극점의 반지름(r)은 $r = e^{-\frac{\Delta F \pi}{F_s}} = 1 - \frac{\Delta F \pi}{F_s} + \frac{1}{2!}\left(\frac{\Delta F \pi}{F_s}\right)^2 - \frac{1}{3!}\left(\frac{\Delta F \pi}{F_s}\right)^3 \cdots \approx 1 - \frac{\Delta F \pi}{F_s}$이므로 각각의 값에 대입하여 구할 수 있다. 이를 계산하면 $r \approx 0.9686$으로 근삿값을 얻을 수 있다. 다음으로 공진기 필터의 통과 대역 이득 값에 대한 고려가 있어야 한다. 이것을 A라고 하면 현재 파라미터를 고려한 필터는 다음과 같이 정의할 수 있다.

$$H_{res(z)} = \frac{A(z-1)(z+1)}{\left(z - 0.9686 e^{j\frac{\pi}{3}}\right)\left(z - 0.9686 e^{-j\frac{\pi}{3}}\right)}$$

여기서, A를 구하려면 이득 값을 $|H_{res(z)}| = 1$과 같이 정해두고 구할 수 있다. 이번 예에서는 $A \approx 0.1$일 때 $|H_{res(z)}| = 1$이 되었다고 가정하면 아래와 같은 필터를 얻을 수 있다.

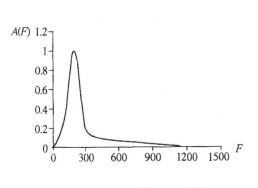

(a) 공진기 필터의 크기 응답

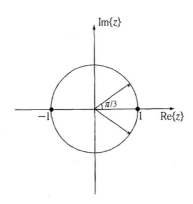

(b) 공진기 필터의 극점-영점 평면

(a)는 $F_0 = 200\text{Hz}$를 가지는 공진기의 크기 응답을 나타내며 200Hz 내외의 대역을 통과시키는 것을 볼 수 있다. (b)는 예제를 통해 구해진 공진기 필터의 극점-영점 평면을 나타낸다.

7.3.2 아날로그 필터로부터 디지털 IIR 필터 설계

이 절에서는 아날로그 필터로부터 디지털 IIR 필터를 설계하는 방법에 대해서 알아보자. 아날로그 필터로부터 디지털 IIR 필터의 설계는 그림 7.16의 두 가지의 방법 중 하나를 통하여 이루어진다. 첫 번째 설계 방법은 정규화된 아날로그 저역 통과 필터를 주파수 응답 특성 조정을 통해 설계할 필터의 사양을 만족하도록 한 후, 아날로그 필터를 디지털 필터로 주파수 변환시키는 것이다. 두 번째 설계 방법은 정규화된 아날로그 저역 통과 필터를 주파수 변환을 통해 저역 통과 디지털 필터로 변환한 후, 디지털 필터의 주파수 응답 특성 조정을 통해 설계할 필터의 사양을 만족하도록 하는 것이다.

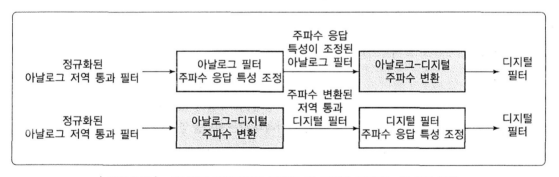

| 그림 7.16 | 아날로그 필터로부터 디지털 IIR 필터를 설계하는 두 가지 방법

이러한 필터 설계 방법을 이해하기 위하여, 먼저 IIR 필터 설계에서 많이 사용되는 아날로그 필터인 버터워스 필터(Butterworth filter)에 대해 다룬다. 이어서, 아날로그 필터를 디지털 필터로 변환시키는 주파수 변환 방법과 아날로그 영역과 디지털 영역 각각에서 필터의 주파수 응답 특성을 조정하는 방법에 대해 다루도록 한다.

(1) 아날로그 필터

아날로그 필터의 주파수 응답을 0과 1 사이의 값으로 정규화한 형태의 필터를 정규화된 아날로그 필터라고 한다. 이 절에서는 가장 대표적으로 정규화된 아날로그 필터인 버터워스 필터에 대해 다룬다. 버터워스 필터는 라플라스 변환(Laplace transform)을 하여 식 (7.25)와 같은 주파수 응답을 가지는 M차 저역 통과 아날로그 필터이다. 버터워스 필터는 통과 대역 내에서 주파수 응답이 리플을 가지지 않고, 필터의 크기 응답이 $F = 0$에서 최대로 평탄한 값을 가질 수 있기 때문에 최대 평탄 필터(Maximum flat filter)라고도 불린다.

$$A_r^2(F) = \frac{1}{1 + (F/F_c)^{2M}} = \frac{1}{1 + \varepsilon^2 (F/F_p)^{2M}} \tag{7.25}$$

식 (7.25)에서 M은 필터의 차수를 의미하며, ε는 리플의 정도를 나타내는 파라미터를 의미한다. 그리고 F_c와 F_p는 각각 대역 차단 주파수와 대역 통과 주파수를 의미한다. 버터워스 필터에서 차수 M의 값이 커지면, 통과 대역의 주파수 응답은 1에 가까워지고 저지 대역의 주파수 응답은 0에 가까워지지만 통과 주파수(F_p)에서 주파수 응답은 항상 $\frac{1}{\sqrt{2}}$이다.

일반적으로 아날로그 필터 설계는 진폭 응답을 이용하여 극점, 영점, 이득을 결정하는 방법을 통해 이루어진다. 이를 위해 아날로그 전달 함수 $H_r(s)$와 진폭 응답의 자승 값($A_r^2(F)$)과의 관계를 알아야 하는데, $A_r^2(F) = H_r(s)H_r(-s)\big|_{s=2\pi f}$의 관계가 성립하며 이러한 관계를 통해 식 (7.26)의 $s = j2\pi F$일 때, 식 (7.26)과 같이 다시 쓸 수 있다.

$$H_r(s)H_r(-s) = \frac{1}{1 + [s/(j2\pi F_c)]^{2M}} \tag{7.26}$$

극점은 식을 ∞로 만들어주는 해로서, 식 (7.26)에서 $1 + [s/(j2\pi F_c)]^{2M} = 0$을 만족하는 s를 구하여 얻을 수 있다. 이를 통해 구한 극점 p_k는 반지름 $2\pi F_c$의 원 주상에 일정 간격으로 배치되며 식 (7.27)로 나타낼 수 있다.

$$p_k = F_c \exp\left\{ \frac{j\pi(2k+M+1)}{2M} \right\}, \quad 0 \leq k < 2M - 1 \qquad (7.27)$$

이 극점들은 복소 평면의 허수 영역에 대해서 대칭되게 배치되는데, 단위원상에 π/M 라디안(radian) 간격으로 위치하게 된다. 다음 그림 7.17 (a)는 차수가 5인 버터워스 필터의 극점의 위치를 표시한 그림이다.

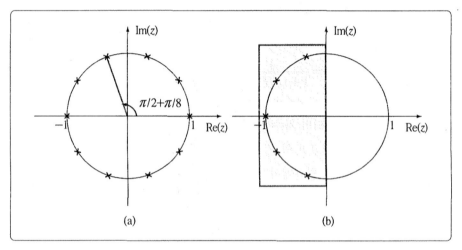

| 그림 7.17 | 버터워스 필터의 극점 분포($M=5$)

버터워스 필터의 전달 함수를 구하기 위해서는 식 (7.26)과 같이 필터를 $H_a(s)H_a(-s)$로 분해해야 하는데, 버터워스 필터의 제곱 진폭 함수의 극점은 항상 쌍으로 존재하기 때문에, $s=p_k$가 극점이면 $s=-p_k$도 극점이 된다.

이에 한 쌍의 극점에서 하나의 극점만을 선택하여 필터를 설계하면 되는데, $H_a(s)H_a(-s)$에서 $H_a(s)$와 관련하여 단위 원상에서 왼쪽 면에 위치한 극점을 $\{p_0, p_1, ..., p_{M-1}\}$이라 하고 $H_a(-s)$와 관련하여 단위원상에서 오른쪽 면에 위치한 극점들을 $\{p_M, p_{M+1}, ..., p_{2M-1}\}$이라 하면, 안정적이고 인과적인 필터를 설계하기 위해서는 그림 7.17 (b)와 같이 평면의 왼쪽 면에 위치한 극점으로 필터를 설계하면 된다. 이런 과정을 통해 설계된 차수가 M인 저역 통과 버터워스 필터의 전달 함수는 식 (7.28)과 같다.

$$H_r(s) = \frac{F_c^M}{\prod\limits_{a=0}^{M-1}(s-p_a)} \tag{7.28}$$

(2) 아날로그–디지털 주파수 변환

그림 7.16의 아날로그 필터로부터 디지털 IIR 필터를 설계하는 두 방법 모두 아날로그 필터를 디지털 필터로 주파수 변환하는 과정이 필요하다. 이러한 변환 방법에는 임펄스 불변법(impulse invariance)과 쌍일차 변환법(bilinear-transform)이 있다.

임펄스 불변법이란 아날로그 시스템의 임펄스 응답인 $h(t)$에 대해 T 간격으로 샘플링하여 이산 시간 시스템의 임펄스 응답 $h(n)$을 생성하는 방법이다. 이때 생성한 $h(n)$의 포락선(envelope)이 연속 시간 시스템의 임펄스 응답 $h(t)$의 특성 곡선과 유사해지도록 샘플링의 간격 T를 정하는 것이 중요하다. 그림 7.18은 연속 시간 시스템의 임펄스 응답 $h(t)$에 대해 T 간격으로 샘플링하여 생성한 이산 시간 시스템의 임펄스 응답 $h(n)$을 보여준다. 이러한 임펄스 불변법은 임펄스 응답 $h(t)$의 최대 주파수와 샘플링의 간격 T에 따라 그림 7.19와 같이 에일리어싱(aliasing) 문제가 발생할 수 있는 단점을 갖고 있다.

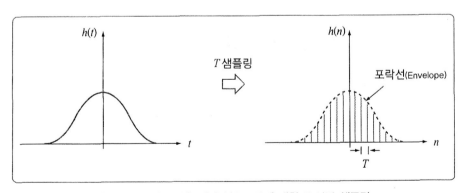

| 그림 7.18 | 연속 시간 신호 $h(t)$에 대한 T 시간 샘플링

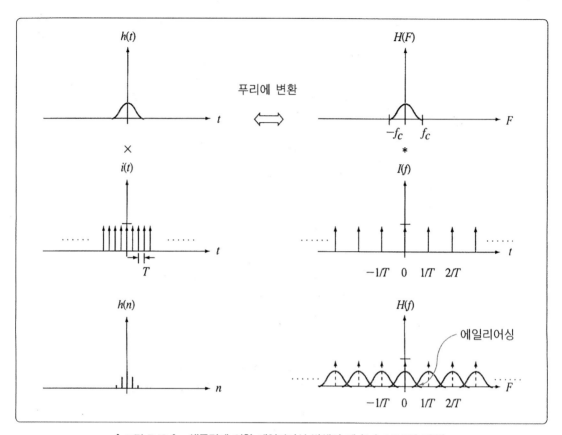

| 그림 7.19 | 샘플링에 의한 에일리어싱 발생의 예 ($f_c > 1/2T$인 경우)

아날로그 필터를 디지털 필터로 주파수 변환하는 또 다른 방법인 쌍일차 변환 (bilinear transform)은 연속 주파수와 이산 주파수 사이의 관계식을 이용한다. 이러한 관계식은 적분을 디지털로 근사적으로 계산하는 과정을 통해 유도된다. 먼저 연속 입력 신호 $x_a(t)$에 대한 t 시각까지의 적분 값 $y_a(t)$를 출력하는 적분기 는 식 (7.29)와 같이 나타낼 수 있다.

$$y_a(t) = \int_0^t x_a(t)\,dt \tag{7.29}$$

아날로그 신호에 대한 적분 값 계산을 그림 7.20과 같이 아날로그 신호를 T 간격으로 나눈 후 수행해보도록 하자. 이러한 경우 nT 시각까지의 적분 값인 $y_a(nT)$는 식 (7.30)처럼 표현될 수 있다.

$$y_a(nT) = y_a\{(n-1)T\} + \int_{(n-1)T}^{nT} x_a(t)\,dt \tag{7.30}$$

식 (7.30)에서 시각 $(n-1)T$와 nT 구간 사이의 적분 값에 대해 그림 7.21과 같이 사다리꼴 도형의 면적으로 근사화하여 나타내면 식 (7.31)과 같이 나타낼 수 있다.

$$\begin{aligned} y_a(nT) &= y_a\{(n-1)T\} + \int_{(n-1)T}^{nT} x_a(t)\,dt \\ &\cong y_a\{(n-1)T\} + \frac{T}{2}[x_a(nT) + x_a\{(n-1)T\}] \end{aligned} \tag{7.31}$$

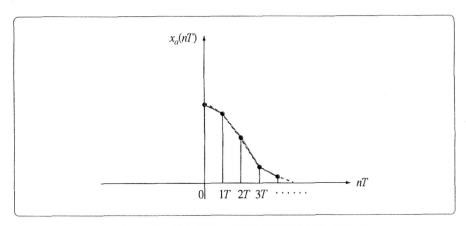

| 그림 7.20 | 　사다리꼴을 이용한 적분기의 부분 선형 근사

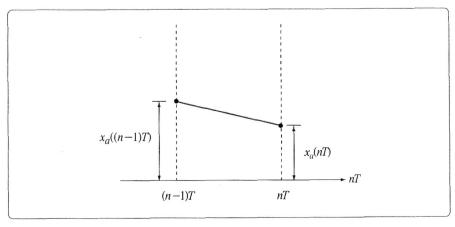

| 그림 7.21 | 　사다리꼴의 면적 계산

이와 같이 연속 신호에 대한 적분은 신호를 적당한 T 값을 이용하여 여러 구간으로 나눈 후, 각 구간의 적분 값을 사다리꼴 도형의 면적으로 근사화하면 식 (7.32)와 같이 나타낼 수 있다.

$$y(n) = y(n-1) + \frac{T}{2}\{x(n) + x(n-1)\} \tag{7.32}$$

결론적으로 식 (7.32)는 적분에 대해 디지털 영역에서 근사화하는 경우의 입력 값 $x(n)$과 출력 값 $y(n)$ 사이의 관계식이다. 이 관계식에 대해 앞 장에서 배운 z-변환을 식의 양변에 취하면, 식 (7.33)과 같이 $Y(z)/X(z)$ 값을 구할 수 있다. 이 값은 사다리꼴을 이용하여 적분기를 근사화하는 시스템의 전달 함수이다.

$$y(n) = y(n-1) + \frac{T}{2}\{x(n) + x(n-1)\}$$
$$Y(z) - Y(z)z^{-1} = \frac{T}{2}(X(z) + X(z)z^{-1}) \tag{7.33}$$
$$H_d(z) = \frac{Y(z)}{X(z)} = \frac{T}{2}\left(\frac{1+z^{-1}}{1-z^{-1}}\right)$$

적분기의 전달 함수는 $H_a(s) = 1/s$이므로 s는 식 (7.33)을 통해 식 (7.34)처럼 표현된다.

$$s = \frac{2}{T}\left(\frac{1-z^{-1}}{1+z^{-1}}\right) \tag{7.34}$$

사다리꼴 도형을 이용하여 적분기를 근사화하는 것은 식 (7.35)와 같이 적분기의 전달 함수 중 s 값이 식 (7.34)로 대체되어 표현된다.

$$H_d(z) = H_a(s)\Big|_{s = \frac{2}{T}\left(\frac{1-z^{-1}}{1+z^{-1}}\right)} \tag{7.35}$$

z 영역과 s 영역의 관계를 알아보기 위하여 식 (7.34)를 z에 대해서 전개한 후 s 값을 $s = \sigma + j\Omega$로 나타내면 식 (7.36)과 같다.

$$|z| = \left| \frac{2 + (\sigma + j\Omega)T}{2 - (\sigma + j\Omega)T} \right|$$

$$= \sqrt{\frac{(2 + \sigma T)^2 + (\Omega T)^2}{(2 - \sigma T)^2 + (\Omega T)^2}} \tag{7.36}$$

식 (7.36)을 통해 σ값이 0이면 $|z| = 1$이 되고, $\sigma < 1$이면 $|z| < 1$, $\sigma > 1$이면 $|z| > 1$이 되는 것을 확인할 수 있으며, 이는 그림 7.22와 같이 쌍일차 변환을 이용하는 경우의 s-평면으로부터 z-평면으로의 사상이다.

연속 주파수 Ω($\Omega = 2\pi F$)과 이산 주파수 w($w = 2\pi f$) 사이의 관계를 확인하기 위하여, 식 (7.34)에 σ 값이 0인 경우의 s와 z 값을 대입하여 전개하면 식 (7.37)과 같다.

$$s = \frac{2}{T}\left(\frac{1 - z^{-1}}{1 + z^{-1}} \right)$$

$$j\Omega = \frac{2}{T}\left(\frac{1 - e^{-jw}}{1 + e^{-jw}} \right)$$

$$= \frac{2}{T} \frac{e^{-jw/2} \cdot 2j \sin\left(\dfrac{w}{2} \right)}{e^{-jw/2} \cdot 2 \cos\left(\dfrac{w}{2} \right)} \tag{7.37}$$

$$= j\frac{2}{T} \tan\left(\frac{w}{2} \right)$$

$$\Omega = \frac{2}{T} \tan\left(\frac{w}{2} \right)$$

식 (7.37)의 $\Omega = \frac{2}{T} \tan\left(\frac{w}{2} \right)$의 관계식을 통해 s-평면에서의 $\Omega > 0$의 값들은 z-평면에서 $0 < w < \pi$로 사상되고, $\Omega < 0$의 값들은 z-평면에서 $0 < w < 2\pi$로 사상됨을 확인할 수 있다. 이렇게 s-평면에서 허수 축의 값들은 그림 7.23과 같이 z-평면의 단위원에 서로 다르게 사상된다.

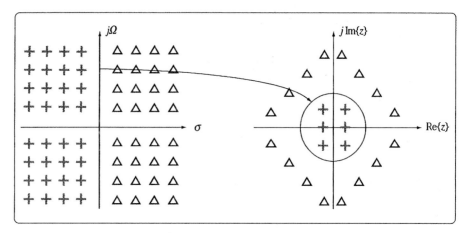

| 그림 7.22 | 　쌍일차 변환을 이용한 s-평면으로부터 z-평면으로의 사상

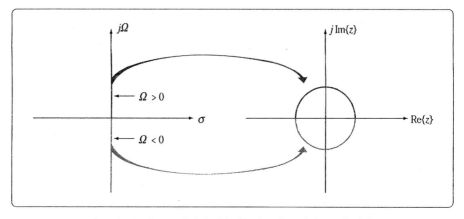

| 그림 7.23 | 　s-평면의 허수 축 값들의 z-평면으로의 사상

식 (7.37)의 최종 관계식 $\Omega = \dfrac{2}{T}\tan\left(\dfrac{w}{2}\right)$를 w에 대해 전개하면, 식 (7.38)처럼 나타낼 수 있다. 이를 통해 Ω와 w의 관계를 그려보면, 그림 7.24와 같이 비선형적으로 나타난다.

$$w = 2\tan^{-1}\left(\frac{\Omega T}{2}\right) \tag{7.38}$$

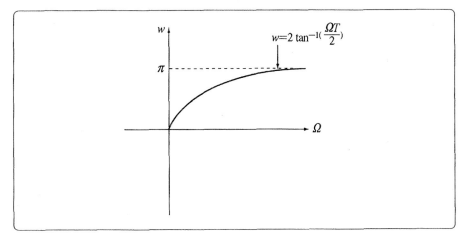

| 그림 7.24 | 주파수 휨 현상

쌍일차 변환 방법은 s-평면의 허수 축 위의 값들을 z-평면의 단위원 위로 사상 시키기 때문에 에일리어싱이 발생하지 않는다. 하지만 그림 7.24와 같이 주파수 영역에서 비선형적으로 휘어지는 현상이 발생하며, 이러한 현상을 주파수 휨 현상(frequency warping)이라 한다.

[예제 7.3] 쌍일차 변환을 통해 $H_a(s) = \dfrac{s+1}{s^2 + 5s + 6}$의 전달 함수를 갖는 아날로그 필터를 디지털 필터로 주파수 변환하여라. (단, $T=2$)

풀이

쌍일차 변환을 통해 디지털 필터는 아래와 같은 관계식을 통해 구할 수 있다.

$$
\begin{aligned}
H(z) &= H_a(s)\Big|_{s = \frac{2}{T}\left(\frac{1 - z^{-1}}{1 + z^{-1}}\right)} \\
&= \frac{s+1}{s^2 + 5s + 6}\Bigg|_{s = \frac{2}{2}\left(\frac{1 - z^{-1}}{1 + z^{-1}}\right)} \\
&= \frac{2 + 2z^{-1}}{12 + 10z^{-1} + 2z^{-2}}
\end{aligned}
$$

(3) 아날로그 필터의 주파수 응답 특성 조정

그림 7.25는 앞서 기술한 정규화된 아날로그 저역 통과 필터를 이용하여 디지털 IIR 필터를 설계하는 첫 번째 방법이다. 이 방법은 정규화된 아날로그 저역 통과 필터에 대해 아날로그 필터 주파수 응답 특성 조정을 통해 아날로그 영역에서 설계하고자 하는 필터의 특성을 만족시킨 후, 쌍일차 변환을 통해 디지털 IIR 필터로 주파수 변환시키는 것이다.

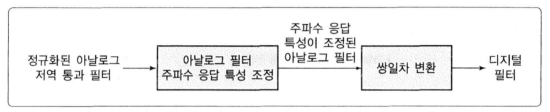

| 그림 7.25 | 아날로그 필터의 주파수 응답 특성 조정을 이용한 디지털 필터 설계

아날로그 필터 주파수 응답 특성 조정은 정규화된 아날로그 저역 통과 필터에 대하여 아날로그 영역에서 다른 차단 주파수를 갖는 저역 통과 필터, 고역 통과 필터, 대역 통과 필터와 대역 저지 필터 등으로 필터의 주파수 응답 특성을 변경하는 과정이다. 예를 들어, F_0의 차단 주파수를 갖는 저역 통과 필터를 설계하는 경우, 설계할 저역 통과 필터의 전달 함수 $H_a(s)$는 식 (7.39)를 통해 정규화된 저역 통과 아날로그 필터의 전달함수 H_{norm}를 이용하여 구할 수 있다. 저역 통과 필터 설계 시 $D(s)$는 식 (7.40)과 같으며, 이 식에서 $\Omega_0 (= 2\pi F_0)$는 설계할 필터의 차단 주파수 F_0를 통해 계산된다.

$$H_a(s) = H_{norm}(D(s)) \tag{7.39}$$

$$D(s) = \frac{s}{\Omega_0} \tag{7.40}$$

표 7.4는 아날로그 필터의 주파수 응답 특성 조정 과정에서 저역 통과, 고역 통과, 대역 통과, 대역 저지의 필터로 주파수 응답 특성을 조정하는 경우에 대한 차단 주파수와 그 때의 관계식 $D(s)$에 대한 것이다. 설계할 필터의 전달 함수 $H_a(s)$는 식 (7.39)와 표 7.4의 관계식을 통해 계산된다.

▶표 7.4 아날로그 필터의 주파수 응답 특성 조정

응답 특성 조정 종류	차단 주파수	관계식 $D(s)$
정규 아날로그 저역 통과 필터 ⇒ 아날로그 저역 통과 필터	Ω_0	$\dfrac{s}{\Omega_0}$
정규 아날로그 저역 통과 필터 ⇒ 아날로그 고역 통과 필터	Ω_0	$\dfrac{\Omega_0}{s}$
정규 아날로그 저역 통과 필터 ⇒ 아날로그 대역 통과 필터	$\Omega_0,\ \Omega_1$	$\dfrac{s^2 + \Omega_0 \Omega_1}{(\Omega_1 - \Omega_0)s}$
정규 아날로그 저역 통과 필터 ⇒ 아날로그 대역 저지 필터	$\Omega_0,\ \Omega_1$	$\dfrac{(\Omega_1 - \Omega_0)s}{s^2 + \Omega_0 \Omega_1}$

[예제 7.4] 전달 함수 $H_{norm}(s) = \dfrac{1}{s+1}$을 갖는 1차 저역 통과 버터워스 필터를 사용하여 차단 주파수 $F_0 = 10\text{Hz}$인 아날로그 저역 통과 필터를 설계하고자 한다. 설계할 아날로그 저역 통과 필터의 전달 함수를 구하여라.

풀이

저역 통과 필터, 고역 통과 필터, 대역 통과 필터와 대역 저지 필터는 정규화된 아날로그 저역 통과 필터의 주파수 응답을 조정함으로써 설계할 수 있다. 이때 설계된 필터와 정규화된 아날로그 저역 통과 필터는 아래의 관계를 갖는다.

$$H_a(s) = H_{norm}(D(s))$$

정규화된 아날로그 저역 통과 필터를 차단 주파수 $F_0 = 10\text{Hz}$인 아날로그 저역 통과 필터로 주파수 응답을 조정하는 경우이므로 s를 다음과 같이 대체함으로써 전달 함수를 구할 수 있다.

$$\Omega_0 = 2\pi F_0 = 20\pi \ \text{rad/sec}$$

$$s \Rightarrow \frac{s}{\Omega_0}$$

$$H_a(s) = \frac{1}{\dfrac{s}{\Omega_0} + 1}$$

$$= \frac{\Omega_0}{s + \Omega_0}$$

$$= \frac{20\pi}{s + 20\pi}$$

[예제7.5] 전달 함수 $H_{norm}(s) = \dfrac{1}{s+1}$을 갖는 1차 아날로그 저역 통과 버터워스 필터를 사용하여 동일한 필터 특성을 갖는 디지털 필터의 전달 함수 $H(z)$를 쌍선형 변환을 이용하여 구하여라. (단, 샘플링 주파수 $f_s = 500\text{Hz}$이고 차단 주파수 $F_c = 100\text{Hz}$이다.)

풀이

아날로그 필터의 차단 주파수는 식 (7.31)을 통해 구할 수 있다.

$$w_c = 2\pi \times \frac{100}{500} = 0.4\pi$$
$$\Omega = 2 \times 500 \times \tan(0.2\pi) = 726[\text{rad/sec}]$$

설계할 필터는 버터워스 필터와 동일한 특성을 갖는 디지털 필터이다. 따라서 정규 아날로그 저역 통과 필터에서 아날로그 저역 통과 필터로의 아날로그 필터의 주파수 응답 조정에 해당하며, 표 7.4에 따라 관계식 $D(s) = \dfrac{s}{\Omega_0}$를 이용하면 된다.
버터워스 필터의 전달 함수에서 s를 $\dfrac{s}{\Omega_0}$로 치환하면 다음 식을 구할 수 있다.

$$H(s) = \frac{1}{\dfrac{s}{726} + 1}$$
$$= \frac{726}{s + 726}$$

구해진 $H(s)$는 설계할 필터의 사양을 만족하므로, 해당 필터를 디지털 필터로 주파수 변환을 하면 된다. 쌍일차 z변환을 적용하면 $H(s)$는 다음과 같다.

$$H(z) = H(s)\Big|_{s = \frac{2}{T}\left(\frac{1 - z^{-1}}{1 + z^{-1}}\right)}$$
$$= H(s)\Big|_{s = 1000\left(\frac{1 - z^{-1}}{1 + z^{-1}}\right)}$$
$$= \frac{726}{\dfrac{1000 - 1000z^{-1}}{1 + z^{-1}} + 726}$$
$$= \frac{726 + 726z^{-1}}{1726z - 274}$$

(4) 디지털 필터의 주파수 응답 특성 조정

그림 7.26은 정규화된 아날로그 저역 통과 필터를 이용하여 IIR 필터를 설계

하는 두 번째 방법이다. 이 방법은 정규화된 아날로그 저역 통과 필터를 먼저 쌍일차 변환을 통해 저역 통과 디지털 필터로 주파수 변환한 후, 디지털 영역에서 디지털 필터의 주파수 응답 특성 조정을 통해 필터의 설계 사양을 만족시킨다.

| 그림 7.26 | 디지털 필터의 주파수 응답 특성 조정을 이용한 디지털 필터 설계

디지털 필터 주파수 응답 특성 조정 과정도 아날로그 필터 주파수 응답 특성 조정 과정과 유사하게 디지털 저역 통과 필터에 대해 설계하고자 하는 필터의 특성을 고려하여 저역 통과 필터, 고역 통과 필터, 대역 통과 필터, 대역 저지 필터 등으로 주파수 응답 특성을 변경하는 것이다. 디지털 영역에서 $w_c \, (w = 2\pi f)$의 차단 주파수를 갖고 있는 디지털 저역 통과 필터에 대하여 다른 형태의 필터로 변환하기 위해서는 식 (7.41)을 이용하여 설계할 필터의 전달 함수를 구한다.

$$H(z) = H_{lp}(D(z)) \qquad (7.41)$$

예를 들어, 디지털 차단 주파수 w_c를 갖는 디지털 저역 통과 필터에 대해 w_0의 차단 주파수를 갖는 저역 통과 필터로 변환하기 위해서는 식 (7.41)을 이용한다. 식 (7.41)에서 H_{lp}는 차단 주파수 w_c를 갖는 디지털 저역 통과 필터의 전달 함수를 의미한다. 다른 차단 주파수를 가지는 디지털 저역 통과 필터로의 변환 시 $D(z)$는 식 (7.42)를 이용하며, 이를 통해 설계 사양을 만족하는 디지털 저역 통과 필터를 설계할 수 있다.

$$D(z) = \frac{-(z - a_0)}{a_0 z - 1} \qquad (7.42)$$

변환에 사용될 디지털 저역 통과 필터의 차단 주파수가 w_c, 새로 설계할 디지털 저역 통과 필터의 차단 주파수가 w_0일 때 식 (7.42)의 a_0 값은 식 (7.43)을 통

해 계산된다.

$$a_0 = \frac{\sin[\pi(w_c - w_0)]}{\sin[\pi(w_c + w_0)]} \qquad (7.43)$$

표 7.5는 디지털 필터의 주파수 응답 특성 조정에서 저역 통과, 고역 통과, 대역 통과와 대역 저지의 필터로 주파수 응답 특성을 조정하는 경우에 대한 차단 주파수, 관계식, 계수 값 등에 대한 표이다. 주파수 응답 특성이 조정될 필터의 전달 함수 $H(z)$는 식 (7.41)과 표 7.5의 관계식을 통해 계산된다.

▶표 7.5 디지털 필터의 주파수 응답 특성 조정

응답 특성 조정 종류	차단 주파수	관계식 $D(z)$	계수 값
디지털 저역 통과 필터 ⇒ 디지털 저역 통과 필터	w_0	$\dfrac{-(z - a_0)}{a_0 z - 1}$	$a_0 = \dfrac{\sin[\pi(w_c - w_0)]}{\sin[\pi(w_c + w_0)]}$
디지털 저역 통과 필터 ⇒ 디지털 고역 통과 필터	w_0	$\dfrac{(z - a_0)}{a_0 z - 1}$	$a_0 = \dfrac{\cos[\pi(w_c + w_0)]}{\cos[\pi(w_c - w_0)]}$
디지털 저역 통과 필터 ⇒ 디지털 대역 통과 필터	w_0, w_1	$\dfrac{-(z^2 + a_0 z + a_1)}{a_1 z^2 + a_0 z + 1}$	$\alpha = \dfrac{\cos[\pi(w_1 + w_0)]}{\cos[\pi(w_1 - w_0)]}$ $\beta = \tan(\pi w_c)\cot[\pi(w_1 - w_0)]$ $a_0 = \dfrac{-2\alpha\beta}{\beta + 1}$ $a_1 = \dfrac{\beta - 1}{\beta + 1}$
디지털 저역 통과 필터 ⇒ 디지털 대역 저지 필터	w_0, w_1	$\dfrac{(z^2 + a_0 z + a_1)}{a_1 z^2 + a_0 z + 1}$	$\alpha = \dfrac{\cos[\pi(w_1 + w_0)]}{\cos[\pi(w_1 - w_0)]}$ $\beta = \tan(\pi w_c)\tan[\pi(w_1 - w_0)]$ $a_0 = \dfrac{-2\alpha}{\beta + 1}$ $a_1 = \dfrac{1 - \beta}{1 + \beta}$

연 / 습 / 문 / 제

01 다음 조건을 만족하는 저역 통과 필터의 설계를 위하여 사용 가능한 창 함수의 종류와 최소 필터 차수 M을 구하시오.

$$f_s = 100\text{Hz}$$
$$F_p = 30\text{Hz}$$
$$F_s = 50\text{Hz}$$
$$A_p = 0.1\text{dB}$$
$$A_s = 40\text{dB}$$

02 차단 주파수가 $F_0 = f_s/4$이고 필터의 차수가 $M=20$인 이상적인 저역 통과 필터에 대하여 주파수 샘플링된 필터 계수의 간소화된 식을 표현하시오.

03 제3형식의 선형 위상 FIR 필터에 대해서 진폭 응답 $A_r(f)$를 식 (7.14)와 같이 간소화해서 나타내고, 진폭 응답 $A_r(f)$를 이용하여, 제3형식의 선형 위상 필터의 계수를 구하는 방정식을 유도하시오(차수 $M=2r$).

04 극점-영점을 이용하여 아래와 같은 순서에 의해 필터를 설계하시오
 (a) $F_0 = 120\text{Hz}$를 차단하는 Notch 필터가 존재한다. 이때 F_0를 저지하기 위한 영점의 위치가 $\dfrac{\pi}{6}$일 때 샘플링 주파수 F_s를 구하시오.
 (b) 위 (a)에서 $\Delta F = 9\text{Hz}$일 때 3dB의 저지 대역을 가지는 Notch 필터 $H_{notch}(z)$를 설계하시오.

05 다음과 같은 선형적 단위 설계 사양을 만족하는 저역 통과 아날로그 필터를 설계하시오

$$F_p = 50, \ F_s = 1000, \ \delta_p = 0.1, \ \delta_s = 0.05$$

(a) 최소 필터 차수 N을 찾으시오.

(b) 어떠한 차단 주파수 F_c가 대역 통과 사양에 정확하게 일치하는가?

(c) 어떠한 차단 주파수 F_c가 저지 대역 사양에 정확하게 일치하는가?

(d) 통과 대역과 저지 대역 사양을 모두 넘어서는 $H_a(s)$를 위한 차단 주파수 F_c를 찾으시오.

06 쌍일차 변환을 통해 아날로그 이상 저역 통과 필터에서 디지털 저역 통과 필터를 설계하고자 한다. 아날로그 이상 저역 통과 필터의 차단 주파수가 $\Omega_c = 2\pi(500)\,\text{rad/s}$이고, $T = 0.5\text{ms}$라 할 때 설계되는 디지털 저역 통과 필터의 차단 주파수 w_c를 구하시오.

07 쌍일차 변환 방법을 이용하여 $T = 0.1\text{ms}$일 때 디지털 저역 통과 필터의 차단 주파수 $w_c = \pi/8$인 필터를 설계하였다. 필터 설계에 사용된 아날로그 저역 통과 필터의 차단 주파수 Ω_c를 구하시오.

08 1차 저역 통과 버터워스 필터를 사용하여 차단 주파수 $F_0 = 10\text{Hz}$와 $F_1 = 30\text{Hz}$인 아날로그 대역 통과 필터를 설계하고자 한다. 설계된 대역 통과 필터의 전달 함수를 구하시오.

디지털 신호 처리 응용

디지털 신호 처리 응용

⑧.1 개요

우리는 앞에서 신호와 시스템의 성질 분석, 시스템의 출력 신호 계산, 원하는 성질을 가지는 시스템의 설계 등을 시간 영역과 주파수 영역에서 수행하는 다양한 디지털 신호 처리 이론들을 배웠다. 디지털 신호 처리의 대표적인 응용 분야 중에 하나가 멀티미디어 분야이며, 방송, 통신, 엔터테인먼트, 의료기기 등에서 음성, 오디오, 영상, 비디오 신호에 대한 처리를 통하여 원하는 서비스를 제공하고 있다. 이 장에서는 앞에서 배운 디지털 신호 처리 이론 들을 적용할 수 있는 대표적인 멀티미디어 신호처리를 간단히 소개하고, 이를 통하여 앞에서 배운 이론의 역할과 의미를 배울 수 있을 것이다.

⑧.2 음성 및 오디오 신호 처리

8.2.1 음성 신호의 스펙트럼 포락선

음성 신호(speech signal)는 통신 및 방송에서 가장 기본적으로 다루는 신호이며, 음성 신호의 압축, 인식, 합성 등의 응용 분야에서 다양한 신호 처리 기술이 사용되고 있다. 음성 신호가 포함하는 핵심 정보는 음의 높낮이를 결정하는 피치 주파수(pitch frequency)와 발음을 결정하는 스펙트럼 포락선(spectral envelope)이다. 따라서 음성 신호의 분석을 통하여 피치 주파수와 스펙트럼 포락선을 구하거나, 원하는 피치 주파수와 스펙트럼 포락선을 가지는 신호를 생성하면 음성 신호의 압축, 인식, 합성 등을 수행할 수 있다.

인간이 음성 신호를 생성하는 일반적인 과정을 간단히 나타내면 그림 8.1과 같다. 폐에서 백색 잡음(white noise) 성질을 가지는 공기가 일정 에너지를 가지고 출력되고, 이 신호가 성대(vocal cord)에 입력되면 성대의 주기적 떨림에 따라 주기 성질을 가지는 신호로 출력된다. 즉, 성대에 의하여 신호의 피치 주파수가 결정된다. 물론 폐의 출력 신호가 성대의 떨림 영향을 받지 않고 그대로 통과하는 경우도 있으며, 음성은 발성 과정에서 성대 떨림의 유무에 따라 유성음과 무성음으로 구별된다. 이상적인 성대 출력 신호는 유성음에서는 주기적인 펄스열이고 무성음에서는 백색 잡음이다. 성대의 출력 신호는 구강 내의 복잡한 관 구조의 기관을 통과하여 입과 코로 출력되며, 성대 이후부터 출력까지의 모든 기관을 하나로 통합하여 성도(vocal tract)라 한다. 성도에 입력된 신호는 성도의 공명(resonance) 동작에 의하여 특정 주파수 성분이 강화되어 특정 발음을 나타내는 음성 신호로 출력되며, 성도의 공명 주파수를 해당 음성 신호의 포먼트(formant) 주파수라 한다.

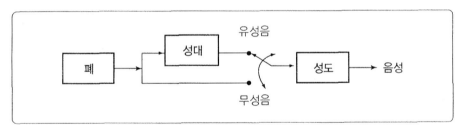

| 그림 8.1 | 음성 신호의 생성 모델

성도는 단면적이 변하는 복잡한 관 모양인데, 간단한 구조로 근사화시켜 내부에서의 공기 흐름을 수학적으로 구하면

$$H(z) = \frac{G}{1 - \sum_{k=1}^{P} a_k z^{-k}} \tag{8.1}$$

와 같은 P차 IIR 시스템으로 모델링된다. 여기서 G는 시스템의 총 이득을 결정하는 값이다. 그림 8.2는 간단한 신호를 이용하여 식 (8.1)로 모델링된 성도의 동

작을 주파수 영역에서 설명해준다. 성도의 입력 신호 $x(n)$는 유성음 또는 무성음에 관계없이 일정한 높이(즉, 평탄한 포락선)의 스펙트럼 $X(f)$을 가진다.

$H(z)$ 출력의 스펙트럼 $S(f)$의 포락선은 $H(z)$의 주파수 응답에 따라 결정되며, 이 과정에서 특정 주파수 성분은 증폭되고 특정 주파수 성분은 감소한다. 결국 $H(z)$에 의하여 특정 주파수 성분이 증폭되는 과정이 곧 성도의 공명 동작에 해당한다. 따라서 $H(z)$의 주파수 응답이 성도의 포먼트 주파수와 발음을 결정하는 핵심 역할을 하고, P개의 계수 값 a_k만으로 성도의 동작을 효과적으로 표현할 수 있다. 이와 같은 $H(z)$의 역할에 따라 $H(z)$를 포먼트 필터라고 한다.

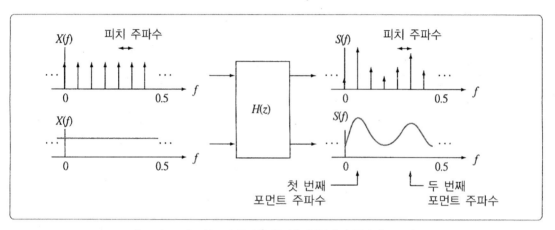

| 그림 8.2 | 성도의 동작을 주파수 영역에서 설명하는 그림

성도에 의하여 결정되는 음성의 스펙트럼 포락선이 음성의 발음을 결정하는 핵심 특성이다. 이를 역으로 정리하면, 음성 신호의 주파수를 분석하여 스펙트럼 포락선을 구하면 해당 신호가 생성된 성도 모델과 신호에 해당하는 발음 정보를 구할 수 있다. 음성 신호의 스펙트럼 포락선을 구하는 과정을 설명하기 위하여 식 (8.1) 시스템의 입력과 출력을 각각 $x(n)$와 $s(n)$라 하고, 두 신호 사이의 관계를 구하면

$$s(n) = x(n) + \sum_{k=1}^{P} a_k s(n-k) \tag{8.2}$$

또는

$$x(n) = s(n) - \sum_{k=1}^{P} a_k s(n-k) \tag{8.3}$$

이다($G=1$로 가정). 우리에게 주어진 과제는 $s(n)$이 주어질 때 식 (8.2) 또는 식 (8.3)을 만족하는 a_k를 구하는 것인데, $x(n)$이 주어지지 않으므로 a_k의 해는 무수히 많다. 그러나 음성 모델에서 $x(n)$이 평탄한 스펙트럼을 가져야 하는 조건이 주어지므로, 이 조건을 만족하는 최적의 a_k를 구해야 한다.

한편, 식 (8.3)은 $s(n)$에 대하여 과거 P개 값의 선형 합으로 현재 값을 예측하는 선형 예측(linear prediction) 동작을 나타내고, $x(n)$이 예측 오차가 된다. 예측 이론에 의하면 최적 선형 예측의 예측 오차가 평탄한 스펙트럼을 가지므로, 식 (8.3)에서 최적 선형 예측이 되도록 a_k를 구하면 $x(n)$이 평탄한 스펙트럼을 가지게 되므로 원하는 해를 구하게 된다. 최적 예측은 $x(n)$의 평균 제곱 오차 (mean square error, MSE)를 최소로 하는 것이므로 $0 \leq n < N$ 구간에 대하여

$$\text{MSE} = \sum_{n=0}^{N-1} \left\{ s(n) - \sum_{k=1}^{P} a_k s(n-k) \right\}^2 \tag{8.4}$$

를 정의하고 각 a_k에 대하여 $\dfrac{\partial \text{MSE}}{\partial a_k} = 0$ 식에 따라 P차 연립 방정식을 정의하여 해를 구하면 된다. 이와 같이 선형 예측의 관점에서 a_k를 구하게 되며, 따라서 a_k를 LPC (linear predictive coding) 계수라 하고 식 (8.1) 시스템을 LPC 필터라고도 한다.

그림 8.3의 (a)와 (b)는 동일한 사람이 /i/와 /a/를 발음한 음성 신호이다. 연속 신호를 8000Hz로 샘플링하여 320 길이의 $x(n)$를 구하였으며, 40msec 길이에 해당한다. 각 신호에 대하여 LPC 계수 a_k를 구하고 스펙트럼 포락선을 구하여 차이점을 살펴보자. 8000Hz 샘플링에서는 일반적으로 $P=10$을 사용하며, 각 신호에 대한 a_k를 구하면 (c)와 (d)이다($a_0=1$이다). 다음, 식 (8.1) 시스템의 진폭 응답 $|H(f)|$를 구하면 되는데, 5.5.3절에서 설명하였듯이 $\{1, -a_1, -a_2, \cdots -a_{10},\}$에 대한 DFT 크기 $|A(k)|$를 구하여 역수를 취하면 되고, 충분한 주파수 해상도를 확보하기 위하여 $N=1024$를 사용하도록 한다. 즉, (c)와 (d)의 a_k가 길이 1024가 되도록 영 값으로 확장한 후 1024-포인트 DFT를 적용한다.

그림 8.3의 (e)와 (f)는 LPC 계수 a_k로부터 구한 스펙트럼 포락선을 스펙트럼과 함께 보여준다. 여기서, 주파수 축을 Hz 단위의 F로 변환하여 표시하였다(그림 5.8 참조). 먼저, 10개의 a_k 값으로부터 구한 스펙트럼 포락선이 실제 스펙트럼의 윤곽을 정확히 표현하는 것을 알 수 있다. /i/ 신호의 첫 번째 공명은 250Hz 정도의 매우 낮은 주파수에서 발생하고, 두 번째 공명은 상대적으로 높은 주파수인 2800Hz 부근에서 발생한다. 반면, /a/ 신호의 첫 번째 공명은 850Hz 정도로 약간 높은 주파수에서 발생하지만 두 번째 공명이 곧이어 1700Hz에서 발생하는 특징을 가진다.

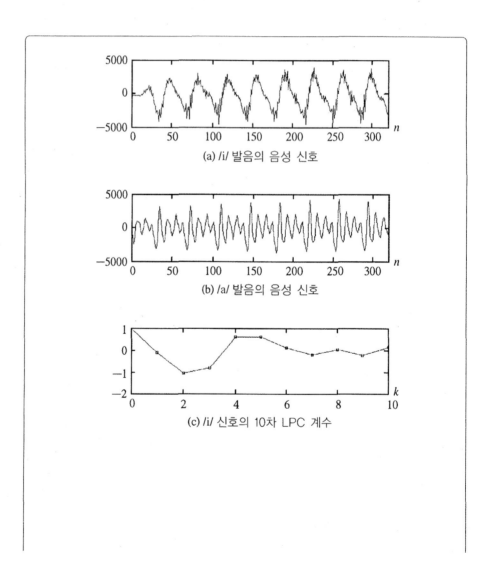

(a) /i/ 발음의 음성 신호

(b) /a/ 발음의 음성 신호

(c) /i/ 신호의 10차 LPC 계수

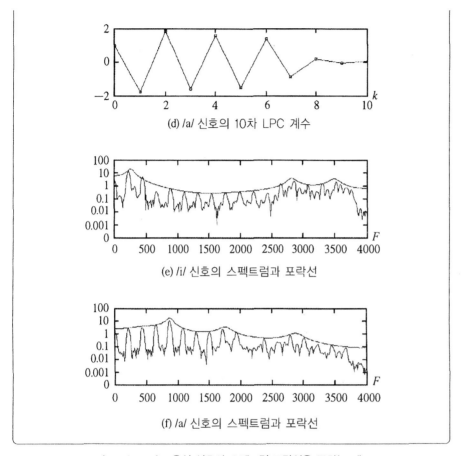

(d) /a/ 신호의 10차 LPC 계수

(e) /i/ 신호의 스펙트럼과 포락선

(f) /a/ 신호의 스펙트럼과 포락선

| 그림 8.3 | 음성 신호의 스펙트럼 포락선을 구하는 예

그림 8.3의 예에서 보듯이 음성 신호의 핵심 특징이 10개의 계수 값 a_k만으로 효과적으로 표현되므로 a_k는 음성 신호를 압축할 때 음성의 모델 파라미터로 널리 사용된다. 이를 기반으로 음성 신호를 압축하는 기법을 LPC 기반의 음성 압축이라 하고, 현재 전 세계의 디지털 이동 통신과 인터넷 전화에서 가장 널리 사용되는 음성 압축 기술이다.

8.2.2 오디오 신호의 압축

MP3(MPEG-1 Layer 3)로 대표되는 오디오 신호의 압축 기술은 오디오 시장을 기존의 CD 시장에서 오디오 파일 시장으로 이동시켰으며, 초소형 디지털 음악 재생기, 이동 디지털 방송, 인터넷 방송 등이 가능하도록 하였다. 오디오 신호의 압축은 오디오 신호 $x(n)$를 주파수로 변환하여 스펙트럼 $X(k)$를 구하고 $X(k)$ 값을 양자화하는 과정으로 진행된다. 특히 $X(k)$ 값을 양자화할 때, 양자화 오차(quantization error)의 영향을 인간의 청각이 느끼지 못하도록 최선의 방법으로 양자화를 하는 것이 핵심 내용이다. 즉, 양자화의 영향을 수학적으로 정의되는 양자화 오차가 아니라, 청각적으로 인지하는 왜곡의 정도로 측정하여 양자화를 진행한다. 따라서 오디오 신호의 압축에는 주파수별로 $X(k)$ 값 양자화에 의한 청각적 영향을 분석하는 과정이 필요하고, 이는 심리 음향 모델(psycho-acoustic model, PAM)에 따라 신호의 주파수 특성을 분석하여 구현할 수 있다.

MP3는 입력 신호를 일정한 대역폭을 가지는 32개의 대역 통과 필터를 사용하여 대역별 신호를 구하고, 각 대역 신호를 MDCT(modified discrete cosine transform)하여 더 높은 해상도의 주파수 정보를 구하여 양자화한다. 또한 MPEG(moving picture experts group)의 또 다른 압축 기술인 MPEG-2/4 AAC(advanced audio coding)은 입력 신호를 직접 MDCT하여 스펙트럼을 구하고 양자화한다. 즉, MPEG의 오디오 압축에서는 앞에서 배운 DFT나 DCT를 사용하지 않고 MDCT를 사용하여 스펙트럼을 구한다.

길이 $2N$인 $x(n)$에 대한 MDCT와 IMDCT는

$$\text{MDCT} : X_{MDCT}(k) = 2 \sum_{n=0}^{2N-1} x(n) \cos\left\{ \frac{\pi}{N}\left(n + \frac{N+1}{2}\right)\left(k + \frac{1}{2}\right)\right\}, \quad 0 \le k < N \quad (8.5)$$

$$\text{IMDCT} : \tilde{x}(n) = \frac{1}{N} \sum_{k=0}^{N-1} X_{MDCT}(k) \cos\left\{ \frac{\pi}{N}\left(n + \frac{N+1}{2}\right)\left(k + \frac{1}{2}\right)\right\}, \quad 0 \le n < 2N \quad (8.6)$$

로 정의된다. 가장 큰 특징은 $x(n)$의 길이는 $2N$이지만 $X_{MDCT}(k)$의 길이는 N인 것과 $X_{MDCT}(k)$를 IMDCT를 하면 $x(n)$이 아니라 다른 신호 $\tilde{x}(n)$을 얻는 것이다. 즉, MDCT와 IMDCT는 역 관계가 아니다. 그러나 그림 8.4와 같이 길이 $2N$의 $x_1(n)$, $x_2(n)$, $x_3(n)$을 시간 순서대로 처리할 때, 이웃한 신호가 N 샘플씩 겹치도록 하면서(즉, $x_1(n)$의 뒤 N개 샘플과 $x_2(n)$의 앞 N개 샘플을 동일하게 하면서) 각각에 MDCT를 적용하면, 각 IMDCT 결과인 $\tilde{x}_i(n)$로부터 정해진 추가

동작을 적용하여 $x_i(n)$를 구할 수 있다. 이를 TDAC(time-domain aliasing cancellation) 과정이라 한다. 또한 시간 진행에 따라 N 샘플씩 겹치면서 압축을 하면 각 신호 $x_1(n)$, $x_2(n)$, $x_3(n)$의 양자화 오차의 영향이 완만하게 연결되어 경계에서의 불연속을 최소화시킬 수 있는 큰 장점을 가진다.

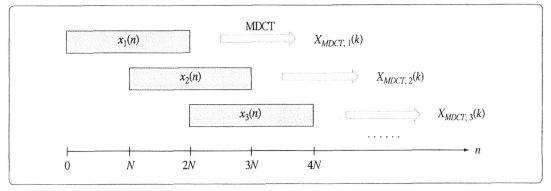

| 그림 8.4 | 완전 복구를 위하여 길이 $2N$ 신호 $x_i(n)$를 겹치도록 진행하여 MDCT를 적용하는 과정

그림 8.5는 오디오 압축 과정의 예를 보여준다. 그림 8.5의 (a)는 48kHz로 샘플링하여 구한 $x(n)$이고, 길이는 2048 샘플, 42.67msec에 해당한다. (b)는 2048-포인트 MDCT로 구한 $X_{MDCT}(k)$(이를 MDCT 계수라 함)에서 $0 \leq k < 512$, 즉 주파수 12kHz까지를 보여주고, (c)는 청각적으로 왜곡이 없도록 양자화된 MDCT 계수이다. (d)는 MDCT 계수의 양자화 오차이며, 주파수 영역에 따라 양자화 오차 크기에 큰 편차가 있는 것을 보여준다. 이는 주파수 영역별로 양자화 오차를 인지하는 정도가 다르기 때문에 나타나는 것이다. 예로, $k < 50$ 영역에서는 청각이 작은 양자화 오차도 잘 인지하여 오차가 작게 양자화되었으며, $k = 120$ 영역에서는 청각이 양자화 오차를 잘 인지하지 못하여 큰 양자화 오차가 허용되었다. 특히, 두 주파수 영역에서 신호가 비슷한 에너지를 가지므로 단순히 신호의 주파수 영역별 에너지에 따라 양자화 오차 크기를 결정한 것이 아닌 것을 알 수 있다. 주파수 영역별로 양자화 오차를 인지하는 정도는 청각의 특성과 신호의 주파수 특성에 의하여 복합적으로 결정되므로 신호의 스펙트럼 특성에 따라 가변적으로 변한다. 따라서 신호의 스펙트럼 분석을 통하여 각 주파수 영역에서 청각적으로 인지 못하는 양자화 오차 레벨을 정하고, 이를 기준으로 최적의

양자화를 진행해야 한다.

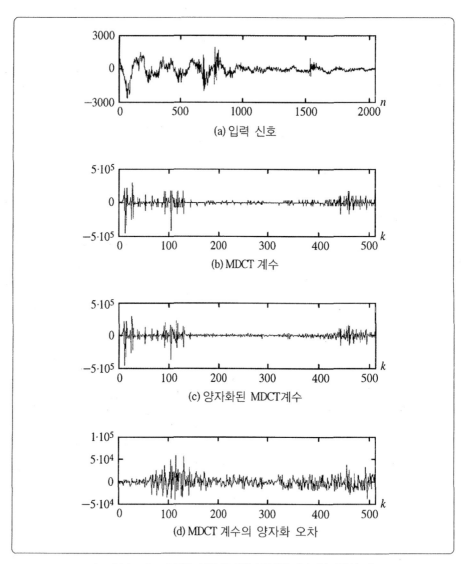

| 그림 8.5 | 오디오 신호에 대한 MDCT 계수 양자화의 예

8.2.3 스펙트로그램(spectrogram)

(1) 정의

4장과 5장에서 배운 모든 주파수 분석 도구는 전체 시간에 대한 평균적인 주파수 성질만을 주로 보여줄 뿐이다. 예로, 길이 N인 $x(n)$의 스펙트럼 $X(f)$를 구하면 $0 \leq n < N$ 구간에서의 평균적 주파수 성질을 보여주며, 만일 $0 \leq n < N$ 구간에서 시간 진행에 따라 주파수 성질이 변할 경우 이를 확인하기 어렵다. 그림 8.6이 이 문제에 대한 대표적인 예를 보여준다. 그림 8.6의 (a)와 (b)는 각각

$$x(n) = \begin{cases} \cos \dfrac{2\pi}{100} n, & 0 \leq n < 500 \\ \cos \dfrac{2\pi}{50} n, & 500 \leq n < 1000 \end{cases} \tag{8.7}$$

$$y(n) = \cos \frac{2\pi}{100} n + \cos \frac{2\pi}{50} n, \quad 0 \leq n < 1000 \tag{8.8}$$

신호이고, 분명 두 신호는 완전히 다른 주파수 성질을 가진다. 그러나 두 신호의 스펙트럼 크기를 구하면 그림 8.6(c)와 (d)가 되는데, 두 스펙트럼이 모두 $f=0.01$과 $f=0.02$ 성분을 포함하고 있다는 정보는 줄 수 있지만, (a)와 (b)에서 볼 수 있는 두 신호의 명백한 주파수 특성의 차이를 구분하지는 못한다(일반적으로 (c) 또는 (d) 스펙트럼이 주어지면 시간 영역에서 (b) 신호의 모양을 상상하는 경향이 있다). 물론 $X(f)$와 $Y(f)$의 위상이 주파수 성질의 시간적 변화를 포함하지만, 위상으로부터 이 정보를 얻는 과정이 직관적이지 못하여 널리 사용되지는 못한다.

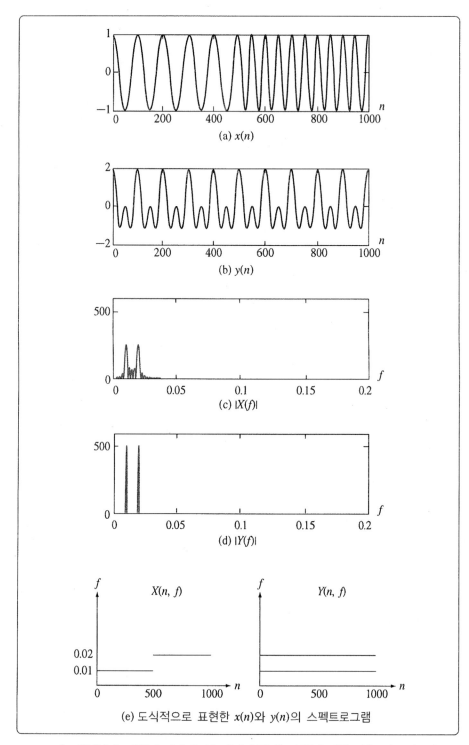

(a) x(n)

(b) y(n)

(c) |X(f)|

(d) |Y(f)|

(e) 도식적으로 표현한 x(n)와 y(n)의 스펙트로그램

| 그림 8.6 | 시간에 따라 주파수 성질이 변하는 신호에 대한 스펙트럼 분석

　따라서 시간에 따라 주파수 성질이 변하는 신호를 기존의 주파수 분석 방법으로 분석하면 정확한 특성을 구하지 못한다. 음성과 오디오 신호는 시간 진행에 따라 주파수 성분이 변하는 대표적인 신호이고, 시간에 따른 주파수 성질의 변화가 음성과 오디오 신호가 표현하려는 핵심 정보이기도 한다. 예로, 음악에서의 멜로디는 시간에 따라 기본 주파수가 변함에 따라 정의되고, 음성에서 시간에 따라 스펙트럼 포락선이 변해야 특정 언어가 표현된다. 따라서 음성과 오디오 신호에 포함된 정보를 정확히 분석하기 위하여 새로운 주파수 분석 도구가 필요하고, 이를 위하여 시간-주파수 스펙트럼, 또는 스펙트로그램(spectrogram)을 사용한다.

　스펙트로그램은 시간 진행에 따라 짧은 길이의 DFT를 반복적으로 구하여 시간 축으로 나열한 것으로서, 그림 8.7이 스펙트로그램을 구하는 과정을 간단히 보여준다. 시간 영역에서 N 샘플을 취하여 $x_1(n)$을 정의하고 N-포인트 DFT로 $X_1(k)$를 구한다. 다음, 시간 영역에서 L 샘플만큼 이동한 후 다시 N 샘플을 취하여 새로운 $x_2(n)$을 정의하고 N-포인트 DFT로 $X_2(k)$를 구한다. 이렇게 시간 영역에서 L 샘플씩 진행하면서 N-포인트 DFT를 구하고, 그 결과를 (n, k)-축을 가지는 2차원 공간에서 함수 $X(n, k)$로 표시하면 스펙트로그램이 완성되고, 3차원 그래프가 된다. 예로, 식 (8.7)과 (8.8) 신호의 스펙트로그램을 도식적으로 표현하면 그림 8.6의 (e)가 된다.

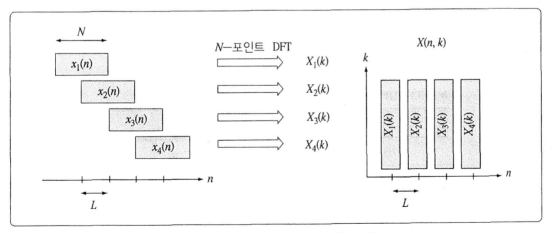

| 그림 8.7 | 스펙트로그램을 구성하는 구성도

L은 각 DFT를 구하는 시간 간격을 의미하고, 만일 $L=1$로 하면 시간 영역의 각 샘플에서 계속 새로운 주파수를 구하므로 시간 영역에서 가장 세밀하게 구한 스펙트로그램을 얻는다. N은 주파수 영역 해상도를 결정한다. DFT 이론에 따라 N이 크면 스펙트럼을 높은 해상도로 매우 정확하게 표시할 수 있다. 그러나 N이 크면 각 DFT가 긴 시간 구간에서의 평균적인 주파수 성질을 구하므로 시간 영역에서의 변화를 자세히 분석하지 못한다. 따라서 스펙트로그램에서 N값이 시간 영역과 주파수 영역의 해상도를 모두 결정하는 매우 중요한 변수이고, 주파수 영역 해상도는 N에 비례하고 시간 영역 해상도는 N에 반비례하므로 두 영역의 해상도는 서로 역 관계를 가진다.

(2) DTMF 신호 분석

스펙트로그램을 사용하여 전화 통신에 널리 사용하는 DTMF(dual-tone multi-frequency) 신호를 분석하는 예를 살펴보자. DTMF는 PSTN(public switched telephone network, 즉 일반 유선 전화망)에서 음성 채널을 통하여 디지털 정보를 전송하기 위해 사용하는 신호이다. 전화기의 자판을 누르면 표 8.1과 같이 각 자판에 할당된 주파수를 가지는 신호를 송신하며, 주파수 차이를 이용하여 디지털 정보를 전송한다. 예로, 자판 "1"을 누르면 $x(t) = A\{\cos(2\pi \times 697t) + \cos(2\pi \times 1209t)\}$ 신호가 출력되고 교환기에서 8000Hz로 샘플링 하여 수신단으로 전달하고, 수신단은 DTMF 신호를 받아 주파수 분석을 통하여 697Hz와 1209Hz 성분이 포함된 것을 확인하여 송신단이 "1"을 보낸 것을 알게 된다.

▶표 8.1　DTMF 신호의 주파수 할당

	1209Hz	1336Hz	1477Hz
697Hz	1	2	3
770Hz	4	5	6
852Hz	7	8	9
941Hz	*	0	#

통신 수신단이 그림 8.8 (a)의 DTMF 신호를 수신할 경우, 이 신호가 전달하는 정보를 구해보자. 당연히 자판은 순차적으로 입력되므로 시간 진행에 따른 주파수 분석이 반드시 필요하다. 참고로, 전체 신호에 대한 스펙트럼을 구하면 (b)이며, 5개의 주파수 성분이 나타나므로 3개 이상의 자판이 입력되었고 어떤 주파수 성분들이 포함되었는지 알 수 있다. 그러나 이로부터 언제 어느 자판이 입력되었는지는 알 수 없다. 여기서 8000Hz 샘플링 주파수를 이용하여 주파수 축을 Hz 단위의 F로 변환하여 보여준다. 각 시간 n에서 512-포인트 DFT를 구하여 스펙트로그램을 완성하면 (c)를 얻는다. 시간 영역에서 첫 800 샘플 (100msec) 동안 두 개의 주파수 성분이 지속되는 것이 보이고, 각 주파수에 해당하는 512-포인트 DFT의 k 값을 구하면 45와 78이고, 이를 주파수로 변환하면 각각 $8000/512 \times 45 = 703.125Hz$와 $8000/512 \times 78 = 1218.75Hz$이다. 이 값을 표 8.1과 비교하면 697Hz와 1209Hz에 해당하므로 이 신호는 "1"에 해당하는 것을 알 수 있다. 512-포인트 DFT의 주파수 해상도가 $8000/512 = 15.625Hz$이므로, 계산한 주파수가 표 8.1의 주파수와 정확하게 일치하지는 않으며, 가장 근접한 주파수를 찾으면 된다.

동일한 방법으로 이후의 100msec 길이의 두 구간에 대한 주파수 값을 구하면 "3"과 "0"이 전송된 것을 알 수 있다. 697Hz 성분은 "1"과 "3"에 모두 포함되므로 $0 \leq n < 1600$ 동안 계속 나타난다. 따라서 전체 시간 영역 $0 \leq n < 2400$을 기준으로 보면 697Hz 성분은 다른 4개의 주파수 성분에 비하여 더 큰 값을 가지고, (b)의 스펙트럼에서 피크값이 다른 주파수에 비하여 크게 나타난다.

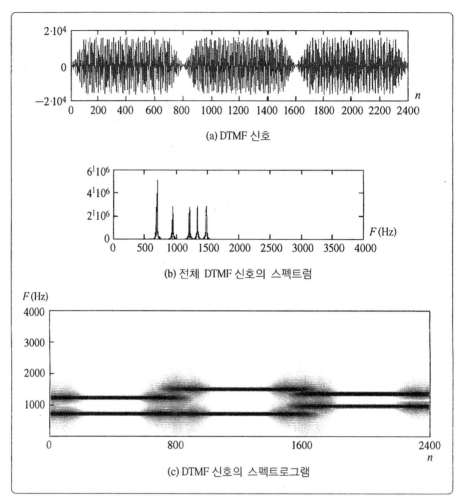

(a) DTMF 신호

(b) 전체 DTMF 신호의 스펙트럼

(c) DTMF 신호의 스펙트로그램

| 그림 8.8 | DTMF 신호의 주파수 분석 예

(3) 음악 신호 분석

음악 신호의 스펙트로그램은 음악 악보와 유사한 정보를 제공한다. 음악 악보
는 시간 진행에 따라 음 높이를 음표로 표시하고, 각 음표는 정해진 규칙에 따른
기본 주파수를 나타낸다. 음악 악보를 보면 음의 진행으로 정의되는 멜로디를 알
수 있듯이, 음악 신호의 스펙트로그램을 보면 음악 신호가 나타내는 멜로디를 구
할 수 있다.

이를 위하여 먼저 표준 12 음계에서 사용하는 각 음의 기본 주파수를 정리하
면 그림 8.9과 같다. 기본 A음(또는 기본 "라"음, 표준 88건반 피아노의 49번째

건반)의 기본 주파수를 440Hz로 맞추고, 이를 기준으로 나머지 모든 음의 기본 주파수를 정한다. 기본 주파수 2배 차이를 가지는 두 음의 간격을 옥타브 (octave)라 하고, 옥타브 관계의 두 음은 같은 음 이름을 가진다. 한 옥타브 간격을 일정한 지수 비율로 12 등분하여 12개의 반음을 정의하고, 그에 따라 한 음의 기본 주파수가 F_1일 때, 반음 위 음의 기본 주파수는 $F_1 \times 2^{1/12}$이다. 예로 기본 A 보다 반음 높은 A#은 $440 \times 2^{1/12} = 466.16$Hz, 한 음 높은 B는 $440 \times 2^{2/12} = 493.88$Hz, 기본 A보다 한 옥타브 높은 A는 $440 \times 2 = 880$Hz의 기본 주파수를 가진다.

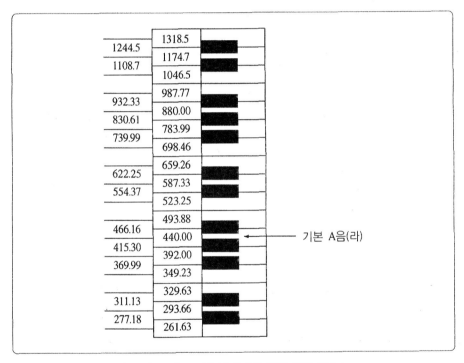

| 그림 8.9 | 표준 12 음계의 음별 기본 주파수

음악 신호의 스펙트로그램 분석을 통하여 멜로디를 구하는 예를 살펴보자. 그림 8.10의 (a)는 피아노 연주 소리를 녹음한 파형을 8000Hz로 샘플링한 신호를 보여준다. 피아노는 건반을 누르는 동작으로 해머로 현을 때려 소리를 만들고, 건반을 누르고 있는 상태에서는 추가적으로 현을 때리는 동작 없이 음이 지속된다. 따라서 피아노 신호는 건반을 누르는 순간에 파형이 크고 그 이후에는 파형

크기가 점차 감소하여 8.10의 (a)와 같은 모양의 파형을 가진다. 8.10의 (a)의 음을 분석하기 위하여 각 시간 n에서 512-포인트 DFT를 구하여 스펙트로그램을 완성하면 (b)를 얻는다. 여기서 8000Hz 샘플링 주파수를 이용하여 주파수 축을 F로 변환하여 보여준다. 첫 번째 음 구간(약 0.5초)에 일정한 패턴이 계속되는데, 주기 신호는 기본 주파수 F_0의 정수배 위치에 주파수 성분을 가지므로 화살표 위치가 기본 주파수 F_0이고 그 위로 일정한 간격마다 큰 값이 나타난다. 512-포인트 DFT의 k축에서 화살표에 해당하는 값을 찾으면 $k=36$이고, 이를 F축으로 다시 변환하면 $F = \dfrac{8000}{512}k$로부터 562.5Hz이고, 그림 8.8로부터 첫 음은 "도#"이다. DTMF 예에서와 같이 신호의 기본 주파수를 계산하고 표준 음계에서 가장 근접한 주파수를 찾으면 된다.

두 번째 음 구간의 스펙트로그램은 앞 구간에 비하여 복잡한 형태를 가진다. 첫 번째 음 구간의 스펙트럼 패턴이 두 번째 음 구간에서 완전히 사라지지 않고 계속 나타나는데, 이는 첫 건반을 누른 채 두 번째 건반을 눌러 두 음이 동시에 나타나기 때문이다. 물론, 첫 음의 에너지가 많이 감소한 이후이므로 두 번째 건반에 대한 특징이 더 뚜렷하게 보인다. 따라서 두 번째 음 구간에서의 기본 주파수는 스펙트로그램에서 보이는 가장 낮은 주파수 성분이 아니라, 그림에 화살표로 표시한 위치이다. 이는 $k=60$에 해당하고 주파수는 937.5Hz이므로 두 번째 음은 "라#"이다.

세 번째 음 구간에서도 이전 두 음의 영향이 계속 진행되는 것이 보이고, 세 번째 음의 기존 주파수는 화살표로 표시한 위치이다. 이는 $k=45$에 해당하고 주파수는 703.125Hz이므로 세 번째 음은 "파"이다. 마지막으로, 스펙트로그램에서 각 음의 시간 간격이 일정한 것을 볼 수 있으며, 따라서 이 신호가 나타내는 멜로디는 일정한 박자를 가지는 세 음 "도#-라#-파"이다.

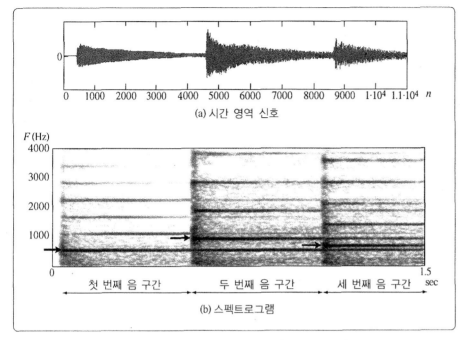

(a) 시간 영역 신호

(b) 스펙트로그램

| 그림 8.10 |　피아노로 연주한 음악 신호의 예

⑧.3 영상 신호 처리

8.2절에서는 음성 및 오디오 신호 처리 등 주로 1차원 신호의 처리에 대한 예를 중점적으로 다루었다. 실제 디지털 신호 처리의 대표적인 응용 분야로 음성 및 오디오 신호 처리와 함께 영상 신호 처리(image signal processing)가 중요한 위치를 차지한다. 음성 신호가 시간 축에서 1차원 신호로 표현되는 것과 달리, 영상 신호는 공간 축에서 2차원 신호로 표현된다. 그리고 이 영상 신호를 시간 축으로 확장하는 것이 비디오 신호(video signal)라고 말할 수 있다. 시공간 축에서 정의되는 아날로그 신호를 디지털 영상 혹은 비디오로 바꾸는 과정은 1차원 신호에서 사용했던 샘플링 이론을 그대로 적용할 수 있다. 즉, FIR 필터와 IIR 필터의 경우도 1차원 필터에서 2차원 필터로 확장하여 적용하면 된다.

영상 및 비디오에 대한 신호 처리는 많은 분야에서 사용되고 있다. 넓은 의미에서의 영상 처리는 좁은 의미의 저수준 영상 처리, 중수준 영상 처리, 고수준 영

상 처리로 나눌 수 있다. 저수준 영상 처리는 디지털 영상을 입력받아, 이를 처리하여 새로운 디지털 영상을 생성하는 경우이다. 예를 들어, 영상의 잡음 제거, 화질 개선, 영상 복원과 같은 것이 있다. 중수준의 영상 처리는 영상을 입력받아 특징 값을 추출하는 것으로, 영상으로부터 지문 인식, 얼굴 인식 혹은 물체 인식과 같은 응용 예를 말한다. 이러한 중수준의 영상 처리는 컴퓨터 비전, 패턴 인식 혹은 머신 비전이라는 용어로도 함께 쓰일 수 있다. 넓은 의미에서 비디오 압축도 중수준 영상 처리라 볼 수 있다. 비디오 압축은 입력 영상으로부터 움직임 벡터나 예측 모드 등의 특징 값들을 추출하고 이러한 특징 값을 이용하여 원래의 영상에 가깝도록 복원이 가능한 특징이 있기 때문이다. 고수준의 영상 처리는 입력 영상으로부터 인간이 이해하는 수준에 근접하는 의미적 해석이 가능한 경우를 말한다. 실제로 영상 처리가 아닌 인공 지능 분야로 이야기되기도 한다. 이러한 영상 처리의 응용 예는 매우 다양하며 계속적으로 발전하고 있다. 여기서는 영상 처리의 기본적인 기술로써, 2D 영상 필터링에 대하여 간략하게 설명하고, 2D DCT와 이를 이용한 영상 압축을 소개한다. 마지막으로, 신호 변환에 근거한 패턴 인식 응용 예인 얼굴 인식에 대하여 소개한다.

8.3.1 영상 신호의 2차원 표현

영상 신호는 기본적으로 직교 좌표계의 2차원 공간 축에서 표현되는데, 디지털 영상 신호의 경우 (x, y)로 각 화소(pixel)의 위치를 표현하고 $f(x, y)$로 해당 위치의 밝기 값을 표현하는 것이 가장 일반적이다. 그림 8.11은 왼쪽 상단을 원점으로 한 2차원 공간 축에서 각 화소의 밝기 값을 표현하는 개념을 나타낸 것으로, 각각의 위치에 해당하는 밝기 값들을 할당함으로써 영상을 표현할 수 있다. 영상을 표현하는 장치들은 대부분 이와 같은 공간 축을 사용한다.

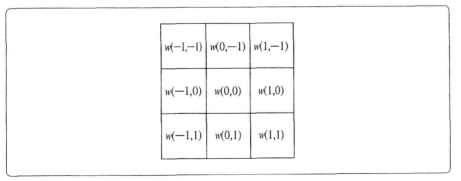

| 그림 8.11 | 영상 신호를 표현하는 2차원 공간 축

8.3.2 2차원 영상 필터링

신호를 필터링(filtering)하는 목적은 주어진 신호에서 특정 신호만을 추출하는 것이다. 영상 신호의 경우 영상의 취득 및 전송을 포함한 여러 가지 처리 과정에서 의도하지 않은 신호(일반적으로 잡음)가 부가적으로 발생할 수 있는데, 이런 경우 영상 필터링을 통해 이를 제거할 수 있다. 또한 영상 필터링은 잡음을 제거하는 목적뿐만 아니라 사용자가 원하는 영상을 제공해주는 기능도 수행할 수 있다. 예를 들어, 사용자가 선명한 영상을 원하거나 부드러운 영상을 원할 경우, 주어진 영상에서 특정 주파수의 성분만을 추출하는 영상 필터링의 적용을 통하여 원하는 영상을 얻을 수 있다.

$w(-1,-1)$	$w(0,-1)$	$w(1,-1)$
$w(-1,0)$	$w(0,0)$	$w(1,0)$
$w(-1,1)$	$w(0,1)$	$w(1,1)$

| 그림 8.12 | 3×3 영상 필터의 마스크 구조

영상 필터링에 있어서, 제거하고자 하는 신호의 특성에 따라 필터의 종류가 달라지는데, 필터의 특성을 결정하는 것을 마스크(mask)라고 부른다. 그림 8.12는 3×3 크기의 마스크 구조를 나타낸 것으로, $f(x, y)$ 화소에 그림 8.12의 마스크를 적용하여 얻게 되는 출력 신호 $f'(x, y)$는 식 (8.9)와 같다.

$$
\begin{aligned}
f'(x, y) = {}& w(-1, -1) \times f(x-1, y-1) + w(0, -1) \times f(x, y-1) \\
& + w(1, -1) \times f(x+1, y-1) + w(-1, 0) \times f(x-1, y) \\
& + w(0, 0) \times f(x, y) + w(1, 0) \times f(x+1, y) \\
& + w(-1, 1) \times f(x-1, y+1) + w(0, 1) \times f(x, y+1) \\
& + w(1, 1) \times f(x+1, y+1)
\end{aligned}
\tag{8.9}
$$

식 (8.9)에서 확인할 수 있듯이, 필터의 특성은 마스크의 가중치들에 의해 결정된다. 가장 기본적인 영상 필터로 저역 통과 필터와 고역 통과 필터를 들 수 있다. 저역 통과 필터는 주어진 영상 신호에서 특정 주파수 이하의 신호 성분만을 통과시켜, 이전 신호에 포함되어 있던 고주파 성분을 제거하는데 사용한다. 이러한 필터를 사용할 경우, 고주파 특성의 잡음을 제거하기 때문에 영상을 뭉그러뜨리는(blurring) 결과를 얻게 된다. 공간 축에서의 마스크 연산은 이전 장에서 배운 시간 축 필터링과 유사하다. 일반적으로 영상 처리에서는 특히 수평 및 수직 대칭 필터가 많이 사용되고 있다.

$\frac{1}{9}$	$\frac{1}{9}$	$\frac{1}{9}$		$\frac{1}{16}$	$\frac{2}{16}$	$\frac{1}{16}$		$\frac{2}{25}$	$\frac{3}{25}$	$\frac{2}{25}$
$\frac{1}{9}$	$\frac{1}{9}$	$\frac{1}{9}$		$\frac{2}{16}$	$\frac{4}{16}$	$\frac{2}{16}$		$\frac{3}{25}$	$\frac{5}{25}$	$\frac{3}{25}$
$\frac{1}{9}$	$\frac{1}{9}$	$\frac{1}{9}$		$\frac{1}{16}$	$\frac{2}{16}$	$\frac{1}{16}$		$\frac{2}{25}$	$\frac{3}{25}$	$\frac{2}{25}$
(a)				(b)				(c)		

| 그림 8.13 | 3×3 저역 통과 필터 마스크의 예

그림 8.13 (a)는 가장 간단한 저역 통과 필터로, 주변 8개 화소와 현재 화소의 밝기 값의 평균을 계산하여 현재 화소의 밝기 값으로 사용한다. 그림 8.13 (b), (c) 에 보인 필터는 8.13 (a)의 필터를 조금 변형한 것으로, 자신과 주변 화소와의 평균을 낼 때, 가중치를 조금 달리하는 필터들이다. 이렇게 필터 계수의 변경에 따라, 주파수 측면에서는 통과 대역, 저지 대역 등의 필터 특성이 변경된다.

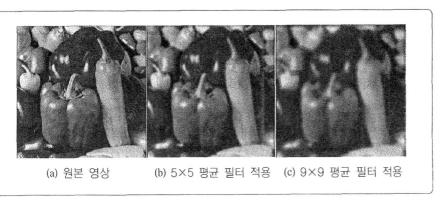

| (a) 원본 영상 | (b) 5×5 평균 필터 적용 | (c) 9×9 평균 필터 적용 |

| 그림 8.14 | 저역 통과 필터 마스크를 적용한 영상

그림 8.14는 그림 8.13과 유사한 형태의 평균 필터(mean filter)를 적용할 때, 마스크의 크기에 따른 결과를 보여준다. 그림 8.14 (b)는 원본 영상인 그림 8.14 (a)에 5×5 크기의 평균 필터를 적용한 결과 영상이고, 8.14 (c)는 9×9 크기의 필터를 적용한 결과이다. 마스크의 크기가 커짐에 따라 고주파 성분이 더 많이 제거되어 영상의 뭉그러짐이 심해지는 결과를 볼 수 있다.

고역 통과 필터는 주어진 영상 신호에서 특정 주파수 이상의 신호 성분만을 통과시켜, 원 신호에 포함되어 있던 저주파 성분을 제거하는 데 사용한다. 이러한 필터를 사용하게 되면 영상의 고주파 성분만을 추출할 수 있다.

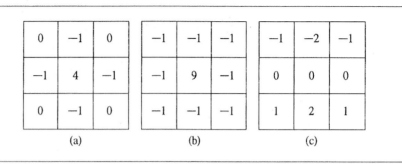

0	−1	0		−1	−1	−1		−1	−2	−1
−1	4	−1		−1	9	−1		0	0	0
0	−1	0		−1	−1	−1		1	2	1
	(a)				(b)				(c)	

┃ 그림 8.15 ┃ 3×3 고역 통과 필터마스크의 예

그림 8.15는 고역 통과 필터의 간단한 예로, 그림 8.15 (a)는 해당 화소 밝기 값의 네 배 크기에서 이웃한 주변 네 개 화소의 밝기 값을 뺀 것으로, 이럴 경우 필터링 결과에서 가로, 세로 방향의 경계(edge)를 확인할 수 있다. 그림 8.15 (b)는 주변 8개 화소의 밝기 값을 이용하는 것으로, 필터링 결과에서 기존 영상에서는 눈에 잘 보이지 않는 자세한 부분을 확인할 수 있다. 그림 8.15 (c)는 가로 방향의 경계를 검출할 수 있는데, 마스크를 90° 회전하면 세로 방향의 경계를 검출할 수 있다.

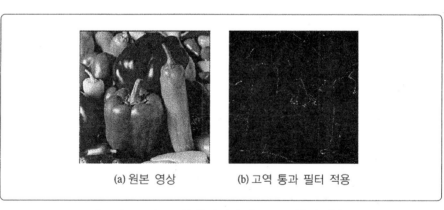

(a) 원본 영상   (b) 고역 통과 필터 적용

┃ 그림 8.16 ┃ 고역 통과 필터 마스크를 적용한 영상

그림 8.16은 고역 통과 필터 마스크를 설명하기 위한 것으로, 그림 8.16 (a)의 원본 영상에 그림 8.15 (a)의 필터를 적용한 것으로 원본 영상에서의 경계가 표현된 것을 확인할 수 있다.

고역 통과 필터 중 가장 많이 사용되는 Sobel 마스크에 대해 알아보고, 이를 통해 영상의 경계를 구해보자. Sobel 연산은 식 (8.10)을 이용하여 구할 수 있다.

$$G_y(x,y) = \begin{pmatrix} 1 & 2 & 1 \\ 0 & 0 & 0 \\ -1 & -2 & -1 \end{pmatrix} * A(x,y), \quad G_x(x,y) = \begin{pmatrix} 1 & 0 & -1 \\ 2 & 0 & -2 \\ 1 & 0 & -1 \end{pmatrix} * A(x,y) \quad (8.10)$$

$$G(x,y) = \sqrt{G_x(x,y)^2 + G_y(x,y)^2}$$

$$A(x,y) = \begin{pmatrix} f(x-1,y-1) & f(x,y-1) & f(x+1,y-1) \\ f(x-1,y) & f(x,y) & f(x+1,y) \\ f(x-1,y+1) & f(x,y+1) & f(x+1,y+1) \end{pmatrix}$$

여기서, ' $*$ '는 2D 컨볼루션을 나타낸다. $A(x, y)$는 (x, y)를 포함한 주변 8픽셀의 밝기 값이고, Sobel 연산의 최종 결과는 $G(x, y)$이다. Sobel 마스크를 적용한 후, 영상의 경계는 $G(x, y) > Th$인 경우 (x, y)를 경계 영역으로 판단할 수 있는데, 즉 임계치(Th)의 변화에 따라 검출되는 경계의 차이를 살펴볼 수 있다.

(a) 원본 영상

1	2	1
0	0	0
-1	-2	-1

(b) 가로 방향 Sobel 마스크　(c) 원본 영상에 '(d)' 마스크 적용 결과

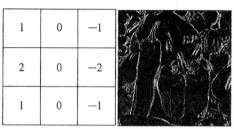

1	0	−1
2	0	−2
1	0	−1

(d) 세로 방향 Sobel 마스크 (e) 원본 영상에 '(d)' 마스크 적용 결과

| 그림 8.17 | Sobel 마스크와 필터링 후 결과 영상

8.3.3 영상 신호에 대한 2차원 DCT 변환

지금까지 2차원 영상 신호에 대한 표현과 필터링 과정에 대해서 공간 영역에서 처리하는 방법을 배웠다. 이 절에서는 영상 신호를 변환하여 주파수 영역에서 표현하는 방법에 대하여 알아보자.

영상을 주파수 신호로 변환하는 방법으로는 앞에서 배웠던 이산 푸리에 변환(DFT)과 같은 변환이 사용될 수 있다. 하지만 영상 신호에는 복소수가 포함되어 있지 않기 때문에 복소수 기저(basis)를 사용할 필요가 없으며, 영상 신호와 같이 입력 값의 상관도가 높을 때에는 이산 여현 변환(DCT)이 영상 표현에 효과적인 것으로 알려져 있다. 이에 영상 처리와 관련된 많은 기술들이 주파수 변환을 위해 DCT를 널리 사용하고 있다. 다음 절에 소개할 JPEG과 같은 정지 영상의 압축 표준과 MPEG과 같은 비디오 압축 표준에서 대부분 DCT를 채택하여 사용하고 있다.

앞에서 배운 음성 신호와 같은 1차원 신호에 대해서는 1차원 DCT(또는 MDCT라 불리는 변형된 DCT를 사용한다.)를 사용하며, 영상 신호와 같은 2차원 신호에 대해서는 2차원 DCT를 사용한다. 식 (8.11)은 $N \times N$ 2차원 신호에 대한 DCT 식을 보여준다.

$$X(i, j) = \alpha(i)\alpha(j) \sum_{m=0}^{N-1} \sum_{n=0}^{N-1} x(m, n) \cos\left[\frac{\pi}{N}\left(m + \frac{1}{2}\right)i\right] \cos\left[\frac{\pi}{N}\left(n + \frac{1}{2}\right)j\right] \quad (8.11)$$

$$\alpha(k) = \begin{cases} \sqrt{\dfrac{1}{N}}, & k = 0 \\ \sqrt{\dfrac{2}{N}}, & \text{다른 경우} \end{cases}$$

여기서, $x(m, n)$은 입력 영상 신호, $X(i, j)$는 DCT를 수행한 결과 계수 값을 의미한다. $\alpha(k)$는 공간 영역의 신호와 주파수 영역의 신호에 대해 에너지 관점에서 동일해지도록 하는 상수항이다. 경우에 따라, 이 상수항은 DCT 정의식에 포함되기도 하고, 그 상수의 제곱근 값을 DCT 정의식과 역 DCT 정의식에 나누어 넣기도 한다. 즉, DCT 수식은 식 (8.11)과 다른 형태로도 정의가 가능하다.

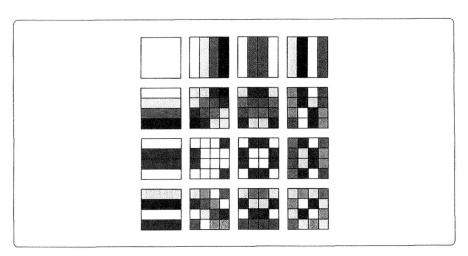

| 그림 8.18 | 4×4 2차원 DCT 기저

그림 8.18에서는 4×4 크기의 2차원 DCT 기저 모양을 보여준다. 여기서 기저의 모양은 2차원 DCT의 각 계수 위치에 대해서 식 (8.11)에 의해서 생겨나는 코사인 함수의 주파수 모양을 나타내는 것이다. 즉, (0, 0) 위치의 기저는 주파수의 변화가 없는 DC를 나타내고, (0, 1)~(0, 3)까지의 기저들은 수평 방향으로만 주파수가 변하며, 수직 방향으로는 주파수가 변하지 않는다는 것을 의미한다. 우리가 DCT를 수행하여 얻은 계수 값은 이 기저의 모양이 입력 영상에 얼마나 포함되어 있는지를 수치적으로 나타내는 것이다. 다시 말해 입력 영상과 각 계수 위치에 있는 기저 함수와의 내적 연산을 수행한 값이 그 위치에 해당하는 DCT 계

수 값이 되는 것이다.

일반적으로 2차원 DCT는 1차원 DCT의 쌍으로 분리 가능한 특징을 가지고 있다. 즉, 2차원 DCT 결과를 얻기 위하여, 대상 블록에 대하여 수평 방향으로 먼저 1차원 DCT를 수행한다. 그리고 그 결과에 대해서 다시 수직 방향으로 DCT를 수행하는 것이다. 1차원 DCT 식은 식 (8.12)와 같다.

$$X(i) = \alpha(i) \sum_{m=0}^{N-1} x(m) \cos\left[\frac{\pi}{N}\left(m + \frac{1}{2}\right)i\right] \qquad (8.12)$$

$$\alpha(i) = \begin{cases} \sqrt{\dfrac{1}{N}}, & i = 0 \\ \sqrt{\dfrac{2}{N}}, & \text{다른 경우} \end{cases}$$

2차원 DCT를 1차원 DCT로 분리하여 계산할 경우에 계산량을 크게 줄일 수 있다. $N \times N$ 크기의 2차원 신호에서 2차원 DCT를 사용할 경우에 곱셈의 개수를 알아보자. 식 (8.11)에서 보면, 하나의 계수 값을 얻기 위해서 N^2개만큼의 곱셈이 필요한 것을 볼 수 있다. 그리고 이러한 계산을 $N \times N$ 블록의 모든 계수 값에 대하여 계산해야 한다. 따라서 2차원 DCT의 경우에는 N^4개만큼의 곱셈이 필요하다. 반면, 1차원 DCT를 사용할 경우에는 하나의 계수 값을 얻기 위해서 N개의 곱셈이 필요하며, $N \times N$ 블록의 모든 계수 값에 대하여 계산하기 위해서 전체적으로 N^3개만큼의 곱셈이 필요하다. 이러한 과정을 수평 방향과 수직 방향으로 한 번씩 수행해야 하기 때문에 결론적으로 $2N^3$개의 곱셈 연산이 필요하다. 영상의 크기와 N의 크기가 커짐에 따라 이러한 연산량은 큰 차이를 보일 것이다.

8.3.4 영상 신호의 압축

이제 앞 절에서 배운 영상 신호 처리 기술을 바탕으로 동영상이나 정지 영상에 대한 압축 기술에 대하여 알아보자. 일반적으로 카메라로부터 취득된 미가공(raw)의 2차원 영상 신호를 표현하기 위해서는 많은 데이터량이 요구되기 때문에, 영상에 대한 저장 및 전송을 위해서는 영상에 대한 압축이 필요하다. 이에 과거 수십 년 동안 국제 표준화 단체인 ISO/IEC와 ITU-T에서는 MPEG-1, MPEG-2, MPEG-4, H.261, H.263, H.264/AVC 등과 같은 동영상 표준을 제정하였고, JPEG 계열과 JBIG 등과 같은 정지 영상에 대한 표준도 제정하였다. 이 절에서는 2차원 영상에 대한 많은 압축 기술들 중에 가장 기본이 되는 JPEG 압축 기술에 대하여 자세히 알아보자.

JPEG은 "Joint Photographic Experts Group"의 약어로 ISO/IEC 산하의 작업 그룹 이름에서 유래된 것이다. JPEG 표준은 1990년대 초에 표준화가 완료되었고, 이후 무손실 정지 영상 압축을 위한 JPEG-LS와 웨이블릿 기반으로 압축률을 많이 향상시킨 JPEG-2000 등의 표준들이 추가적으로 제정되었다. 그림 8.19는 기본적인 JPEG 표준 알고리즘의 흐름을 보여준다.

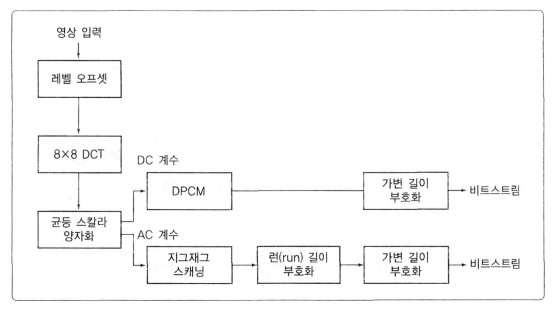

| 그림 8.19 | JPEG 표준 압축 블럭도

JPEG 표준에서는 입력 영상으로 YCbCr 포맷을 사용한다. 일반적으로 카메라 입력 영상은 빨강(R, Red), 초록(G, Green), 파랑(B, Blue)으로 이루어져 있다. RGB로 표현되는 각 픽셀의 컬러 정보는 이를 한 픽셀의 전체 밝기 값과 색차 성분(각 색 성분 세 개의 크기와 전체 밝기 값과의 차)으로 표현할 수도 있는데, 이러한 방식으로 컬러 영상을 저장하는 것이 YCbCr 포맷이다. RGB 값으로

부터 YCbCr로 변환하는 방법은 다양하나, 그 중 대표적으로 식 (8.13)과 같이 나타낼 수 있다.

$$Y = 0.3R + 0.6G + 0.1B$$

$$Cb = \frac{B - Y}{2} + 0.5 \qquad\qquad (8.13)$$

$$Cr = \frac{R - Y}{1.6} + 0.5$$

YCbCr로 영상을 변환과 함께, YCbCr 4:2:0 포맷 변환이 널리 사용된다. 이 4:2:0 포맷은 영상의 밝기 정보에 해당하는 Y 신호는 모든 픽셀에 대해 그대로 사용하고, 색차 성분인 Cb와 Cr 신호는 수평 수직 방향으로 1/2 다운 샘플링하여 절반의 크기만을 사용하는 방법이다. 이는 사람의 눈이 영상의 밝기 값에 민감하고 색차 신호에 대한 차이를 잘 느끼지 못한다는 특성을 이용한 것으로 영상 표현에 사용하는 데이터의 양을 절반으로 줄일 수 있다. 그림 8.20은 YCbCr 4:4:4 포맷에서 YCbCr 4:2:0 포맷으로 바꾸는 방법을 보여준다.

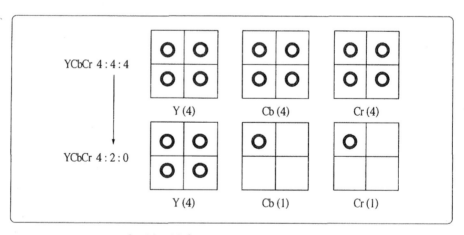

| 그림 8.20 | YCbCr 4:2:0 다운 샘플링

지금부터 JPEG 표준의 기본 알고리즘에 대하여 자세히 살펴보자. 그림 8.19와 같이 JPEG 표준에서는 입력 영상에 대해서 가장 먼저 레벨 오프셋을 적용한다. 이것은 입력 영상에서 DC 오프셋 값을 제거하기 위함이며, 입력 영상의 각

픽셀값에 대하여 128을 빼면 된다.

레벨 오프셋을 수행한 이후에는 영상을 주파수 영역으로 변환한다. 일반적으로 한 영상 내의 인접한 화소 값들은 공간적인 상관도가 매우 높기 때문에 주파수 변환을 수행했을 경우, 저주파로 신호 성분이 집중된다고 알려져 있다. 실제로 표준화되어 있는 거의 모든 압축 표준들은 주파수 변환을 수행하여 부호화를 하고 있다. JPEG 표준에서는 가장 대표적인 주파수 변환 방법인 DCT를 사용하고 있다. 연산의 복잡도를 고려하여 영상을 8×8 블록 단위로 분할하고, 각 8×8 블록에 대해서 DCT를 적용한다. DCT 수식은 식 (8.14)와 같다. 이는 식 (8.11)의 N_1, N_2에 8을 적용한 것과 같다.

$$X(i, j) = \alpha(i)\alpha(j) \sum_{m=0}^{7} \sum_{n=0}^{7} x(m,n) \cos\left[\frac{\pi}{8}\left(m + \frac{1}{2}i\right)\right] \cos\left[\frac{\pi}{8}\left(n + \frac{1}{2}\right)j\right] \quad (8.14)$$

$$\alpha(k) = \begin{cases} \sqrt{\dfrac{1}{8}}, & k = 0 \\ \sqrt{\dfrac{2}{8}}, & \text{다른 경우} \end{cases}$$

영상을 DCT 공간으로 표현한다는 것은 입력 영상을 각각의 주파수 성분별로 나누는 것을 의미한다. DCT 평면에서 좌측 상단으로 갈수록 저주파이며, 우측 하단으로 갈수록 고주파 성분이 된다. DCT를 통해 주파수 성분으로 분리된 영상 신호는 사람의 인지 특성에 근거하여 고주파 성분의 신호를 줄이는 양자화 과정을 거치게 된다. 일반적으로 사람의 눈으로 봤을 때, 8×8 크기의 블록은 아주 작은 영역에 해당된다. 또한 이 정도 크기의 블록 안에서는 고주파 성분이 나타나는 경우가 드물고, 고주파가 발생하는 경우에도 사람의 눈이 지닌 저대역 통과 필터의 성질 때문에 눈으로 봤을 때 인지하지 못하는 경우가 대부분이다. 이러한 양자화 과정을 거치게 되면 대부분의 경우 고주파 성분은 0으로 양자화 되며, 이로써 압축 효율을 얻을 수 있게 된다. 즉, 실제적인 압축의 효과는 양자화 과정에 의해서 발생하는 것이다. JPEG 표준에서는 6장에서 배웠던 균등 양자화기를 사용하며, 각 픽셀 위치마다 양자화하는 값이 정해져 있다. 그림 8.21은 JPEG 표준에서 사용하는 양자화 행렬을 보여준다. 그림 8.21 (a)는 휘도 성분에 대한 양자화 행렬이고, 그림 8.21 (b)는 색차 성분에 대한 양자화 행렬이다.

16	11	10	16	24	40	51	61
12	12	14	19	26	58	60	55
14	13	16	24	40	57	69	56
14	17	22	29	51	87	80	62
18	22	37	56	68	109	103	77
24	35	55	64	81	104	113	92
49	64	78	87	103	121	120	101
72	92	95	98	112	100	103	99

(a) 휘도 성분

17	18	24	47	99	99	99	99
18	21	26	66	99	99	99	99
24	26	56	99	99	99	99	99
47	66	99	99	99	99	99	99
99	99	99	99	99	99	99	99
99	99	99	99	99	99	99	99
99	99	99	99	99	99	99	99
99	99	99	99	99	99	99	99

(b) 색차 성분

| 그림 8.21 | JPEG 표준의 양자화 행렬

양자화를 거친 DCT 영역에서 고주파 영역의 신호들은 양자화 과정을 거치면서 대부분 0 또는 0에 가까운 값을 가지게 되며, 영상의 주요 정보를 포함하고 있는 저주파 영역의 신호 들은 여전히 값을 유지하게 된다. 이러한 특성을 이용하여 엔트로피 부호화를 위한 신호를 추출하는 과정에서 신호의 추출 순서를 그림 8.22와 같이, 좌측 상단에서부터 우측 하단으로 내려가는 방향으로 스캐닝하게 된다. 이러한 스캔 방법을 지그재그 스캔이라 한다.

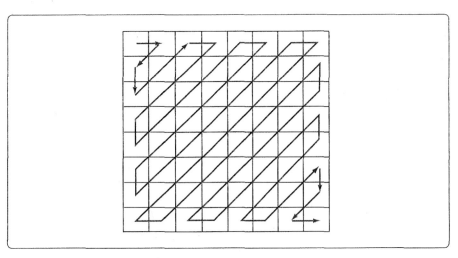

| 그림 8.22 | 지그재그 스캐닝 순서

JPEG 표준에서 DC 계수는 특별히 DPCM(difference pulse code modulation) 방법을 사용하여 부호화된다. 즉, 이전 블록의 DC 값과의 차이만을 부호화하게 된다. JPEG 표준에서 DC 계수에 대해 정의한 가변 길이 부호화 테이블을 사용하며, 휘도 성분과 색차 성분에 대해서 서로 다른 테이블이 정의되어 있다. AC 계수에 대해서는 지그재그 스캐닝 이후에 런(run) 길이 부호화를 수행한다. 런 길이 부호화는 지그재그 스캐닝된 계수들 중에 0이 아닌 계수들에 대하여 그 계수 값 이전에 존재하는 0의 개수와 함께 쌍을 이루어서 부호화를 하는 것이다. 예를 들어, 8×8 블록에 대하여 DCT를 수행하고 양자화한 후의 값이 그림 8.23과 같다고 하자.

30	25	-12	4	8	-5	2	0
-23	-11	5	2	1	0	0	0
-10	-7	3	-1	1	0	0	0
-3	0	0	1	0	0	0	0
0	0	0	0	0	0	0	0
0	0	0	0	0	0	0	0
0	0	0	0	0	0	0	0
0	0	0	0	0	0	0	0

| 그림 8.23 | 양자화 이후의 계수 값에 대한 예

여기서 DC인 30을 제외하고, AC 계수들에 대하여 지그재그 스캐닝하여 1차원 형태로 쓰면 다음과 같이 쓸 수 있다. 여기서 EOB(end of block)는 블록의 끝을 나타내며, 이후의 모든 계수는 0임을 의미한다.

[25, -23, -10, -11, -12, 4, 5, -7, -3, 0, 0, 3, 2, 8, -5, 1, -1, 0, 0, 0, 0, 0, 0, 1, 1, 0, 2, EOB]

이와 같은 AC 계수에 대하여 런 길이 부호화를 위한 계수 쌍은 다음과 같이 쓸 수 있다.

(0, 25), (0, −23), (0, −10), (0, −11), (0, −12), (0, 4), (0, 5), (0, −7), (0, −3), (2, 3), (0, 2), (0, 8), (0, −5), (0, 1), (0, −1), (6, 1), (0, 1), (1, 2), EOB

런 길이 부호화에 의해서 만들어진 계수 쌍은 JPEG 표준화에 AC 계수를 위해 정의된 가변 길이 부호화 테이블을 이용한다.

DC와 AC 계수에 대한 엔트로피 부호화 과정이 모두 수행되면 8×8 블록하나에 대한 부호화가 완료되는 것이다. 이 과정을 영상 전체에 대하여 반복하면 JPEG 부호화가 완료되게 된다. 최종 비트스트림은 그림 8.24와 같이 영상 해상도, 캡쳐 시간, 카메라 수, 움직임 등과 같은 영상 정보와 양자화 테이블, 허프만 테이블과 같은 부호화 정보를 포함하고 있는 헤더와 결합하여 최종 비트스트림을 생성한다. JPEG 영상 압축 파일로부터의 영상 복원은 영상 부호화 과정을 역으로 수행하면 된다.

| 그림 8.24 | JPEG 파일 형식

JPEG 기술은 정지 영상 압축을 위한 방법으로, 이를 바탕으로 동영상 압축 기법 들이 개발되었다. JPEG 영상 처리를 변환 부호화 및 엔트로피 부호화로 볼 수 있다면, 동영상 압축은 예측 변환 부호화 및 엔트로피 부호화로 구성되어 있다. 즉, 영상 부호화 전에 입력 영상을 영상 내 또는 영상 간 예측을 통하여 잔차 영상을 구하고, 이를 주파수 변환한 후 양자화하는 방법을 사용한다. 마지막으로 양자화된 정보를 엔트로피 부호화하여 비트스트림으로 만들게 된다.

8.3.5 영상 신호 처리를 통한 얼굴 인식

이번 절에서는 영상 신호로 표현된 얼굴 영상을 통해 사람을 인식하는 방법에 대해 공부해 보도록 하자. 2D 영상 신호 처리의 큰 응용 분야 중 하나는 패턴 인식이다. 문자 인식, 자동차 번호판 인식이 전통적인 패턴 인식의 연구 분야인데, 최근 가장 각광받고 있는 것이 얼굴 인식이다. 얼굴 인식은 영상 취득에 사용하는 카메라의 성능이나, 얼굴과 카메라 사이의 거리 등의 조건에 따라 인식률이 달라질 가능성이 있고, 얼굴의 각도나 표정, 안경이나 화장 등의 외관 변형에 따른 결과의 안정성에 약점이 있다. 이러한 조건에 따른 변화를 최소화하여 얼굴인식 결과의 정확성과 안정성을 확보하려는 노력이 활발하게 이루어지고 있고, 최근 수행되는 얼굴 인식 분야의 연구들은 대부분 이러한 단점을 보완하는 목적으로 이루어진다.

먼저 얼굴 인식이 이루어지는 시스템과 인식 수행 과정을 각 단계별로 알아보고, 후반부에서 대표적인 얼굴 인식 알고리즘에 대해서 자세히 공부해보자. 얼굴 인식 시스템의 구성은 크게 영상 취득, 전처리 과정, 얼굴 검출, 얼굴 표준화, 얼굴 인식으로 이루어져 있고, 언급된 순서로 동작하는 것이 일반적이다. 그림 8.25는 이러한 과정을 순서대로 보여준다.

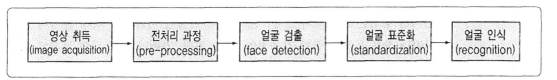

| 그림 8.25 |　얼굴 인식 시스템 구성 및 시스템 동작 순서

영상 취득은 카메라로부터 피검출자의 얼굴을 포함하는 영상을 얻는 과정이다. 기대하는 수준의 인식 결과를 얻기 위해 카메라와 얼굴 간의 거리를 일정한 범위 내로 한정짓는 것이 도움이 되며, 카메라의 초점을 적당히 조절하는 것이 중요하다. 그림 8.26에서 카메라를 통해 사람의 얼굴을 포함하는 영상을 취득하는 상황을 도식화하였다. 취득 시간이나 장소의 변화 혹은 조명 조건 등의 환경적인 영향과 피실험자와 카메라와의 거리나 상대적 각도 등에 의해 왜곡이 생길 수 있다. 그림 8.26에서는 조명의 영향에 의한 컬러 왜곡과 카메라와 피검사자의 평행하지 않은 상대 각도에 의한 형태 왜곡이 동시에 존재하는 예를 보여준다.

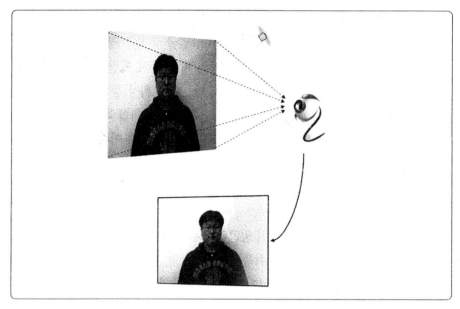

| 그림 8.26 | 영상 취득

취득된 영상은 카메라의 성능, 환경 등의 다양한 이유들에 의해 원하지 않는 왜곡이나 잡음 등을 포함할 가능성이 있다. 조명, 카메라 센서 등의 문제로 인해 생길 수 있는 색상 관련 왜곡들은 주로 컬러 보정을 통해, 카메라와 얼굴의 각도, 렌즈 등의 문제로 인해 발생할 수 있는 모양 관련 왜곡들은 주로 형태 보정을 통해 이들을 바로잡는 과정을 거치게 된다. 또한 신호의 저장 및 전송 과정에서 생길 수 있는 다양한 잡음들은 그 특성에 적합한 필터를 이용하여 제거한다. 이러한 과정을 통틀어 전처리 과정이라 한다. 그림 8.27은 전처리 과정을 보여준다. (a) 영상은 취득 과정을 통해 얻은 영상인데, 카메라와 대상자의 상대 각도에 의한 형태 왜곡과 조명에 의한 컬러 왜곡이 포함되어 있다. 이를 컬러 보정 과정을 통해 조명의 영향을 최소화한 것이 (b) 영상이고, (b) 영상에 남아 있는 기하학적 왜곡을 보상한 결과가 (c) 영상이다.

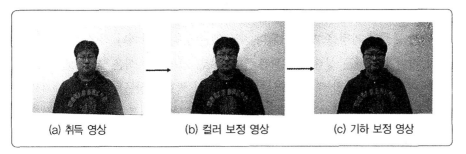

| 그림 8.27 | 　전처리과정

전처리 과정을 수행한 결과 영상은 얼굴 영상뿐만 아니라 목, 가슴 등의 다른 신체 부위와 얼굴 주변의 배경 등을 여전히 포함하고 있다. 자동차 번호판을 인식하고자 할 때, 번호판을 포함한 전체 영상에서 번호판 영역만을 분리하는 것처럼 얼굴 부분을 전체 영상에서 분리하는 과정이 필요한데, 이를 얼굴 검출이라한다. 얼굴을 검출해내는 방법으로, 배경을 단색으로 하거나 고정된 배경을 이용하여 배경과 얼굴의 신호차를 이용하여 얼굴을 분리해내는 방법이 있다. 또한 얼굴색을 이용하여 얼굴을 검출해낼 수도 있으며, 배경이 고정되어 있을 경우 움직이는 얼굴을 감지하여 이를 분리하는 방법도 있다. 그림 8.28은 보정이 끝난 영상에서 얼굴 영역만을 추출하는 과정과 결과 영상을 보여준다.

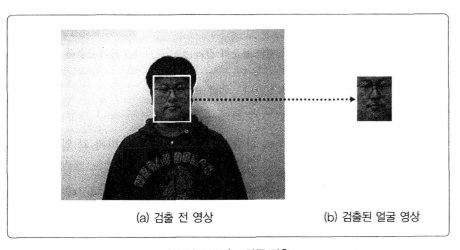

| 그림 8.28 | 　얼굴 검출

얼굴 영역만을 분리해 낸 영상은 입력 얼굴 영상들을 유사한 환경에서 인식하기 위해 표준화 과정을 거치게 된다. 즉, 얼굴이 큰 사람이나 작은 사람, 카메라와의 거리가 가까운 상태에서 찍은 영상과 먼 거리에서 찍은 영상, 전체적으로 밝은 조명에서 취득한 영상과 어두운 조명에서 찍은 영상들의 크기나 밝기 등을 가능한 비슷한 조건에서 인식할 수 있도록 해야 한다. 이를 위해 작은 영상은 크기를 키우는 반면 큰 얼굴은 작은 사이즈로 줄이는 과정을 통해 크기 표준화를 수행하고, 전체적으로 어두운 영상은 평균 밝기를 높이고, 전체적으로 밝은 영상은 상대적으로 그 밝기를 줄이는 명암 표준화 과정을 수행한다. 이 모든 사전 처리 과정을 거치면, 그 크기와 평균 밝기가 비슷한 얼굴 영상을 얻을 수 있고 이를 이용하여 해당 피검사자의 얼굴 인식을 수행한다. 그림 8.29 (a)는 이전 단계에서 검출된 영상이고, (b)는 (a) 영상에 대해 명암 표준화 과정을 거쳐 그 평균 밝기 값이 커진 영상이다. 또한 (c) 영상은 (b) 영상의 크기를 인식을 위한 크기로 변화시킨 크기 표준화 과정을 거친 영상이다.

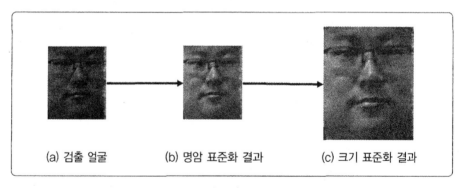

(a) 검출 얼굴　　　(b) 명암 표준화 결과　　　(c) 크기 표준화 결과

| 그림 8.29 |　얼굴 표준화 과정

표준화된 얼굴 영상을 이용하여 다양한 인식 알고리즘에 따라 각 얼굴들을 구분할 수 있다. 각 인식 알고리즘에 따라, 인식에 필요한 특징들을 추출하여 해당 특징들에 대한 인식 대상자들의 특징 값들을 저장해둔다. 특정 얼굴에 대해 추출해둔 각각의 특징들이 존재하는 정도에 대한 특징 값을 추출하고, 기존 얼굴의 특징 값들과 비교하여 가장 오차가 작은 얼굴로 인식한다.

다양한 얼굴 인식 알고리즘들 중 가장 대표적인 고유 얼굴을 이용하는 방법에 대해 자세히 공부해보자. 특정 크기로 얼굴 영상이 표현되는 직교 좌표계를 기존 벡터공간(vector space)으로 규정하고, 사람의 얼굴을 표현하는 데 있어 더욱 적합한 새로운 공간을 찾을 수 있는데, 이러한 새로운 도메인에서 얼굴을 표현 및 인식하는 방법으로 고유 얼굴(Eigenfaces) 알고리즘이 대표적인 방법으로 알려져 있다. 얼굴을 표현하는 데 사용되는 여러 고유 얼굴 성분 들 중 인식 대상들을 잘 구분지을 수 있는 기저를 찾는 것이 얼굴 인식 성능을 결정짓는다. 최적의 고유 얼굴 성분들을 찾는 방법으로 원래 통계적 분석에서 사용되는 PCA(Principal Component Analysis)가 가장 많이 사용된다. 때문에, 흔히 고유 얼굴 인식 방법을 PCA를 이용한 얼굴 인식이라 부르기도 한다.

　얼굴인식을 위해서는 얼굴 학습(face training)이 필요로 하며, PCA를 이용한 얼굴 학습은 그림 8.30의 8단계로 나타내었다.

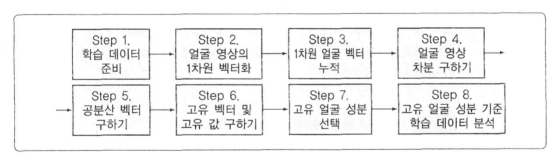

| 그림 8.30 | PCA를 이용한 고유얼굴 알고리즘의 얼굴학습 과정

Step 1. 얼굴 인식에 필요한 학습 데이터를 준비한다.

　앞에서 언급한 얼굴 인식 시스템을 이용하여 표준화된 영상을 얻는 방법을 통해 인식 대상자들의 학습 데이터를 준비하는 과정이다.

Step 2. 각 얼굴 영상들을 1차원 벡터로 만든다.

　2차원으로 표현된 영상들을 1차원 벡터로 만든다. 즉, $M \times N$의 2차원 영상을 MN 크기의 한 행으로 만든다. 그림 8.31에서 2차원 얼굴 영상 신호를 1차원 벡터로 만드는 방법을 설명한다. 2차원 행렬의 각 행을 순차적으로 연결하는 방법이 가장 무난하면서도 가장 많이 쓰인다.

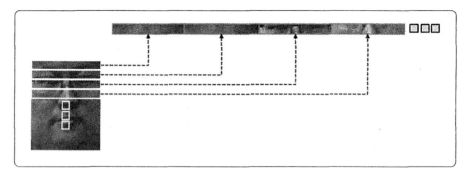

| 그림 8.31 | 2차원 얼굴 영상의 1차원 벡터화

Step 3. 각 행의 학습 데이터를 모아 하나의 2차원 벡터로 구성한다.

L개의 얼굴 영상으로 이루어진 학습 데이터라면, MN 크기의 행들이 L개의 열로 모여 L×MN 크기의 2차원 벡터가 된다. 그림 8.32는 전 단계에서 1차원 행의 형태로 변형된 얼굴 신호 벡터들을 모아 실험 데이터 수의 행만큼 만들어내는 방법을 설명하고 있다.

Step 4. 평균 얼굴 영상을 구하여 각 행에서 빼준다.

각 열별로 평균값을 구하고, 해당 열의 모든 성분에서 평균을 빼준다. 이 과정이 끝나면 학습 데이터에 해당하는 각 얼굴에서 학습 데이터의 평균 얼굴이 빼지게 되고, 각 얼굴의 차분 신호만 남는다.

Step 5. 차분 얼굴 벡터의 공분산 벡터(covariance matrix)를 구한다.

차분 얼굴 벡터를 T라 하면 벡터 T의 공분산 벡터는 TT^T로 구할 수 있다. 다만, 실제 응용에 있어서 사용하는 학습 영상의 크기에 따라 계산량이 많아질 수 있는데, 이는 T^TT의 계산으로 그 계산량을 줄일 수 있는 여지가 있다. 즉, $M \gg N$인 경우, T 벡터의 크기가 $M \times N$이라면 TT^T의 크기는 $M \times M$, T^TT의 크기는 $N \times N$이 되기 때문에 행렬 곱에 대한 연산량을 감소 시킬 수 있다. 이렇게 할 수 있는 이유는, T와 T^T 벡터의 순서를 바꾸어서 공분산 벡터를 구하더라도 공분산 벡터로써의 성질은 그대로 유지되기 때문이다.

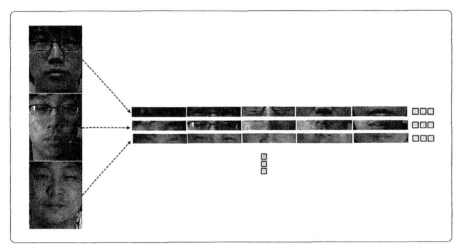

| 그림 8.32 | 1차원 벡터를 통합하여 2차원 벡터로 만드는 방법

Step 6. 공분산 벡터를 이용하여 고유 벡터(eigen vector)와 이에 상응하는 고유 값(eigen value)을 얻는다.

공분산 벡터를 통해 고유 벡터와 고유 값을 얻어내기 위해 선형대수학의 특이 값 분해(Singular Value Decomposition, SVD)를 이용할 수 있다. 특이 값 분해는 행렬의 스펙트럼 이론을 임의의 직사각행렬에 대해 일반화한 것으로 그 자세한 이론은 생략하기로 한다.

Step 7. 이렇게 구한 고유 벡터들 중 상응하는 고유 값이 큰 순서대로 적당한 수만큼 선택하여 이를 고유 얼굴 성분으로 설정한다.

고유 값이 큰 순서대로 고유 얼굴 성분으로써 가지는 중요도가 달라진다. 따라서 학습 데이터에 포함된 사람들을 구분할 수 있을 정도가 되는 적당한 수의 고유 벡터를 선택하여 고유 얼굴 성분으로 사용한다. 그림 8.33은 그림 8.32의 데이터를 포함한 10명의 얼굴 100개로 학습한 결과의 고유 얼굴(eigien faces) 성분을 그림 파일로 다시 보여주고 있다. 즉, 아래 모양으로 생긴 고유 얼굴 성분들의 일차 결합(linear combination)으로 각 영상을 표현할 수 있다.

Step 8. 학습 데이터에 해당하는 각 얼굴 영상에 대해 고유 성분의 포함 정도를 조사한다. 학습 데이터에 포함된 모든 얼굴 영상에 대해, 앞에서 구한 고유 얼굴 성분이 얼마나 포함되어 있는지를 조사하여, 각 사람들 별로 고유 얼굴 성분의 포함 정도를 기억해둔다.

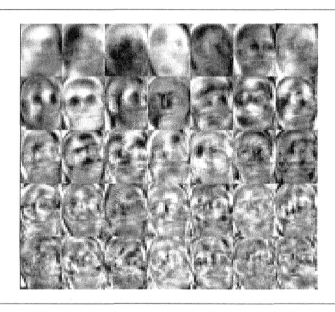

| 그림 8.33 |　　그림 8.32의 데이터를 포함한 데이터의 고유 얼굴 성분

　　이러한 학습 과정을 통해 고유 얼굴 성분이 확보되면, 학습에 사용되었던 것과 동일한 시스템을 이용하여 인식 대상자들의 얼굴을 인식하는 과정을 거치게 된다. 이때 테스트 대상자의 얼굴을 취득하여 각 고유 얼굴 성분들이 얼마나 포함되어 있는지를 파악하고, 학습된 대상자들의 각 고유 성분별 포함 정도와 비교하여 그 차이가 가장 작은 학습 대상자와 테스트 대상자를 동일한 사람으로 인식하게 된다. 차이를 비교하는 방법으로는 Euclidean distance가 가장 많이 사용된다.

　　이러한 인식 과정을 반복하면서 사용해야 할 고유 얼굴 성분의 수를 적정하게 조정하거나, 취득된 얼굴 영상을 통해 대응되는 사람을 선택할 때 사용하는 차이의 문턱치 값을 적절한 수준으로 조절할 수 있다. 즉, 얼굴을 인식하는 과정에서 고유 얼굴 성분의 차이가 가장 적은 사람으로 인식하는 것이 원칙이지만, 인식 대상자가 아닌 사람의 얼굴이 입력될 경우 그 차이가 일정 정도 이상이 될 수도 있다. 이 경우, 차이 값이 가장 작은 순서 기준으로 해당 사람임을 출력할 것이 아니라 일정 정도 이상의 차이 값을 보일 경우 해당 사람은 인식 대상자에 포함되지 않는다는 결과를 도출할 필요가 있다. 여러 번의 테스트를 통해 판단하는 기준으로서의 문턱치 값을 조절할 수 있는데 이를 넓은 의미의 얼굴 학습 과정에 포함할 수도 있다. 위와 같은 과정을 통해 얼굴 인식이 이루어지고, PCA 외에 LDA나 SVM을 이용한 얼굴 인식 방법도 최근 많이 사용되고 있다.

지금까지 1차원 신호 처리 이론과 이의 응용으로서 음향 신호 처리와 영상 신호 처리를 다루었다. 신호 처리 이론은 음향 신호 처리와 영상 신호 처리 이외에도 디지털 통신 및 의료 신호 처리 등 무궁한 응용 분야를 가지고 있다. 이 교재를 통하여 신호 처리의 기본 아이디어를 이해하여, 다양한 분야로 응용할 수 있는 초석이 되기를 기대한다.

연 / 습 / 문 / 제

01 dtmf.dat은 5개의 번호에 대한 DTMF 신호이다. 표 8.1을 이용하여 이 신호에 해당하는 번호를 구하여라. 단, 샘플링 주파수는 8000Hz이다.

02 music.dat는 16kHz로 샘플링하여 얻는 음악 신호이고, 5개의 음으로 구성되었다. 그림 8.9를 이용하여 각 음 높이를 구하고 박자 패턴을 구하여라.

03 Pepper.raw는 256×256 크기의 흑백 영상이다. 그림 8.15 (c)의 고역 통과 필터 마스크를 이용하여 영상의 경계를 검출하여라. 그리고 경계 판단에 사용한 임계치 값의 결정 기준에 대하여 기술하여라.

04 Lenna.raw는 256×256 크기의 흑백 영상이다. 8×8 DCT를 고정 소수점 방식으로 구현하고, 이를 영상에 적용하여 DCT 변환 계수를 구하여라. 또한 IDCT를 적용하여 영상이 복원됨을 증명하여라.

05 4번에서 구한 DCT 수식에 대하여 고속화 알고리즘을 적용하여 구현하고, 계산량을 정량적으로 비교하여라.

06 8×8 DCT를 고정 소수점 방식으로 구현했을 때, 발생할 수 있는 오차에 대하여 기술하고, 오차를 최소화할 수 있는 방법을 제시하여라.

참고문헌

신호 및 시스템, 변윤식외 4명 역, 영한출판사, 1999.
신호 및 시스템, 이태홍외 3명 역, 한산, 2000.
신호와 시스템, 최태영, 나상신 공저, 두양사, 2004.
신호와 시스템, 고한석외 9명 역, 범한서적, 2005.
신호와 시스템, 이강웅, 백중환 공저, 복두출판사, 2006.
신호 및 시스템, 강철호, 유지상, 박호종, 생능출판사, 2002
디지털 신호 처리 및 필터 설계, 이채욱, 김신환, 우홍체, 오신범, 북스힐, 2008.

Continuous and discrete signals and systems, 2/E, Samir S. Soliman, Mandyam D. Srinath, Prentice Hall, 1998.

Signals and Systems, 2/E, Alan V. Oppenheim, Alan S. Willsky, Prentice Hall, 1996.

Discrete-time signal processing, 2/E, Alan V. Oppenheim, Ronald W. Schafer, John R. Buck, Prentice Hall, 1999.

Digital Signal Processing, 4/E, John G. Proakis, Dimitris G. Manolakis, Prentice Hall, 2006.

Fundamentals of digital signal processing using MATLAB, Robert J. Schilling, Sandra L. Harris, Thomson, 2004.

Digital signal processing Implementation using the TMS320C6000 DSP platform, Naim Dahnoun, Prentice Hall, 2000.

JPEG2000: Image Compression Fundamentals, Standards and Practice, Taubman, David S., Marcellin, Michael W., Kluwer Academic Publishers, 2002.

Digital Video Processing, Tekalp, A. Murat, Prentice Hall, 1995.

찾아보기

저자약력

박호종

학력

1982년 3월~1986년 2월 : 서울대학교 전자공학과(공학사)
1986년 9월~1987년 12월 : University of Wisconsin-Madison 전기/컴퓨터공학과(M.S.)
1989년 9월~1993년 5월 : University of Wisconsin-Madison 전기/컴퓨터공학과(Ph.D.)

경력

1993년 9월~1997년 8월 : 삼성전자 선임연구원
1997년 9월~현재: 광운대학교 전자공학과 교수

심동규

학력

1989년 3월~1993년 2월: 서강대학교 전자공학과(공학사)
1993년 3월~1995년 2월: 서강대학교 전자공학과(공학석사)
1995년 3월~1999년 2월: 서강대학교 전자공학과(공학박사)

경력

1999년 3월 ~2000년 9월: 현대전자 선임연구원
2000년 9월~2002년 3월: 바로비젼 선임연구원
2002년 4월~2005년 2월: University of Washington, Senior Research Engineer
2005년 3월~현재: 광운대학교 컴퓨터공학과 교수

유지상

학력

1981년 3월~1985년 2월 서울대학교 전자공학과(공학사)
1985년 3월~1987년 2월 서울대학교 전자공학과(공학석사)
1988년 9월~1993년 5월 Purdue University 전기공학과 (Ph.D.)

경력

1993년 9월~1994년 8월 현대전자 선임연구원
1994년 9월~1997년 8월 한림대학교 교수
1997년 9월~현재: 광운대학교 전자공학과 교수

저자와의 협의하에
인지를 생략합니다.

디지털 신호 처리

박호종 · 심동규 · 유지상 공저

초 판 발 행 : 2009. 8. 15
제1판 2쇄 : 2017. 2. 27
발 행 인 : 김 승 기
발 행 처 : (주)생능출판사
신 고 번 호 : 제406-2005-000002호
신 고 일 자 : 2005. 1. 21
I S B N : 978-89-7050-635-7

413-120
경기도 파주시 광인사길 143
대표전화 : (031)955-0761, FAX : (031)955-0768
홈페이지 : http://www.booksr.co.kr

＊ 파본 및 잘못된 책은 바꾸어 드립니다.   정가 25,000원